高等院校计算机教育系列教材

Access 数据库应用

戴 红 侯 爽
　　　　　　　编 著
常子冠 于 宁

清华大学出版社
北 京

内 容 简 介

本书为普通高等学校数据库技术入门教材。全书共分 7 章，内容按照知识与模型、建模与设计、管理与技术三个层次递进式展开，主要介绍了数据库系统的基本概念、数据建模方法、使用 Access 创建数据库、表与查询、窗体、报表与宏对象，以及应用系统开发的完整过程与方法，并以一个业务数据库【学知书屋】的抽象建模、设计实施、应用开发的完整过程贯穿整本教材。

本书以掌握数据库管理数据的思想、方法和技术为目标，注重计算思维的培养，强调运用“抽象与自动化”思想认识和分析现实问题，强调“给世界建模”这一数据库管理数据的核心思想；注重数据建模方法的介绍，通过对创设的【学知书屋】应用场景建模，详细描述抽象现实世界，建立概念模型、逻辑和物理数据模型的过程与方法；注重技术运用，强调应用 Access 数据库管理系统提供的软件技术解决实际问题，关注用户与数据库之间的关系，设计开发数据库应用系统。

本书可作为普通高等院校非计算机专业的数据库技术入门教材和基础教材，对数据库技术、数据建模方法、Access 数据库管理系统的使用感兴趣，致力于相关方面学习和应用的其他读者，也可从本书中获取最基本的指导。

本书还可作为中国大学 MOOC 平台上线的“Access 数据库应用”课程的教材。

图书在版编目(CIP)数据

Access 数据库应用/戴红等编著. —北京：清华大学出版社，2022.2（2023.1重印）
高等院校计算机教育系列教材
ISBN 978-7-302-59911-1

Ⅰ. ①A… Ⅱ. ①戴… Ⅲ. ①关系数据库系统—高等学校—教材 Ⅳ. ①TP311.138

中国版本图书馆 CIP 数据核字(2022)第 010812 号

责任编辑：章忆文 刘秀青
封面设计：李 坤
责任校对：李玉茹
责任印制：丛怀宇
出版发行：清华大学出版社
网 址：http://www.tup.com.cn, http://www.wqbook.com
地 址：北京清华大学学研大厦 A 座 **邮 编**：100084
社 总 机：010-83470000 **邮 购**：010-62786544
投稿与读者服务：010-62776969, c-service@tup.tsinghua.edu.cn
质量反馈：010-62772015, zhiliang@tup.tsinghua.edu.cn
课件下载：http://www.tup.com.cn, 010-62791865
印 装 者：大厂回族自治县彩虹印刷有限公司
经 销：全国新华书店
开 本：185mm×260mm **印 张**：15.75 **字 数**：377 千字
版 次：2022 年 3 月第 1 版 **印 次**：2023 年 1 月第 2 次印刷
定 价：49.00 元

产品编号：073046-01

前　　言

随着人类步入信息社会，作为信息系统的核心与基础设施，数据库已经渗透到社会生活的方方面面。每时，人们从数据库中汲取所需；每刻，人们用数据库中的数据沟通世界。

本书面向具有一定计算机基础知识和操作技能的各个层次的读者。通过 7 章的学习，使读者能够全面了解数据库基本知识，学会运用 Access 设计、开发简单的数据库应用实例，帮助读者养成计算思维能力，运用抽象与自动化思想解决实际问题，或为解决日常数据管理问题提供参考。

本书目标

本书作为数据库技术的入门教材，期望带领读者进入“数据库之门”，掌握数据库管理数据的思想、方法和技术，培养以“抽象与自动化”为核心的计算思维能力，学会数据建模，熟练使用简单好用的 Access 数据库管理系统创建和管理关系数据库，设计开发数据库应用系统，解决数据管理的现实问题。

本书希望帮助读者达到以下学习目标。

- 认识数据库系统，认识数据管理；认识抽象以及经过两级抽象建立的数据模型；认识关系数据模型，掌握建模方法。这些知识适用于所有(关系)数据库系统，读者在学习其他数据库技术时，可以迁移到新的学习场景中，有助于快速进入新场景下的核心内容的学习。
- 学会使用数据库管理系统创建数据库、数据表和表间关系，实现数据模型的数据结构和完整性约束；掌握使用 Access 中的查询实现一般意义的查询和批量数据维护，认识作为关系数据库标准语言的 SQL，学会 SQL 基本查询语句；设计开发数据库应用系统，考虑人机交互、考虑操作自动化，使用 Access 创建图形化用户界面，实现格式化输出，实现操作自动化。尽管没有编程，但在宏的使用中也体现了很多的程序设计思想和方法。以上技能和经验，读者都可以应用到新的应用场景下，有的直接可用，有的升级和调整后可成为新的、更高级的技能。
- 本书使用 Access 数据库管理系统创建数据库及其应用系统，为读者今后设计创建、管理开发大中型数据库系统，如 Oracle、SQL Server、MySQL 等打下基础。
- 本书强调和运用的抽象与自动化思想，作为计算思维的核心，其熟练掌握和科学运用也会使读者在这个“计算的世界”里工作、学习和生活得更加游刃有余。
- 本书创设了一个【学知书屋】数据库应用场景，一步一步地详细讲解这个数据库的抽象建模、设计创建、使用管理，以及在不编程的情况下设计开发应用程序的整个过程。读者跟着这个过程走一遍，就可以换作自己的应用场景，模拟完成这个过程。

本书读者

本书可作为普通高等院校非计算机专业的数据库技术入门教材和基础教材，对数据库技术、数据建模方法、Access 数据库管理系统的使用感兴趣，致力于相关方面学习和应用的其他读者，也可从本书中获取最基本的指导。

本书还可作为中国大学 MOOC 平台上线的“Access 数据库应用”课程的配套教材。

本书特点

本书以数据库管理数据的思想、方法和技术三维统一为目标，注重计算思维的培养，强调运用“抽象与自动化”思想认识和分析现实问题，强调“给世界建模”这一数据库管理数据的核心思想；注重数据建模方法的介绍，通过对创设的【学知书屋】应用场景建模，详细描述抽象现实世界，建立概念模型、逻辑和物理数据模型的过程与方法；注重技术运用，强调应用 Access 数据库管理系统提供的软件技术解决实际问题，关注用户与数据库之间的关系，设计开发数据库应用系统。

本书与中国大学 MOOC 平台上线的“Access 数据库应用”课程配套。该课程有丰富的教学资源，包括全套的教学视频、案例操作演示视频、电子文档、自测练习、周测、作业、讨论与考试，可为阅读本书的读者与使用本书的教师提供参考。

本书秉承教材风格，有丰富的章后习题，包括问答题、选择题和实验题，可以巩固和检验所学内容；本书配有教学幻灯片、案例数据库、实验素材、大部分章后习题参考答案和课程大纲。

本书内容

本书内容按照知识与模型、建模与设计、管理与技术三个层次递进式展开。

知识与模型

第 1 章 数据库系统概述。介绍了数据库的基本概念与术语，抽象的概念与方法，数据模型的基本概念，数据库系统的设计创建过程与方法，最后对数据管理的历史与发展做了回顾与展望。

建模与设计

第 2 章 从现实世界到机器世界：数据建模。从利用数据库技术解决【学知书屋】的实际问题出发，通过对应用场景的分析，将数据需求和业务需求依次抽象成概念模型和关系数据模型，并根据 Access 数据库管理系统提供的数据类型、数据操作和完整性约束手段，建立物理数据模型。在介绍【学知书屋】数据库的完整建模过程之前，先简要介绍了

关系数据模型的基本概念，重点介绍其三要素和规范化的思想。

管理与技术

第 3 章 数据库的诞生。以【学知书屋】数据库的创建和使用为例，介绍在 Access 数据库管理系统中建立数据库、数据表、表间关系，以及数据录入和数据表、数据的管理等相关内容。

第 4 章 从数据库里找数据。详细介绍在 Access 中如何通过各种类型的“查询”从数据库中找出我们需要的数据或信息。

第 5 章 数据库与用户。详细介绍在 Access 中如何使用窗体实现用户界面的设计。

第 6 章 把数据打印在纸上。详细介绍在 Access 中如何使用报表将数据按照指定的格式打印输出在纸上。

第 7 章 不编程也能自动化。详细介绍在 Access 中如何使用宏实现数据管理的自动化。

本书资源

- 教学幻灯片，包括所有章节的 PowerPoint 教学幻灯片。
- 案例数据库，【学知书屋】数据模型和数据库及其应用系统。
- 实验素材，包括全部教学案例和实验作业的实验素材。
- 习题答案，包括大部分章后习题和实验的参考答案。
- 课程大纲，包括学时建议和各学时的授课内容、讨论议题、习题和实验选择及阶段测验的建议。
- 中国大学 MOOC 平台上线的“Access 数据库应用”课程资源，MOOC 网址：https://www.icourse163.org/course/BUU-1206452810，包括全套的教学视频、案例操作演示视频、电子文档、自测练习、周测、作业、讨论与考试等。

本书由北京联合大学应用文理学院计算机教学团队戴红(第 1、2、4、7 章)、侯爽(第 6 章)、常子冠(第 5 章)、于宁(第 3 章)编著。作者全部为教学一线教师，有着十几年“Access 数据库”“数据库原理及应用”“数据库课程设计”“数据挖掘导论”“Visual Basic 程序设计”等相关课程的主讲和实验指导经验，主编教材十余本，出版译著两本，发表相关教学研究论文二十余篇。本书以“Access 数据库应用”课程讲义为蓝本，该课程为院优质课程，多年来开展 SPOC 建设与教学改革，2019 年其 MOOC 课程在中国大学 MOOC 平台上线开课，截至 2021 年 9 月选课人数累计达到 46000 余人，受到普遍好评。

由于作者水平有限，书中错误在所难免，欢迎读者不吝指正。

编　者

目　录

第1章 数据库系统概述

作为本书的开篇，本章介绍学习 Access 数据库必要的知识准备，包括数据库系统的基本概念、数据抽象方法、数据模型的基本概念、数据库系统设计创建过程与方法，以及数据管理的历史与发展。

本书 1.1 节先介绍什么是数据，数据与信息的关系，进而解剖数据库系统，通过对这些概念、术语的了解，对数据库有初步的认识，也为今后的学习打下专业、严谨、规范的语言表达的基础。1.2 节将回答数据是如何产生的。现实世界的事物及其联系，到了机器世界里都成了数据以及它们之间的联系，那么这些数据是怎么产生的？答案是使用抽象的方法，抽象是数据库设计的核心能力。这节还将介绍抽象的 3 种方法，为第 2 章对【学知书屋】建模奠定基础。1.3 节介绍数据模型的基本概念。复杂的现实世界的事物以及它们之间的联系被抽象为数据及其联系，这些数据及其联系是现实世界的一个模仿品，就是模型，而且是用数据表达的模型，我们称之为数据模型。本节介绍数据模型是怎么来的、如何表示，这是本章的重点。1.4 节简单描述数据库系统的设计创建过程与方法。利用抽象建模的方法建立数据模型是整个数据库设计过程中的关键环节，但数据库的设计过程不只有这一个环节，还有其他必不可少的步骤，这节介绍以数据库为基础的整个数据库系统设计创建的完整过程。1.5 节对数据管理的历史与发展做了回顾与展望。了解历史是为了更好地理解现在，展望未来是为了更好地把握现在，本节最后对数据管理的历史做了简单介绍，并简单阐述数据管理的发展趋势。

1.1 数据库系统的基本概念

1.1.1 基本术语

1. 数据

数据(data)是描述人、事件、事物以及思想的符号记录，表现形式可以是数字、文本、图像、图形、音频、视频等。如：

- 姓名——文本形式的数据。
- 照片——图像形式的数据。
- 电子商务网站上的商品查询次数和销售总额——数字形式的数据。
- 一段音乐——音频形式的数据。
- 抖音上的动态影像——视频形式的数据。

2. 数据处理

数据处理是对各种形式的数据进行收集、存储、加工和传播等一系列活动的总和。数据处理的最终目的是给人们提供有意义的信息。

数据处理的核心工作是数据管理。

3. 数据管理

数据管理是对数据进行分类、组织、编码、存储、检索和维护工作的总和。

4. 数据与信息

数据是符号化的信息，信息(information)是有意义的数据。数据是信息的符号或载体，信息则是数据的内涵，是对数据的语义解释。

在不严格场合下，数据和信息是同义词，在数据库领域有时会混用这两个词。

1.1.2 数据库系统的定义

数据库系统(database system，DBS)是计算机的记录保持系统，存储和产生所需要的有用信息；或者说是计算机系统中引入数据库后的系统，整个计算机系统都可称为数据库系统。

1.1.3 数据库系统的组成

数据库系统由 4 个主要部分构成：数据(或称为数据库)、用户、软件和硬件。它们之间的关系如图 1-1 所示。数据库以一个个数据片的形式集中表示和存储着数据，用户和应用程序通过数据库管理系统(DBMS)访问、管理和控制这些数据。

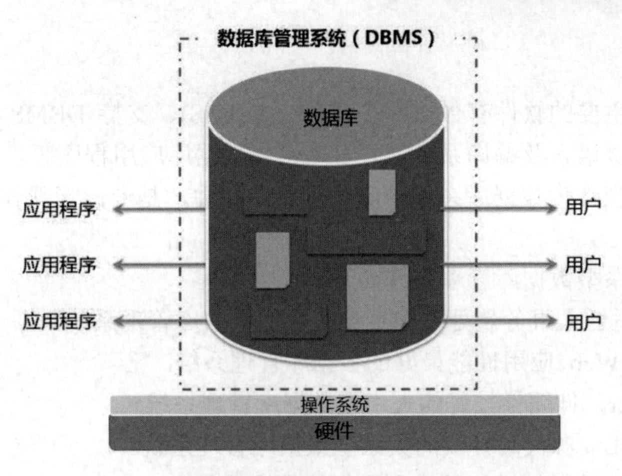

图 1-1　数据库系统示意图

1. 数据

数据库(database，DB)是在计算机存储设备上长期、集中存储的一批有组织、可共享的数据集合，是数据库系统的核心和工作对象。数据库中的数据有如下特点。

- 长期的。除非被删除，否则数据将被永久保存。这些数据不是历史数据，是当前数据。
- 集中的。数据是集中统一存储的。目前随着互联网技术的发展，分布式数据库、网络数据库的应用非常普遍。数据库中的数据可能是一种逻辑上集中、物理上分开的状态。
- 有组织的。有统一的组织结构。
- 共享的。数据库中的数据对于合法用户或程序是共享的。

2. 用户

开发、管理、维护和使用数据库系统的人，可以大致分为以下 4 类。

(1)　数据库管理员(database administrator，DBA)

这是数据库系统的管理者，即我们经常说的超级用户。他们具有访问、管理和控制数据库系统的全部权限，可能是一个人或一个团队。DBA 的职责包括：参与数据库系统设计；负责系统投入使用后的管理和维护，确保数据库安全、系统运行正常；监控数据库系统性能响应的变化，改善性能，提高系统效率；关注 DBMS 新发展，及时升级；等等。

(2)　系统分析员(system analyst，SA)

其包括应用程序(系统)的分析、设计人员和数据库设计人员，可以分析系统功能，设计数据库结构，实施数据库。

(3)　应用程序员(application programmer，AP)

这是设计开发应用系统的人员，有时也承担数据库设计人员的职责。

(4)　终端用户(end-user)

这是使用和访问数据库的一般用户，如在携程网查询机票、购买机票的人。

3. 软件

数据库系统中主要的软件有数据库管理系统(DBMS)、支持 DBMS 运行的操作系统、开发应用程序的高级语言及编译系统、开发工具、数据库应用程序等。

数据库管理系统作为数据库系统中最为重要的软件，是专门管理和控制数据库系统的计算机系统软件。

目前流行的关系型数据库管理系统如下。

- Oracle，适合大事务量处理的企业级大型数据库管理系统。
- MySQL，Web 应用性能最好的数据库管理系统。
- SQL Server，伸缩性较好的大中型数据库管理系统。
- PostgreSQL，源代码开放的关系型数据库管理系统。
- IBM DB2，伸缩性良好的大型数据库管理系统。
- MS Access，全称为 Microsoft Office Access，微软的关系型桌面数据库管理系统，它将微软的 Jet 数据库引擎与图形用户界面结合起来，是 Office 组件之一。它易学、易用、成本低，具有优秀的数据统计分析性能和简单易用的软件开发功能，适合非计算机专业的个人与小型企业管理者开发小型应用软件和小型网站的 Web 应用程序，可提高工作效率和工作能力。
- Sybase，一种大型的数据库管理系统。

目前流行的非关系型数据库管理系统是 MongoDB 和 Redis 等。

4. 硬件

硬件是数据库系统的基础，引入数据库的计算机系统对于硬件的特殊要求包括足够的内存空间、足够的外存空间、较高的通道能力 3 个方面。

1.2 数据抽象

“抽象”，原意是排除、抽出，是认识和思考事物的一种范式(思维模式、方法)，它忽略或隐藏复杂的细节，而只保留实现目标的必要信息及其之间的关系。

定义中的“信息”是指现实世界中的事物，具体指图书、读者、员工、饮食等，而其之间的关系是指现实世界事物之间的联系，如借书、售书、购书等。

抽象事物有 3 种方法：分类、聚集和概括。

1.2.1 分类

分类即定义概念，将现实世界中一组事物(或称为对象)定义为一个概念，这些事物具有某些共同的特性和行为。分类表达了一个事物与一类事物之间的“is member of”的语义，如图 1-2 所示。

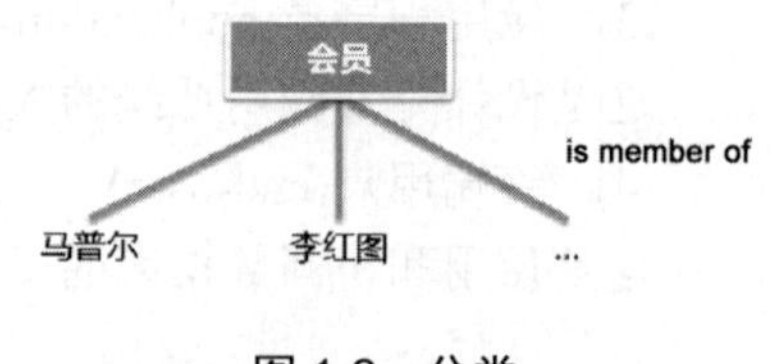

图 1-2 分类

1.2.2　聚集

聚集定义描述了一类事物即概念的特征成分。聚集抽象了概念内部的“is part of”的语义，如图 1-3 所示。

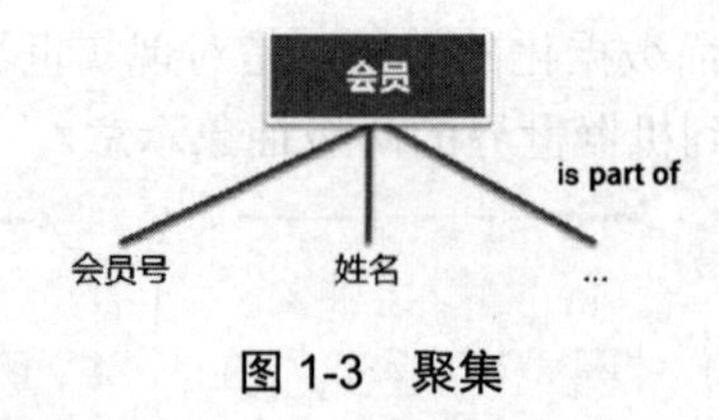

图 1-3　聚集

1.2.3　概括

概括定义概念之间的主子集关系，它抽象了概念之间的“is subset of”的语义，如图 1-4 所示。

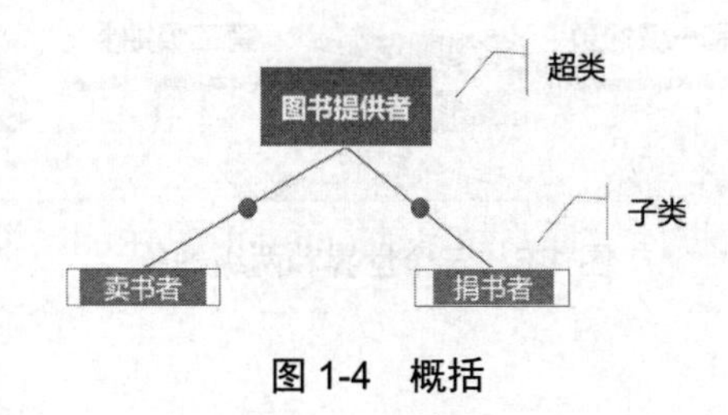

图 1-4　概括

1.2.4　抽象联系

除了抽象事物本身之外，还要抽象事物之间错综复杂的联系。现实世界事物之间的联系有 3 种——一对一、一对多、多对多。

如图书和读者之间具有借阅关系，是多对多的联系，即一位借阅者可以借阅多种图书，而一种图书可以由多位借阅者借阅，如图 1-5 所示。

图 1-5　抽象联系

1.3　数 据 模 型

模型是人们依据研究的特定目的，在一定的假设条件下，再现研究对象的结构、功能、属性、关系、过程等本质特征的物质形式或思维形式。它会对研究对象进行必要的简化，并用适当的表现形式或规则把它的主要特征描述出来。

模型可以描述现实世界中的事物以及它们之间的联系，若这个模型使用数据来描述，就称为数据模型，它是我们设计数据库的基础。

数据模型的建立需要经历两级抽象过程：从现实到概念，从概念到数据。即经历三个世界和两级抽象：三个世界即为现实世界、概念世界和数据世界；两级抽象即为现实世界→概念世界、概念世界→数据世界的两次对应关系的抽象过程。现实世界是存在于人脑之外的客观世界。概念世界是现实世界在人头脑中的反映，是人脑对现实世界的抽象加工的结果，这次抽象称为第一级抽象，抽象的方法是前面介绍过的分类、聚集和概括。数据世界是对概念世界进行加工编码而数据化的结果，是对现实世界的一种再抽象。

图 1-6 给出了从现实世界到机器世界的两级抽象示意。

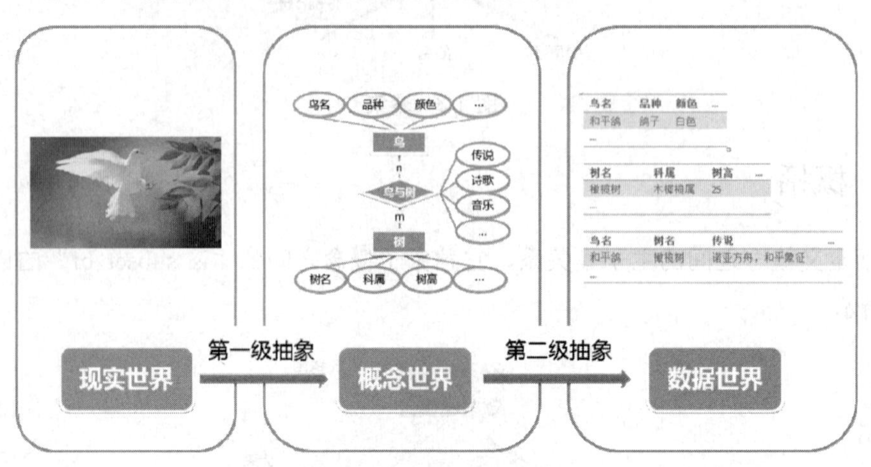

图 1-6　三个世界和两级抽象

1.3.1　概念世界

在这个世界里都是概念以及它们之间的联系，可以画一张图来形象化直观地表示概念世界，这张图就是概念模型。

1. 实体(entity)

使用分类将现实世界中可以区别的事物抽象为实体，如会员。

2. 属性(attribute)

使用聚集将实体的某一特征抽象为属性，如会员的会员号、姓名、出生日期、性别。属性有“型”和“值”之分。属性名为型，属性具体内容为值。如会员的会员号为 C00001，则会员号为型，C00001 为值。

3. 实体集(entity set，实体的整体)

性质相同的同类实体的集合称为实体集，如会员实体集，是所有会员实体的集合，它们具有共同的属性型：会员号、会员姓名、性别、联系电话、身份证号码、家庭地址、微信号、余额、头像。

4. 实体类型(entity type，简称实体型)

一组共同的属性型组成了这个实体集的实体类型。

5. 概念模型

实体型的集合，反映应用场景下所有实体型及其联系的结构形式，又称实体模型。

6. 实体型之间的联系

(1)　一对一的联系(1∶1)

实体型 A 中的一个实体最多与实体型 B 中的一个实体相对应(相联系)，反之亦然。

如：电影票和座位，一张电影票只能与一个座位相对应，反之亦然。

(2)　一对多的联系(1∶n)

实体型 A 中的一个实体与实体型 B 中的多个实体相对应，反之，实体型 B 中的一个实体最多与实体型 A 中的一个实体相对应。

如：一个部门有多名员工，一名员工只能在一个部门工作。

(3)　多对多的联系(n∶m)

实体型 A 中的一个实体与实体型 B 中的多个实体相对应，而实体型 B 中的一个实体与实体型 A 中的多个实体相对应。

如：一名会员可以借阅多种图书，一种图书可以被多名会员借阅。

7. E-R 图(实体联系图)

形象化直观表示概念世界的图，因表达实体之间的联系而称为实体联系图。用 E-R 图描述的概念模型被称为 E-R 模型。图 1-7 即为鸟与树的 E-R 模型。

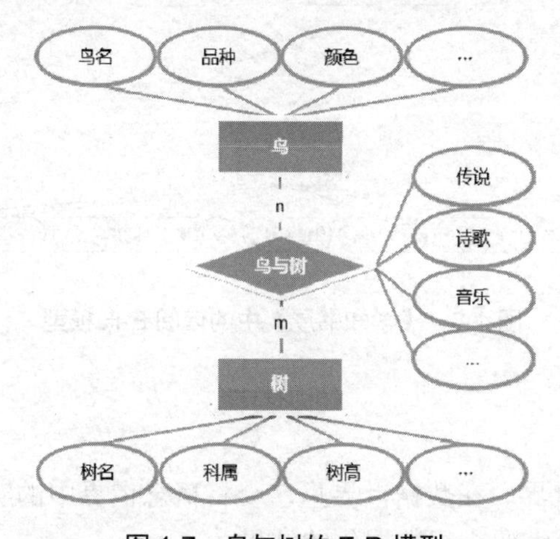

图 1-7　鸟与树的 E-R 模型

在 E-R 图中，使用 3 个语义符号。

- 用矩形表示实体，矩形里写上这个概念的名字，作为实体的名字。
- 用圆角矩形(也有用椭圆的)表示属性型，圆角矩形里写上属性的名字。
- 用菱形表示实体之间的联系，可以给联系起个名字。如：鸟与树之间的联系，若不能很好地用一个概念命名，可以写成“鸟_树”或“鸟与树”来表示它们之间有联系。

同时：

(1)　用直线分别连接菱形与两个或多个矩形，多个矩形表示多个实体之间有共同的

联系，如：图书与会员和员工有共同的联系——借阅，一本书从一名员工手上借阅给一名会员。

(2) 直线上标注联系的类型，用 1、n、m 表示 1 对 1、1 对多、多对多的联系。

(3) 联系上可能有联系自带的属性，如：鸟与树之间可能会有传说、诗歌、音乐，这些属性为联系建立后才产生的属性，不属于任何一个实体，不属于鸟和树。

图 1-8 描述了【学知书屋】数据库中图书、会员、员工以及它们之间的联系。图中有 3 个实体，用 3 个矩形分别表示图书实体、会员实体、员工实体，每个实体有自己的一组属性。3 个实体之间的联系——借阅，用菱形表示。借阅联系有自带属性：借阅时间、借阅价格、归还时间、应还时间，都是会员借书后才产生的属性，不属于会员、图书和员工。

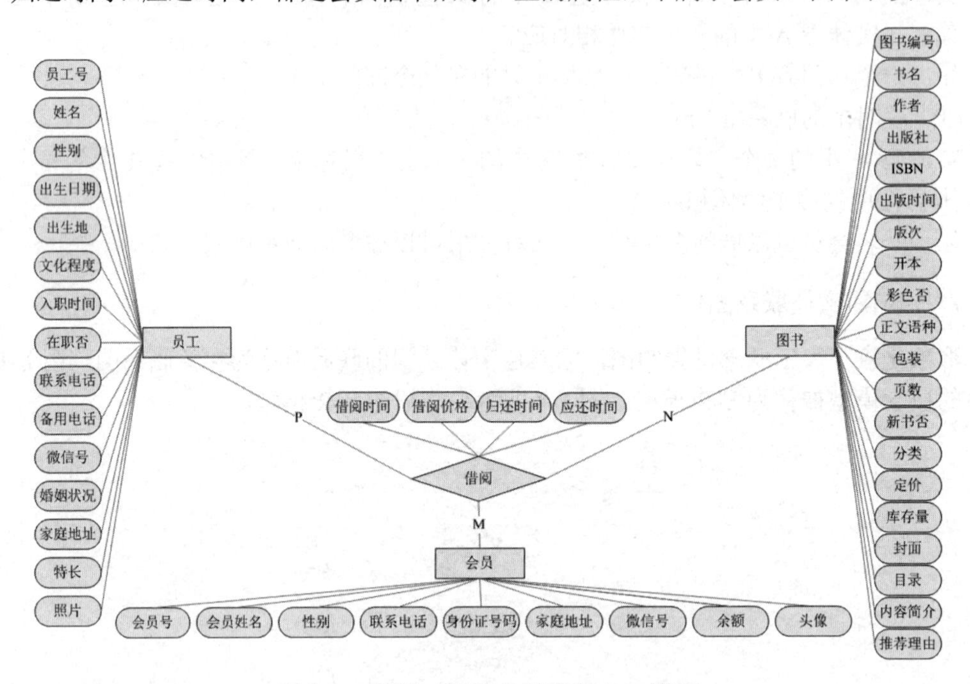

图 1-8 【学知书屋】中的借阅 E-R 模型

1.3.2 数据世界

数据世界又称机器世界。在数据世界里，会将概念世界中的实体及其联系抽象为数据模型，是对概念及其联系编码进行数据化的结果。

实体编码的结果即产生了记录，属性编码的结果即产生了字段或称数据项，实体型编码的结果即产生了记录型，实体型之间的联系就成为记录型之间的联系，实体模型也就成了数据模型。图 1-9 给出了鸟与树的数据模型示意。

在数据管理发展过程中，常用的数据模型有如下 3 种。

(1) 层次模型，使用倒立的树结构来描述数据之间的联系。它描述一对多的联系非常自然，但多对多的联系描述起来就非常困难了。

(2) 网状模型，为了解决树结构描述多对多的联系较为困难的问题，使用图结构来描述数据之间的联系。然而网状模型太复杂，实现起来很困难。

(3) 关系模型，为了解决以上问题，1971 年出现了使用表结构来描述数据之间联系的关系模型。该模型由 E. F. Codd 提出，他也因此获 ACM 图灵奖，被称作关系数据库之父，如图 1-10 所示。

鸟名	品种	颜色	…
和平鸽	鸽子	白色	
…			

树名	科属	树高	…
橄榄树	木樨榄属	25	
…			

鸟名	树名	传说	…
和平鸽	橄榄树	诺亚方舟，和平象征	
…			

图 1-9　鸟与树的数据模型示意

图 1-10　关系数据库之父 E. F. Codd

3 种模型在表达数据时没有区别，都使用记录的形式，根本的区别就是表达数据之间联系的方式不同，即表达记录型之间的联系的方式不同——层次模型用树，网状模型用图，关系模型用表。

1.4　数据库系统的设计创建过程与方法

两级抽象只是整个设计实现数据库及其应用系统过程中的重要环节，数据库及其应用系统设计实现有其完整的过程。

设计数据库及其应用系统有两个基准目标，这是行为准则，也是评判质量的依据。

(1) 满足数据表达和存储的要求，即信息要求。数据库是现实世界的真实表达，现实不是主观臆断，是客观存在，所以在抽象建模时应尽可能做到准确、充分、完整。

(2) 满足数据处理的要求。功能正确、完整，界面友好是最基本的要求。

设计实现数据库及其应用系统是从现实世界中来，而最终又将应用到现实世界中去的过程。其基本实现流程如图 1-11 所示。

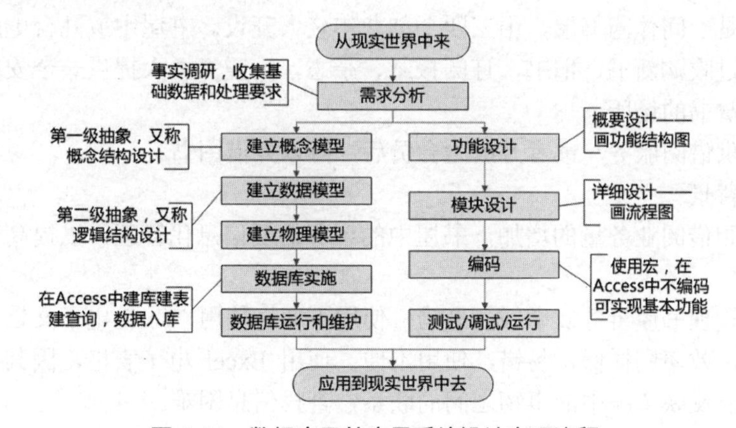

图 1-11　数据库及其应用系统设计实现流程

1.4.1 需求分析

数据库及其应用系统的设计都需要进行需求分析，即收集数据和应用需求。收集手段，可以是观察考察、询问调查、查阅资料或者使用仪器设备采集数据。需求分析的结果可以使用文字来描述，还可以使用 DFD 数据流图等更为专业的方法来描述。不管使用哪种方法，都需要清晰完整地描述数据有哪些，处理数据的流程是什么。

1.4.2 设计实现过程

在图 1-11 中，左边为数据库的设计实施，右边为应用系统的设计实现，两边可并行进行，但一般是先左后右。即数据库设计实施完成后，再进行应用程序的设计开发。

左边的数据库设计实施过程包括概念结构设计和逻辑结构设计，即现实世界到信息世界再到数据世界的两级抽象——建立概念模型和数据模型，然后选择一种数据库管理系统，如 Access，进行物理结构设计，建立物理模型，最后进行数据库实施和运行维护，包括建库建表和数据入库，运行数据库，以及使用后的维护。

右边的应用系统的设计实现，包括：功能设计，即概要设计，可以将功能结构画出来；模块设计，即详细设计，设计实现每个功能模块如何执行流程，也可以用图画出来，称为流程图；最后编码、运行、测试、调试程序。

数据库及其应用系统的设计开发有着规范的步骤与方法，在正式进入设计开发之前，可以用一份数据库项目企划书来描述数据库的背景与目标，详细分析数据库及其应用系统的需求，详细描述其功能结构。企划书中还可以包含重点解决问题、难点以及进度安排、资金人员分配，等等。总之，数据库及其应用系统的设计开发是一项系统工程。

1.4.3 数据库建设项目企划书

1. 项目概述

(1) 学知书屋简介

学知书屋是一间休闲书屋，由三四个创业年轻人开设。书屋中放几台电脑，卖点儿饮料和小吃，通过收购新书、旧书，订阅报纸、杂志，为爱书之人提供一个安静、拥有文化氛围的看书、赏书的场所。

书屋还提供借阅服务，读者升级为会员后，可以外借图书。

(2) 项目背景

随着收购和借阅业务量的增加，书屋中的事务需要信息化管理，以提高管理效率和管理质量。

使用纸笔管理书屋事务效率低，易错，使用不便；使用 Word 电子文档，其仅为纸笔管理的电子化，效率同样低，易错，使用不便；使用 Excel 电子表格，因其各个工作表之间无联系，不能反映事务中的事物之间的联系，查找信息困难。

通过调查分析，使用数据库技术管理书屋事务成为最合适的选择。数据库能够完整、

充分和准确地表达及存储现实世界的事物及其联系信息，方便信息查询，方便数据管理，完全能够胜任书屋事务管理，并满足各种查找信息的需求。

同时，选择 MS Access 数据库管理系统，是因其面向中小型数据管理的需求，适合个人、小型企业、小型 Web 应用的数据管理，简单易学。它是 MS Office 的组件之一，无须额外安装其他商业数据库系统，使用界面和操作习惯完全同于 Office，一般使用者可无缝对接。同时，Access 数据库管理系统除了提供表达、存储、管理和维护数据功能之外，还集成了基本的应用程序开发环境，并且不需要编程就能够实现基本的管理自动化功能，这为快速、高效、准确和全面地实施数据管理的信息化、自动化提供了很好的工具。

(3)　建设团队

【学知书屋】数据库项目由书屋员工廖青、张小娴负责计划、分析、设计、开发实现、测试运行、管理和维护。

2. 项目目标与需求

建立【学知书屋】数据库，可实现书屋事务管理的信息化和自动化，提高管理效率和质量；改善读者和会员阅读、借阅图书的体验。

(1)　书屋数据库需要管理的事务

书屋人：员工；读者，可入会成为会员，会员可外借图书；图书提供者，可以是个人、企事业单位。

书屋物：图书；报纸、杂志；书屋设备、物品、食品饮料；记录收购情况的单据；记录借阅情况的单据。

书屋事：读书，借书，购书，收书，评级管理，书屋日常营业、保洁、维护，书屋活动。

(2)　书屋数据库需要管理的业务

- 会员借还书业务。会员通过员工借阅图书。一名会员可以从不同员工处借出多本书，一本书可通过不同员工借阅给不同的会员。借阅有一定费用，需要记录借还时间和经手员工，以及应还时间；每名会员累计借出未还图书数不超过 3 本，库存图书剩余一本时不能外借。
- 图书收购业务。员工从图书提供者处购买新书或收购旧书。一名员工可以从不同提供者处购买或收购多种图书，一种图书可以由不同员工通过不同的提供者购买或收购，需要记录购买或收购的时间、地点、数量、价格和方式，提供者可以卖新书、卖旧书、送书、捐书。可以依据收购图书的数量为图书提供者评级。
- 报纸、杂志订阅管理。
- 设备、物品与食品饮料管理。
- 日常保洁与设备维护管理。
- 书屋活动管理。

(3)　书屋数据库需要为书屋顾客提供的服务

- 读者查询图书服务。
- 会员查询图书和个人会员及借阅信息的服务。

(4) 书屋数据库使用者

- 所有员工都可以作为管理员使用数据库；管理员能够浏览和查询所有信息。
- 读者和会员可以作为一般用户使用数据库。读者可以浏览和查询图书信息，而会员除了可以像读者一样查看图书信息之外，还可以查看会员个人数据和借还书信息。

只有管理员可以根据业务要求，进行数据的管理和维护工作，包括图书、会员、员工、图书提供者、评级标准的基本信息登记和维护，借还书业务和图书收购业务中的信息登记与维护，以及书屋其他事务的管理等。

管理员和会员对于浏览和查询结果，可以按照某种格式生成报告，并可选择打印输出。

(5) 需要解决的主要问题

- 书屋事务的表达和存储：准确、充分、全面地表达和存储书屋事务，方便快捷地查询和管理数据。
- 书屋事务的自动化管理：实现复杂事务管理的自动化。
- 数据保护问题：使用身份认证、数据访问权限控制等手段，保护数据的安全性、一致性。

贯穿本书始终的【学知书屋】数据库及其应用系统的设计开发，就是以此企划书为依据，实现其数据和处理需求，以及应用需求。图 1-12 为该系统的完整功能结构图，需要说明的是，为了满足教学需求，最终数据库及其应用系统实现了该图中的部分功能，以降低实现和阅读难度。读者在此基础上可根据知识掌握情况和兴趣，完善本数据库及其应用系统。

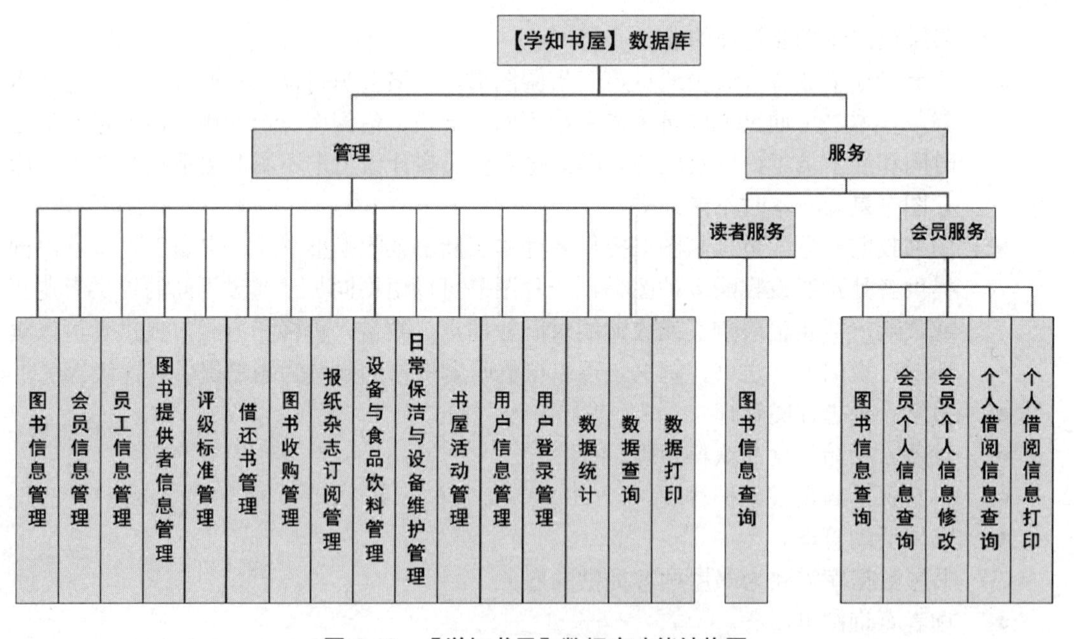

图 1-12 【学知书屋】数据库功能结构图

1.5　数据管理的历史与发展

数据管理经历了 3 个主要阶段，包括人工管理阶段、文件系统管理阶段和数据库系统管理阶段。

1.5.1　人工管理阶段

这个阶段(20 世纪 50 年代中期以前)被称为人工管理阶段，但并不意味着利用纸笔纯人工地管理数据，而是在通用电子计算机诞生后，由计算机帮助人来管理数据。只是因为这个阶段为电子计算机诞生初期，其软硬件条件比较落后，有大量的工作需要人工参与。

这个阶段的计算机软硬件现状：软硬件条件落后，无外存，无操作系统、数据批量处理，无交互式处理方式。特点是：数据不能长期保存，程序运行需要数据时输入，程序运行完后数据撤出；没有专门的软件对数据进行管理，需要应用程序自己从底层管起，程序员负担重；若数据在存储格式或位置上发生变化，就会影响应用程序，数据与应用程序之间不独立；没有文件的概念，每个程序都有自己的一组数据，这组数据可能与另一个程序所使用的数据重复，致使数据冗余大。

1.5.2　文件系统管理阶段

这个阶段(20 世纪 50—60 年代中期)最大的变化是有了外存和操作系统，批处理和交互式处理相结合。有了外存，数据就可以长期保存；可以用操作系统管理数据。操作系统管理数据是采用文件形式，只需要将文件与程序相对应，而不需将数据与程序相对应，即一个数据文件中的数据可以供程序 A 使用，也可以供程序 B 使用，如图 1-13 所示。如果两个程序都需要的话，不必复制两个内容相同的数据文件，解决了人工管理阶段中的一组数据只能用于一个应用程序的问题，部分减少了数据重复存储的问题。

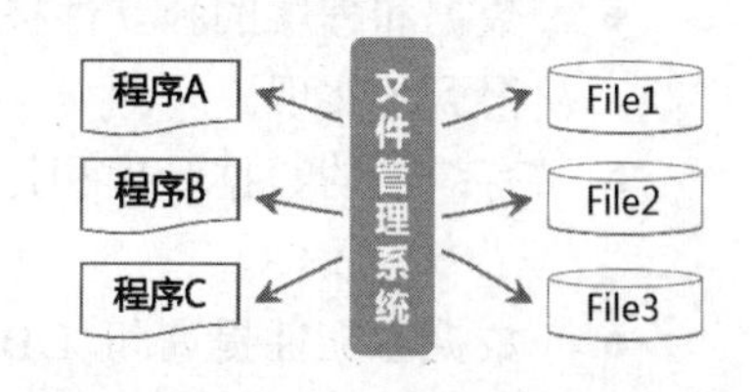

图 1-13　程序与数据文件的对应关系

而且用户不必在程序设计时考虑数据具体的存储，不需要从底层管起，这些工作可交给操作系统去完成，数据与应用程序之间具有了一定的独立性。

然而，毕竟数据文件和程序一一对应，冗余度仍然很大，而且不易维护，数据和程序还不能做到相对独立；而且在这个阶段，数据具有了结构，但文件无结构，即文件与文件之间没有联系，不能反映现实世界事物之间的联系。

文件中的数据是以“记录”的形式存放，如图 1-14 所示。记录由数据项组成，若干具有相同性质的记录的集合构成文件。每个用户(或程序)都可以建立、维护、处理一个或几个文件(反之亦可)，每个文件都用自己的文件名存放在外存上，用户(或程序)按照文件名访问其中的数据。

这种文件与程序的对应关系能够部分减少冗余信息的存在，但文件与文件之间没有联

系，反映事物之间的联系很困难。如：每名会员的信息由会员号、会员名、性别和联系电话这些数据项来描述，这些数据项组成一条记录，则所有会员的记录都具有相同性质(结构)，这些记录组成一个文件。而所有图书的记录又组成另一个文件，两个文件之间没有关系，或者反映关系很困难，即会员借阅图书这样的联系很难表达。

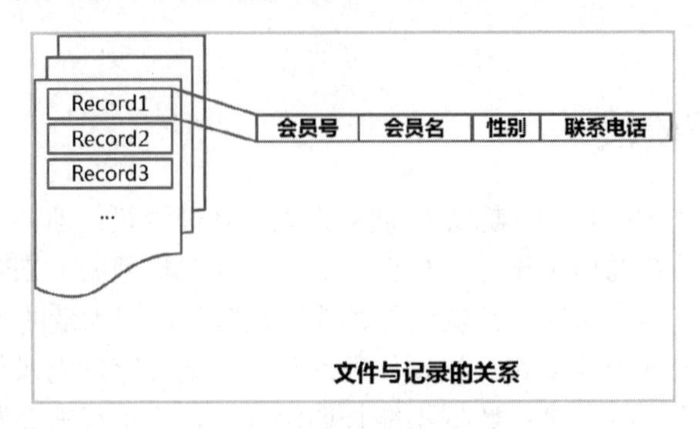

图 1-14　文件与记录的关系

1.5.3　数据库系统管理阶段

这个阶段(20 世纪 60 年代后期)的主要特点如下。

- 最大的特点是出现了数据库，出现了数据库管理系统，使得整体数据结构化，即记录有结构，记录之间的关系也有结构。
- 数据共享，即将数据统一存储和管理，提供给所有合法用户(或程序)。
- 数据冗余小，将全体数据的最小并集集中存储，最大限度地减少冗余数据。
- 数据和程序的独立性提高，数据库的结构层次使得一些以前不能实现的独立性也得到了实现。
- 有统一的数据管理和控制功能，即 DBMS 的诞生为数据的统一管理和控制提供了专门软件。
- 数据独立性提高和 DBMS 的诞生，也大大减少了程序员编制和维护应用程序的工作量。

1.5.4　数据库技术的发展

目前使用数据库技术管理数据已经成为普遍现象。随着计算机软硬件技术的不断发展，特别是随着互联网、物联网、传感器技术和移动通信技术的快速发展，当今社会正在进入大数据时代。

目前数据技术的特点是：管理数据的技术从数据库技术，发展到数据仓库技术，以及当前的大数据技术；当前要管理的数据也从以前的 MB 级、GB 级，发展到 TB 级、PB 级、EB 级；从单纯的具有结构的数据发展到各种无结构的数据、半结构的数据；数据的产生和变化的速度也极速增加；人们处理数据的目的不仅仅是浅层次地产生有用信息，而是深度挖掘数据价值以产生用于决策支持、智能活动的数据。

目前，与各种先进软硬件技术相结合是数据库技术或数据管理技术发展的趋势。如：

与人工智能技术相结合，产生人工智能数据库；与高性能计算相结合，产生并行/分布式数据库；与云计算相结合，产生云数据库(云库)；与行业大数据相融合，产生商业大数据、金融大数据、医疗大数据等，用于电子商务、电信、零售、交通等领域。

数据管理发展的历史告诉我们，用数据库系统管理数据是数据管理历史中重要的里程碑，它充分地利用了计算机软硬件技术的优势，使得数据管理从此走上了全面、准确、高效和自动化的道路。

1.6　本 章 小 结

本章为 Access 数据库应用的知识准备，介绍了数据库系统的几个基本概念以及系统定义和组成；数据抽象的 3 种方法；概念模型和数据模型的内容，其中重点为两种模型的表达方法；整个数据库系统的设计创建过程与方法，重点为数据库设计创建过程；数据管理的历史，对其发展有基本的认识。

通过本章抽象方法的介绍，试图引导读者重新审视现实世界，建立自己的概念模型，在不同应用场景下尝试，为第 2 章数据建模的学习做些准备。

本章已经为后面章节的学习打下了概念、方法和过程的基础，第 2 章将真正开始【学知书屋】的建模过程，这是建立数据库的关键环节。从第 2 章开始将利用 6 章的篇幅，一步一步完成整个数据库及其应用系统，即数据库系统的创建。

本章内容导图如图 1-15 所示。

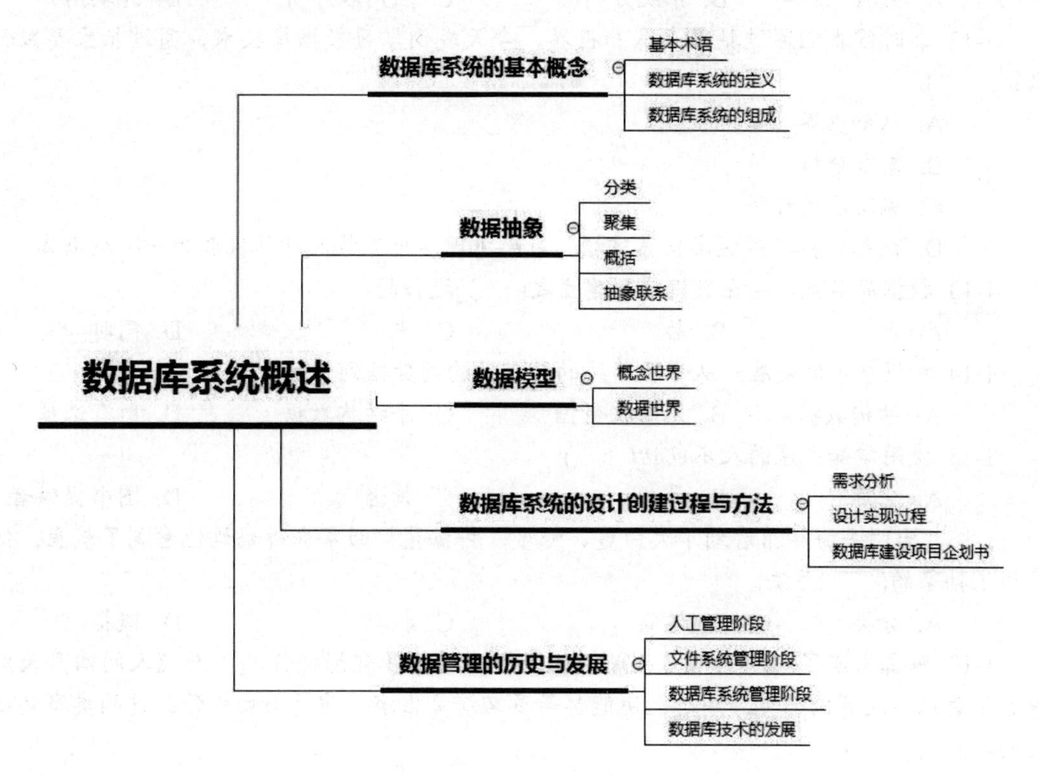

图 1-15　第 1 章内容导图

1.7 练 习 题

【问答题】

1-1 什么是数据？请举出现实生活中各种表现形式的数据。

1-2 什么是数据处理？数据处理的中心问题是什么？

1-3 数据与信息，以及与知识、智慧之间的关系该如何理解？如何运用？

1-4 什么是数据库系统？它与数据有什么关系？

1-5 请描述几个在现实生活中使用过的数据库系统。

1-6 数据库系统由哪几个部分组成？

1-7 数据抽象的方法有哪些？

1-8 什么是模型？什么是数据模型？

1-9 请描述数据库系统的设计创建过程。

1-10 谈谈你对需求分析的理解。

【选择题】

1-11 数据库系统投入使用后，负责管理和维护、确保数据库安全及系统运行正常的人员或团队是(　　)。

A. DBA　　B. 系统分析员　　C. 应用程序员　　D. 终端用户

1-12 小时候我们通过抽象来认知世界，今天我们学习数据库技术，通过抽象要做什么？(　　)。

A. 认知世界

B. 需求分析

C. 编写应用程序

D. 认知世界，对现实世界建模，最终把现实世界装入计算机成为一个数据库

1-13 数据库实施，是在数据模型建立之(　　)进行的。

A. 前　　B. 后　　C. 中　　D. 同时

1-14 数据技术的发展：从管理单纯的具有结构的数据到管理(　　)。

A. 结构数据　　B. 无结构数据　　C. 半结构数据　　D. 所有选项

1-15 使用学知书屋的人不包括(　　)。

A. 会员　　B. 员工　　C. 读者　　D. 图书提供者

1-16 小明去海洋馆看到了大白鲨、鲸鲨、柠檬鲨，回家告诉妈妈他看到了鲨鱼。他运用了抽象的(　　)方法。

A. 分类　　B. 聚集　　C. 抽取　　D. 概括

1-17 黄磊出演了《人间四月天》《夜半歌声》等多部影视作品，而《人间四月天》中除了黄磊，还有刘若英、周迅、伊能静等多名演员出演。演员与影视作品这两类事物之间的联系是(　　)。

A. 一对一的联系　　B. 一对多的联系

C. 多对一的联系　　　　　　　　　　D. 多对多的联系

1-18 小明用泥土、砂石建造出一座学知书屋的模仿品，小亮用 3D 建模软件设计出书屋的房屋模型，小青用概念和概念之间的联系抽象出书屋的概念模型，小澈用数据和数据之间的联系抽象出书屋的(　　)。

A. 抽象模型　　B. 数学模型　　C. 数据模型　　D. 数字模型

1-19 演员与影视作品的 E-R 模型如图(　　)所示。

A.

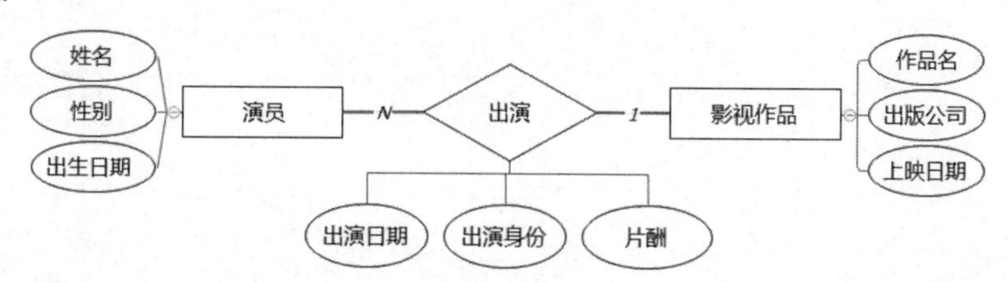

B.

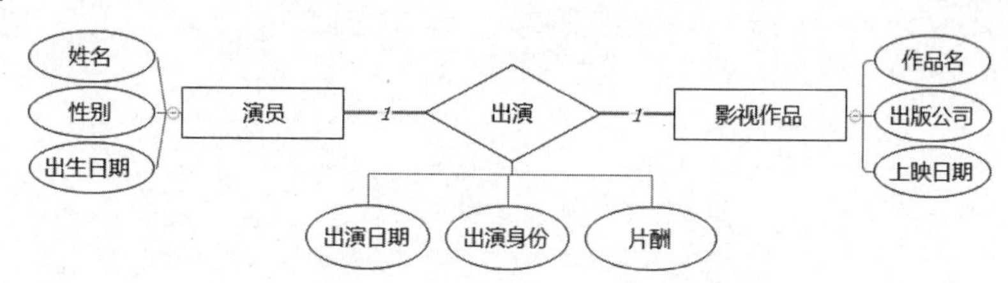

C.

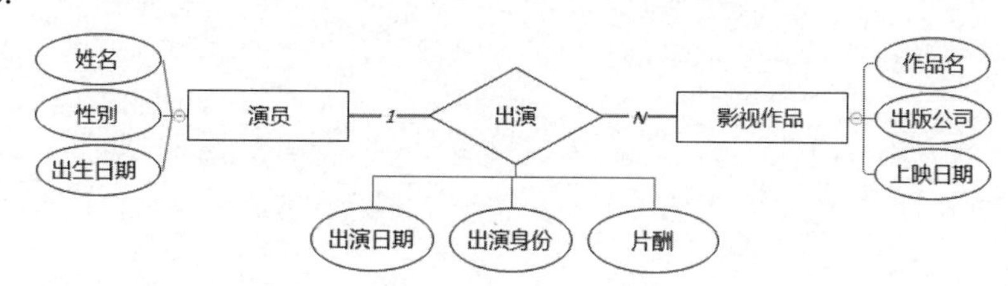

D.

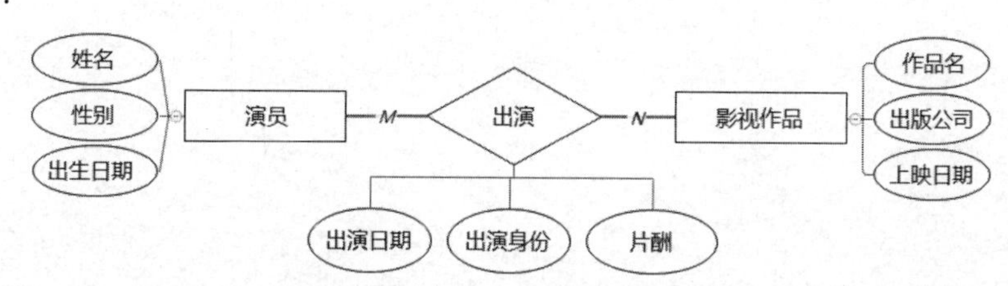

1-20 以下关于数据库及其应用程序的设计开发过程，错误的叙述为(　　)。

A. 数据库及其应用系统的设计都需要进行需求分析

B. 需求分析就是收集数据需求

C. 数据库设计实施包括概念、逻辑和物理结构设计

D. 应用系统的设计开发包括系统功能的概要和详细设计，编程运行，测试和调试程序

第2章 从现实世界到机器世界：数据建模

Access 是一种关系数据库。关系数据库是采用关系数据模型作为其数据组织方式的，在处理数据库中的数据时应用了数学方法，有严格的数学理论基础，是集合论在数据组织领域的应用。

本章将从利用数据库技术解决【学知书屋】的实际问题出发，通过对应用场景的分析，将数据需求和业务需求依次抽象成为概念模型和关系数据模型，并根据 Access 数据库管理系统提供的数据类型、数据操作和完整性约束手段，建立物理数据模型。在介绍【学知书屋】数据库的完整建模过程之前，先简要介绍关系数据模型的基本概念，重点介绍其三要素和规范化的思想，这些都是实际建模中需要用到的必备概念和方法。2.1 节提出问题，给出了利用数据库技术要解决的实际问题的定义和问题解决的基本思路与方法。2.2 节简要介绍了关系数据模型的基本概念，包括关系数据模型三要素：数据结构、数据操作和数据完整性约束，以及关系规范化理论的基本思想。2.3 节详细描述了【学知书屋】数据模型的建立过程，依次介绍了概念模型的建立——概念结构设计，逻辑数据模型的建立——逻辑结构设计，物理数据模型的建立——物理结构设计。

2.1 问题的提出

2.1.1 定义问题

1. 应用场景

学知书屋模拟图如图 2-1 所示，详细描述见“1.4.3 数据库建设项目企划书”节中的“1. 项目概述”。

图 2-1 学知书屋模拟图

在学知书屋的应用场景下，利用数据库技术设计创建数据库及其应用系统，满足各类用户的各类信息需求和处理需求，成为需要解决的关键问题。

2. 需求分析

通过观察、调查和书屋自己的规定，对数据库应用需求进行分析，回答以下几个问题。

(1) 书屋有哪些事物需要管理？

书屋中有形的事物有“人”和“物”，无形的事物有“事”。

具体描述见“1.4.3 数据库建设项目企划书”节中“2. 项目目标与需求”下的“(1)”。

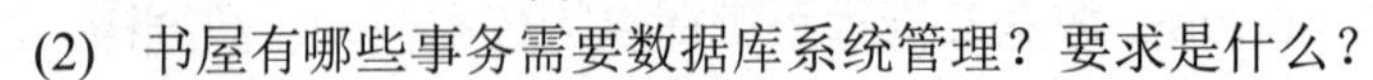

(2) 书屋有哪些事务需要数据库系统管理？要求是什么？

具体描述见“1.4.3 数据库建设项目企划书”节中“2. 项目目标与需求”下的“(2)”和“(3)”。

(3) 【学知书屋】数据库给谁用？

具体描述见“1.4.3 数据库建设项目企划书”节中“2. 项目目标与需求”下的“(4)”。

(4) 需要解决哪些主要问题？

具体描述见“1.4.3 数据库建设项目企划书”节中“2. 项目目标与需求”下的“(5)”。

2.1.2 问题解决基本思路与方法

1. 书屋事物的表达和存储，方便快捷地查询和管理数据

要正确、充分、完整地表达和存储书屋事物，需要按照以下步骤科学、规范、严谨地建立数据模型，根据模型建立数据库，数据入库，以及为满足各种需求建立查询、管理数据。

① 根据应用场景的描述和需求分析，进行第一级抽象，建立概念模型，完成概念结构设计。

② 对概念模型进行第二级抽象，建立逻辑关系数据模型，完成逻辑结构设计。

③ 选择 Access 数据库管理系统，按照 Access 的数据类型、数据操作和完整性约束

手段，对逻辑模型进行物理建模，完成物理结构设计。

④　用 Access 创建数据库，数据入库。

⑤　建立查询，生成虚拟表，满足各类用户的各种信息需求。

2. 书屋事务的自动化管理

数据库应用系统的设计开发，满足各类用户使用数据库的各种需求，实现复杂事务管理的自动化。

3. 数据保护问题

在数据库及其应用系统这两部分的设计与开发中，都不同层次体现着数据库保护。

在以上过程中，①、②、③就是建模任务，即从现实世界到机器世界，将现实世界用机器世界中的物理数据结构来描述。

在我们为【学知书屋】数据建模之前，先简要了解关系数据模型的基本概念，包括关系数据模型三要素的数据结构、数据操作和数据完整性约束，以及关系规范化的思想，这些都是实际建模中需要用到的必备概念和方法。

2.2　关系数据模型

2.2.1　概述

数据模型在发展过程中有 3 种类型：层次模型、网状模型和关系模型。层次模型和网状模型因自身的表达数据之间联系的局限性和复杂性，而更多地应用在研究和实验领域。而关系模型因其具有如下特点，自诞生以来一直作为大多数流行数据库的主要模型。

(1)　用关系描述实体本身以及实体之间的联系，这种描述的一致性有效降低了模型的复杂度。

(2)　可直接表示多对多的联系，用简单的方式描述了复杂的联系。

(3)　关系是规范化的关系，即表中不能有表，表中的每个分量是不可分的，这也有效降低了模型的复杂度。

(4)　建立在数学概念基础上，如集合论，有很强的理论根据。

2.2.2　关系数据模型三要素之一：数据结构

数据结构，就是数据以及它们之间的相互关系(联系)，一般分为逻辑结构和物理结构。逻辑结构是数据之间的逻辑关系，往往表达了数据之间的现实客观联系。而物理结构则表示数据在计算机中的存储形式，在数据库的数据建模中，往往与具体的数据库管理系统中数据存储的组织形式有关，不同的系统组织形式不同。

关系数据模型是用表结构来表示数据之间的联系，它的逻辑结构就是由行和列组成的一张张二维表。

关系模型名称的由来是集合论。集合论是关系数据模型的数学基础，事物之间的联系

用笛卡尔积的结果来表示，这正是关系模型与其他两种模型在表达事物之间联系的方式上的本质不同。在集合论中，笛卡尔积的结果是一个关系，因此关系数据模型中的二维表就被称为关系(relation)，用关系表示的数据模型也被称为关系模型。

今后在非特指的情况下，我们提到的关系就是二维表，用关系来描述实体本身以及实体之间的联系，关系模型中的操作对象和结果都是二维表。

关系由关系头和关系体组成，关系头是关系的框架，是二维表的表头，是实体属性名的集合。关系体是关系的内容，是二维表中的值，是记录的集合，每条记录又是每个实体属性值的集合，如图 2-2 所示。

关系头

会员号	会员姓名	性别	联系电话	身份证号码	家庭地址	微信号	余额	头像
C00001	李博特	男	13601234567	110110194010110110	北京市海淀区	pote1360123	28.2	Bitmap Image
C00002	马普尔	女	13801196745	119119199110112102	北京市朝阳区	13801196745	158.7	Bitmap Image
C00003	张波罗	男	18912319080	120120201202120128	北京市海淀区	polo18912319080	300.12	Bitmap Image
C00004	宋加莎	女	13011519475	114237200109010239	北京市昌平区	13011519475	523.4	Bitmap Image
C00005	赵德	男	13090087388	110108197407090344	北京市海淀区	13090087388	110	Bitmap Image
C00006	lezima	女	13813452157	230672196712139101	北京市海淀区	13813452157	3.5	Bitmap Image
C00007	乔林	男	18911119012	321900198406190144	北京市延庆区		45.6	Bitmap Image
C00008	ann	女	13623890123	110118200306189235	北京市朝阳区	13623890123	890.4	Bitmap Image
C00009	cc2018	女	18702098231	610780199910119012	北京市西城区	ccxichengcc	340	Bitmap Image
C00010	shuang11	女	13109300078	520890197309027384	北京市大兴区	shuang112233445566	111.2	Bitmap Image
C00011	钱风	男	16809234910	520967195901110122	天津市和平区	16809234910	76	Bitmap Image
C00012	孙不二	男	13012911102	110106198312010203	北京市延庆区	13012911102	233	Bitmap Image
C00013	周立	男	13608945667	220189200004219509	北京市海淀区		123.45	Bitmap Image
C00014	李玉	女	18973492013	620893195608294756	北京市海淀区		444.3	Bitmap Image
C00015	周自力	男	16298274757	120891198409128745	北京市昌平区	16298274757	321.6	Bitmap Image
C00016	顺溜	男	13611107621	110108199209102874	北京市朝阳区		666.6	Bitmap Image
C00017	张青山	男	16201927464	422292199901284382	天津市北辰区	madashuai162	11	Bitmap Image
C00018	宁采臣	男	18230009888	330982199012293487	天津市和平区	18230009888	329.01	Bitmap Image
C00019	冠路飞	男	18189818127	420897196011128390	北京市丰台区	guanlufei779977	209.4	Bitmap Image
C00020	李红图	女	13498293754	630892199604023022	北京市丰台区	hongtubaye556677	88.2	Bitmap Image

关系体

图 2-2　会员表的关系头与关系体

下面我们围绕关系模型的 9 个术语和关系的性质来全面了解关系模型中的数据结构。

1．关系模型的 9 个术语

(1) 关系：一个二维表，如图书、会员都是关系名或表名。

(2) 元组：关系中的一行，即表中的一条记录。如会员关系中的李博特记录就是一条元组。

(3) 属性：关系中的一列，每一列都有一个列名或称属性名、字段名，如会员号、会员姓名、性别等。

(4) 域：属性列的取值范围，如整数，长度小于 20 的字符串等。

(5) 键：能够标识元组的一个属性或属性组合，具有唯一性。如会员号就是键，它具有唯一性，能够标识每一名会员。而性别没有唯一性，它不是键，性别为男的记录不能表明是哪名会员，李博特和张波罗性别都是男，即性别起不到标识元组的作用。

(6) 候选键：当键有多个时，它们都是候选键。若会员姓名无重名，它具有唯一值，则它和会员号都能起到标识元组的作用，即区分会员既可以用会员号又可以用会员名，它们都是候选键。

(7) 主键(primary key，PK)：在候选键中选择一个作为主键。会员关系中若会员号和姓名都是候选键，则可以选择会员号或姓名作为主键。一般选择编号类字段作为主键，因为编号一般为数字字符，组成简单，不易产生错字、别字和歧义。

主键只能有一个，且总是存在的，即在一个关系中总能找到一个属性或属性组合具有唯一性，能够标识元组。关于这点，可以用严谨的过程来证明，在此不再证明了，可以举一个极端的实例来说明。如图 2-3 所示，最“坏”情况下，表中所有属性的组合一定具有唯一性，它可以作主键。如著名的 PWA 关系，其中，P 代表演奏者，W 代表作品，A 代表观众，PWA 之间的联系为：一位演奏者可以为多位观众演奏多部作品，一部作品可以由多位演奏者演奏给多位观众，一位观众可以欣赏多位演奏者演奏的多部作品。这样的多重多对多联系，使得 P、W、A 分别都有重复值，它们各自不能独立作为主键，而可以将其组合起来成为主键，因为从关系的性质上说，关系中任意两条元组不能完全相同。

演奏者 P	作品 W	观众 A
P1	W1	A1
P2	W1	A1
P1	W2	A1
P2	W2	A1
P1	W1	A2
P2	W2	A2
...		

图 2-3　PWA 关系

主键除了可以标识元组(记录)之外，还因为表中记录可以按照它有序排列，所以它还可以作为索引关键字，发挥着提高查找数据速度的作用。

(8)　外键(foreign key，FK)：关系 A 的一个属性或属性组合的值来自另一个关系 B 的主键值，则这个属性或属性组合被称为关系 A 的外键。如，【借阅】表中的会员号的取值必须来自【会员】表中的主键值“会员号”，则会员号是【借阅】表的外键；【借阅】表中图书编号的取值必须来自【图书】表中的主键值“图书编号”，则【借阅】表中的图书编号是【借阅】表的外键，如图 2-4 所示。

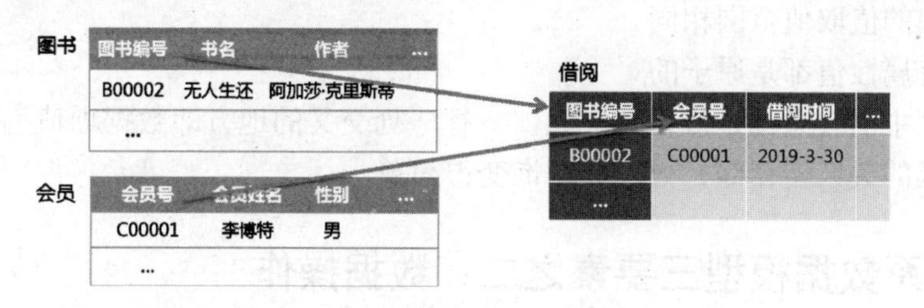

图 2-4　图书、会员与借阅表之间的主-外键关系

与主键总是存在不同的是，不是每个关系都有外键，如【会员】表、【图书】表就没有外键，即没有哪个属性的取值是来自另一个表的主键值。

(9)　关系模式，就是关系的框架，关系头表示为：关系名(属性名 1，属性名 2...)。如：

会员(会员号，会员姓名，性别...)

PK：会员号

FK：无

图书(图书编号，书名，作者)

PK：图书编号

FK：无

借阅(借阅单编号，图书编号，会员号，借阅时间...)

PK：借阅单编号

FK：图书编号、会员号

以上是关系模型最主要的 9 个术语，描述了一个关系的组成和内容。

2. 关系的性质

下面通过了解关系的性质来了解什么样的表能称为关系，不满足关系性质的表不能称为关系，不能在关系数据库中出现。关系具有如下 6 条性质。

(1) 任意两元组不能完全相同

每条记录至少在一列上有不同的值，否则是两条相同的记录，在关系中不能存在，要删去一条。若关系设置了主键，则两条记录至少在主键这列上是不同的，两条在主键列上值相同的记录不能输入表。

(2) 元组是非排序的

记录的顺序是无所谓的，是它们输入时的物理顺序，改变物理顺序的表与原表是同一张表。

(3) 属性是非排序的

属性的顺序也是无所谓的，是它们输入时的物理顺序，改变物理顺序的表与原表是同一张表。

(4) 属性必须有不同的名称，而不同属性可来自同一域

一个关系中的属性名不能有重名，但不同属性可以来自一个域，如借阅时间、归还时间、应还时间 3 个属性都可来自于日期时间值。

(5) 同一属性名下的诸属性值，即同列值是同类数据，且必须来自同一域

即一列中的值取值范围相同。

(6) 所有属性值都是原子的

关系模型中的关系都是规范化关系，一行一列交叉的地方即数据项值为原子的、不可再分的。这样的关系使存储、处理、查询变得简单。

2.2.3 关系数据模型三要素之二：数据操作

数据模型三要素中的数据操作，主要是增删改查，这些操作不论是使用 SQL 语言中的语句还是使用图形化界面来实现，都是告诉系统要做什么，而无须告诉它怎么做，关于这一点我们将在第 4 章深刻体会到。实际上，关系数据库系统是使用关系运算来实现这些操作的，只是这些运算对于用户透明而已。基于这点，本书只以关系运算中较为常见的关系代数运算为例，对关系数据库系统的操作实现做简单介绍。

关系代数运算一共有 8 种，被分为两大类：传统的集合运算和专门的关系运算。

1. 传统的集合运算

传统的集合运算共 4 种，它是将运算对象看成记录的集合，运算时对这些集合求并集、差集、交集和集合的笛卡尔乘积，运算结果也是记录集合。运算相当于对集合求加、减、乘法，其中，并、差、交要求作为运算对象的两个关系必须是同构关系，即两个关系的结构完全相同，而笛卡尔积运算没有这个限制。

2. 专门的关系运算

专门的关系运算就是将运算对象看成关系，运算结果也为关系。专门的关系运算共 4 种。

(1) 选取：单目运算，运算对象只有一个关系，是从该关系中选择满足条件的元组(记录行)。

(2) 投影：单目运算，运算对象只有一个关系，是从该关系中选择某些列，即在这些列上进行投影。

(3) 连接：双目运算，运算对象为两个关系，是将这两个关系按照对应字段满足某一条件进行连接，即将两个关系(表)在横的方向上连成一个关系(表)。

(4) 除法：双目运算，运算对象为两个关系。与数学上的除法类似，即除法的结果被称为商关系，其与除数关系的笛卡尔乘积为被除数关系的子集。

下面我们通过一些例子来快速了解这些运算的运算规则。

【例 2-1】 设有两个同构关系 R 和 S，求 4 种传统的集合运算。

R 和 S 两个关系，以及 4 种传统的集合运算的运算结果如图 2-5、图 2-6 所示。其中：

(1) 并运算是 R 和 S 中的记录求最小并集，且去掉重复记录。上例中，因 R 和 S 中有一条相同记录——张路，所以求并集后，要去掉这一条重复记录，即 6 条记录减去 1 条记录，最终结果为 5 条记录。

● 设有两个关系 R 和 S

R

学号	姓名	性别	出生日期	入学成绩
090101	张路	男	01-01-10	610
090102	李勤	女	01-10-20	598
090103	陈珊	女	01-03-10	497

S

学号	姓名	性别	出生日期	入学成绩
090201	孙辛	男	01-09-29	582
090101	张路	男	01-01-10	610
090203	孙苗	女	01-06-01	671

并 R∪S

学号	姓名	性别	出生日期	入学成绩
090101	张路	男	01-01-10	610
090102	李勤	女	01-10-20	598
090103	陈珊	女	01-03-10	497
090201	孙辛	男	01-09-29	582
090203	孙苗	女	01-06-01	671

差 R-S

学号	姓名	性别	出生日期	入学成绩
090102	李勤	女	01-10-20	598
090103	陈珊	女	01-03-10	497

交 R∩S

学号	姓名	性别	出生日期	入学成绩
090101	张路	男	01-01-10	610

图 2-5　传统集合运算中的并、差、交运算

笛卡尔积 R×S

R.学号	R.姓名	R.性别	R.出生日期	R.入学成绩	S.学号	S.姓名	S.性别	S.出生日期	S.入学成绩
090101	张路	男	01-01-10	610	090201	孙辛	男	01-09-29	582
090101	张路	男	01-01-10	610	090101	张路	男	01-01-10	610
090101	张路	男	01-01-10	610	090203	孙苗	女	01-06-01	671
090102	李勤	女	01-10-20	598	090201	孙辛	男	01-09-29	582
090102	李勤	女	01-10-20	598	090101	张路	男	01-01-10	610
090102	李勤	女	01-10-20	598	090203	孙苗	女	01-06-01	671
090103	陈珊	女	01-03-10	497	090201	孙辛	男	01-09-29	582
090103	陈珊	女	01-03-10	497	090101	张路	男	01-01-10	610
090103	陈珊	女	01 03 10	497	090203	孙苗	女	01 06 01	671

图 2-6　传统集合运算中的笛卡尔积运算

(2) 差运算的结果是那些出现在 R 中而不出现在 S 中的记录。上例中，因 R 和 S 中有一条相同记录——张路，所以结果为去掉张路在 R 中的记录，而剩余另外两条记录。

(3) 交运算的结果为同时出现在 R 和 S 中的记录，即张路。

(4) 笛卡尔积为 R 和 S 中记录的逐一连串。上例中，R 和 S 中各有 3 条记录，连串结果应为 3×3=9 条记录。因两个表的属性名一样，故需要在笛卡尔积运算结果中区分不同的属性名，可以如图 2-6 所示那样用表名作前缀，也可对属性重新命名。

【例 2-2】设有两个关系 R 和 S，求 4 种专门的关系运算。

R 和 S 两个关系，以及 4 种专门关系运算的结果如图 2-7、图 2-8 和图 2-9 所示。其中，

(1) 选取：运算符为δ，选取条件作为脚标，运算对象为 R，则在 R 中选取姓名为李勤的记录(元组)的表达式，如式 2-1 所示，即在 R 中选取那些姓名为李勤的记录组成结果关系。

● 设有两个关系 R 和 S

R

学号	姓名	性别	出生日期	入学成绩
090101	张路	男	01-01-10	610
090102	李勤	女	01-10-20	598
090103	陈珊	女	01-03-10	497

S

学号	姓名	性别	出生日期	入学成绩
090201	孙辛	男	01-09-29	582
090101	张路	男	01-01-10	610
090203	孙苗	女	01-06-01	671

选取 $\delta_{姓名=‘李勤’}(R)$

学号	姓名	性别	出生日期	入学成绩
090102	李勤	女	01-10-20	598

投影 $\pi_{姓名}(R)$

姓名
张路
李勤
陈珊

图 2-7 专门关系运算中的选取和投影运算

$$\delta_{姓名='李勤'}(R) \tag{2-1}$$

R

学号	姓名	性别	出生日期	入学成绩
090101	张路	男	01-01-10	610
090102	李勤	女	01-10-20	598
090103	陈珊	女	01-03-10	497

S

学号	姓名	性别	出生日期	入学成绩
090201	孙辛	男	01-09-29	582
090101	张路	男	01-01-10	610
090203	孙苗	女	01-06-01	671

连接 $R \underset{R.入学成绩 > S.入学成绩}{\bowtie} S$

R.学号	R.姓名	R.性别	R.出生日期	R.入学成绩	S.学号	S.姓名	S.性别	S.出生日期	S.入学成绩
090101	张路	男	01-01-10	610	090201	孙辛	男	01-09-29	582
090102	李勤	女	01-10-20	598	090201	孙辛	男	01-09-29	582

删除

自然连接 $\pi_{学号,姓名}(R) * \pi_{学号,性别,出生日期}(S)$

学号	姓名	学号	性别	出生日期
090101	张路	090101	男	01-01-10

图 2-8 专门关系运算中的连接和自然连接运算

R

学号	姓名	性别	出生日期	入学成绩
090101	张路	男	01-01-10	610
090102	李勤	女	01-10-20	598
090103	陈珊	女	01-03-10	497

S

学号	姓名	性别	出生日期	入学成绩
090201	孙辛	男	01-09-29	582
090101	张路	男	01-01-10	610
090203	孙苗	女	01-06-01	671

除法 $\pi_{学号,姓名}(R) \div \delta_{姓名='张路'}(\pi_{姓名}(S))$

学号
090101

图 2-9 专门关系运算中的除法运算

【注】选取条件为一个表达式，由运算数和运算符组成，运算往往是比较运算和逻辑运算。比较运算符主要有 =(等于)、<>(不等于)、>=(大于等于)、<=(小于等于)，逻辑运算符主要有 NOT(非)、OR(或)、AND(与)。运算数可以是属性名(如姓名)、文本常量(如‘李勤’，文本常量在表达式中需要使用单引号括起)、数字常量(如 12、34.5、−3)、布尔常量(如 True 或 False)等。

(2) 投影：运算符为π，投影的列名写在脚标位置，有多个列名时用逗号分隔。运算对象为 R，则在 R 的姓名列上做投影的表达式如式 2-2 所示，结果关系为 R 中姓名列组成的关系。

$$\pi_{姓名}(R) \tag{2-2}$$

(3) 连接：用连接符∞表示，连接条件写在连接符的下方。式 2-3 表示在 R 和 S 上进行入学成绩大于的连接，即 R 的入学成绩大于 S 的入学成绩的连接。

$$R \underset{R.入学成绩>S.入学成绩}{\infty} S \tag{2-3}$$

观察连接结果，我们发现连接运算其实就是带条件的笛卡尔积，即对 R 和 S 进行记录连串，再选取满足连接条件的记录。所以 R 和 S 的笛卡尔积的结果为 9 条记录，满足 S 的入学成绩大于 R 的入学成绩的仅有两条记录，结果就是这两条记录。

连接运算中还有一个特例，就是自然连接。自然连接是同名字段上的等值连接，即在一般连接的基础上，加入两条限制：

- 自然连接要求连接字段为同名字段，而一般连接没有这个限制。
- 自然连接为等值连接。在一般连接中，连接可以是大于、小于、大于等于、小于等于或不等于连接。

另外，自然连接与一般连接不同的地方是，自然连接要在连接结果中去掉重复列。为何会有重复列？因是两个关系中的同名字段作为连接字段。为何要去掉？因是等值连接，结果中保留其中一列即可表达数据值。

式 2-4 为自然连接，是 R 在学号和姓名上的投影与 S 在学号、性别和出生日期上的投影的自然连接，因学号是连接双方的同名字段，是连接字段，故在结果中只需保留其中一列即可。

$$\pi_{学号,姓名}(R) * \pi_{学号,性别,出生日期}(S) \tag{2-4}$$

(4) 除法：类似于数学除法，即商与除数的乘积等于被除数。这里的关系的除法是集合的除法，即商关系与除数关系的笛卡尔乘积是被除数关系的子集。具体做法分为两步。

① 观察被除数关系和除数关系的结构来构造商关系结构，使得商与除数的笛卡尔乘积的结构与被除数的结构相同。

② 再观察被除数和除数的记录，是使得商中的记录与除数中的记录进行记录连串的结果为被除数的子集。

$$\pi_{学号,姓名}(R) \div \delta_{姓名='张路'}(\pi_{姓名}(S)) \tag{2-5}$$

式 2-5 中，用 R 中在学号和姓名的投影除以 S 中在姓名上的投影再做姓名为张路的选取，被除数的结构为学号和姓名两列，除数的结构为姓名一列，则商的结构首先能确定下来为学号一列。然后确定商中的记录，被除数有 3 条记录，除数有 1 条记录为张路，则商的记录只能是 090101，其与除数中的张路进行连串，包含在被除数中，其他学号与张路的连串都不包含在被除数中。

应用以上 8 种关系代数运算，完成数据库系统数据的增、删、改、查操作。如数据库的增加记录操作就是并运算实现的，删除记录操作就是差运算实现的。而有一些数据操作往往需要对这 8 种运算进行有限次的组合，像式 2-4、式 2-5 那样，如修改数据操作就是差运算和并运算的组合实现的，查询操作可能会用到交运算、笛卡尔积和所有的专门关系运算。

2.2.4 关系数据模型三要素之三：数据完整性约束

关系数据模型除了要描述数据及其联系，以及可以在数据上施加什么操作、如何施加操作之外，关系模型的第三个要素就是完整性约束。数据完整性约束是保证数据的准确性、一致性和可靠性的规则和手段，防止在数据添加、删除和更新时，错误的、不合理的数据进入数据库。数据完整性一般包括实体完整性、参照完整性和用户自定义完整性。

1. 实体完整性

在主键上施加的完整性约束条件，要求主键不能为空或部分为空，即在添加和修改数据时，不允许主键列值为空，或主键为多列组合时部分列值为空。若为空，这样的元组(记录)不能在关系(表)中存在。

那么，为什么要施加这种约束？因为主键为空或部分为空，就起不到标识元组(记录)的作用了，不能发挥主键的作用，也就不能被称为主键了。如会员关系中的主键为“会员号”，该字段值在任何情况下都不能为空，若某个会员的会员号为空，该会员使用其他列值不能标识他(她)是谁，则会员号就会失去标识记录的作用。为防止出现此情况，需要在建立数据模型、定义数据结构时说明实体完整性约束。

目前的数据库管理系统，如 Access，在某字段上设置好主键的同时，实体完整性约束就被自动施加在该字段上，在添加和修改数据时，系统会自动检查主键值是否为空或部分为空，若违反了实体完整性约束条件，则系统不允许数据入库。

2. 参照完整性

参照完整性是在外键上施加的完整性约束条件。它要求外键只有两种取值：①来自另一个关系(表)的主键值；②为空，即在添加和修改数据时，不允许关系(表)中的外键取其他值，只允许取对应主键关系(表)的主键值或为空。

那么，为什么要施加这种约束？因为根据外键的定义，外键本身就应该取值于对应的主键关系(表)的主键值，否则就不是外键。外键体现了两个关系(表)的对应关系。如会员关系(表)和借阅关系(表)，借阅关系(表)中的“会员号”为外键，它取值于会员关系(表)的主键——会员号的值。这种取值表达了借阅关系(表)中的会员是书屋的会员，若借阅关系(表)中的会员号为其他取值，则表示借阅关系(表)中这名所谓的会员不是书屋的会员，这一定是个错误的会员号。为了防止这种错误的发生，需要在借阅关系(表)上设置外键，并施加参照完整性。

目前的数据库管理系统，如 Access，若某个表存在外键，设计者就应将参照完整性约束施加在该表上，这样用户在该表中添加和修改数据时，系统会自动检查外键的取值，若违反了参照完整性约束条件，系统就不允许数据入库。

3. 用户自定义完整性

除了上述两种完整性约束条件外，其余的在字段取值上的约束，都被归纳为用户自定义完整性。如会员性别的取值为男、女，图书定价的取值为大于 0 的实数，出生日期必须

小于当前日期，会员号必须以 C 字母开头，后面跟 5 位数字字符，身份证号码必须唯一等。这些自定义的完整性在建立数据模型时就需要考虑完整，在之后建立数据库时可以利用选择的数据库管理系统提供的多种手段在表上实现。

2.2.5　关系的规范化

1. 规范化问题的提出

在关系数据库中，给了一组数据，应构造几个关系？每个关系由哪些属性组成？

如为学知书屋设计一个数据管理数据库，要求数据库能够管理图书、会员、员工、图书提供者、借阅和收购图书数据等。用多个表分别表示这些数据，还是用一个大表来表示存储所有的数据呢？这就是关系规范化要回答的问题。

2. 关系规范化的定义

关系规范化就是用几个结构简单的关系去取代原来结构复杂的关系的过程。这样做的目的是将一个不好的关系模式，分解为多个好的关系模式。

什么是不好的关系？存在 3 种异常的关系就不好，这 3 种异常如下。

(1) 插入异常：应该插入的数据不能插入数据表。

(2) 删除异常：在删除数据时，不应删除的数据不得不被一起删除。

(3) 更新异常：大量的冗余记录使得更新的不一致问题凸显。

如在抽象建模时，将会员和图书两个事物抽象为一个实体，最终成为一个表，如图 2-10 所示，会发生什么呢？会出现这 3 种异常。这些异常因何而来，如何用关系的规范化理论为指导进行规范化消除异常，这些内容本书不做展开，感兴趣的读者可以进一步阅读关系数据理论的书籍学习了解。

会员号	会员姓名	性别	联系电话	图书编号	书名	作者	出版社
C00001	李博特	男	13601234567	B00002	无人生还	阿加莎·克里斯蒂	新星出版社
C00001	李博特	男	13601234567	B00004	大学计算机基础	戴红，等	清华大学出版社
C00002	马普尔	女	13801196745	B00002	无人生还	阿加莎·克里斯蒂	新星出版社
C00003	张波罗	男	18912319080	B00001	甲骨文字典	徐中舒	四川辞书出版社
C00004	宋加莎	女	13011519475	B00006	Excel跟卢子一起学 早做完 不加	陈锡卢	中国水利水电出
C00004	宋加莎	女	13011519475	B00002	无人生还	阿加莎·克里斯蒂	新星出版社
C00004	宋加莎	女	13011519475	B00003	哈利波特与魔法石	J.K.罗琳	Bloomsbury
C00006	lezima	女	13813452157	B00005	数据库系统概论(第5版)	王珊，萨师煊	高等教育出版社
C00007	乔林	男	18911119012	B00002	无人生还	阿加莎·克里斯蒂	新星出版社
C00008	ann	女	13623890123	B00002	无人生还	阿加莎·克里斯蒂	新星出版社
C00001	李博特	男	13601234567	B00003	哈利波特与魔法石	J.K.罗琳	Bloomsbury
C00009	cc2018	女	18702098231	B00004	大学计算机基础	戴红，等	清华大学出版社
C00002	马普尔	女	13801196745	B00011	幼儿睡前故事绘本	罗自国，等	文化发展出版社
C00010	shuang11	女	13109300078	B00020	二战尖端武器鉴赏指南（珍藏版）	《深度军事》编委会	清华大学出版社
C00010	shuang11	女	13109300078	B00018	手机摄影从小白到大师	王鹏鹏，叶明	北京大学出版社
C00006	lezima	女	13813452157	B00009	暗知识：机器认知如何颠覆商业和	王维嘉	中信出版集团
C00020	李红图	女	13498293754	B00009	暗知识：机器认知如何颠覆商业和	王维嘉	中信出版集团

图 2-10　会员和图书抽象为一个实体出现 3 种异常

若每名会员借阅每种图书只有一次，即(会员号，图书编号)这个组合唯一，则可以作为主键。前面提到，在主键上有实体完整性约束，即主键不能为空或部分为空，在插入数据时主键为空或部分为空的记录不能插入。因此，若一名新会员从未借过书，只有会员号而无图书编号，主键部分为空了，则这名新会员的记录不能插入表。

图书记录也是如此，一本书从未借出过，即它没有对应的会员编号，则这本书的数据就不可能插入表中保存到数据库——这是插入异常，即该插入的记录不能插入表。

当一名会员退会了，要删除他的会员数据，需要将其数据从这张表中全部删除，即其所有借书信息全部删除。而恰巧有一本书只有他一人借过，可这本书的数据也要随着这名会员的退会而从数据库中删除——这是删除异常，即不该删除的数据不得不随着应该被删除的数据一并删除。

表中有显而易见的冗余，如会员数据会根据其借书记录重复存储多份，图书数据会随着它的不断被借出而重复存储次数越来越多。数据冗余大带来了巨大的维护成本，更新一名会员的联系电话，需要更新这张表中众多的记录，增大了更新不一致的风险。

所以，回答本节最初的那个问题：如果用一个大表表示所有的数据，就会出现 3 种异常，它不是一个好的关系模式。

3. 关系规范化方法

如何将一个不好的关系模式变为好的关系模式呢？规范化，将表 2-10 分解为 3 张表：【图书】表、【会员】表、【借阅】表，则异常全部消失。

分解的过程称为关系的规范化，须遵从严格的数学理论，我们称之为关系数据理论。分解的过程有原则，在保证一定的无损性，以及数据之间的依赖关系(这种关系称为函数依赖)的前提下，尽可能消除 3 种异常。

分解过程是逐步的，从 1NF 到 2NF，3NF，BCNF，4NF，5NF，其中的 NF 表示范式，是递进式的规范要求，5NF 最高。也就是分解过程是从最基本的“表中无表”的规范化关系逐步分解，满足规范性要求越来越高的范式的过程。

满足 3NF 的关系模式，插入和删除异常就已经基本消失了，但仍存在一定的冗余。但若继续分解下去，比如达到 5NF，称为完美范式，则无损性和依赖关系就不能保证了，所以一般分解到满足 3NF 的关系模式就可以了。

分解过程有严格的关系数据理论做指导，我们没有学习这些理论，没有在其指导下进行关系的规范化，是不是建立的关系数据模型就是有异常、不好的数据模型呢？不是。如果在建立概念模型时多个事物被抽象为一个实体，可能就不得不进行规范化了。然而，若在建立概念模型时，严格遵守一个事物被抽象为一个实体，则可能并不需要规范化，这就是一个好的关系模式。

2.3 从现实世界到机器世界：【学知书屋】数据模型的建立

2.3.1 概念结构设计

概念结构设计就是进行第一级抽象，建立概念模型。

1. 抽象事物

通过前面的场景描述和需求分析，从书屋的人、物、事中抽象出以下事物，它们被抽

象为实体，如图 2-111～图 2-14 所示。

(1) 员工

员工实体如图 2-11 所示。

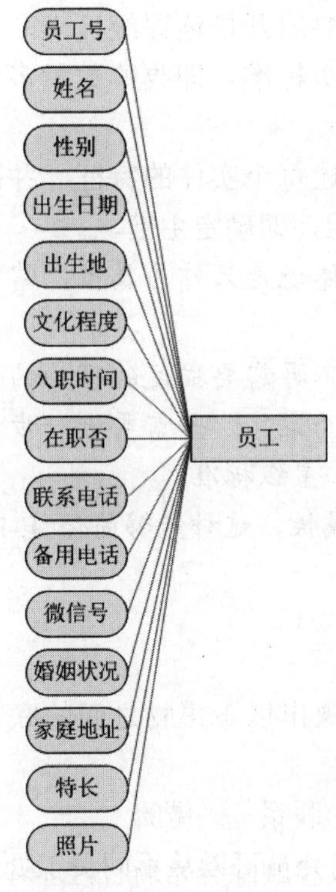

图 2-11　员工实体

(2) 会员

会员实体如图 2-12 所示。

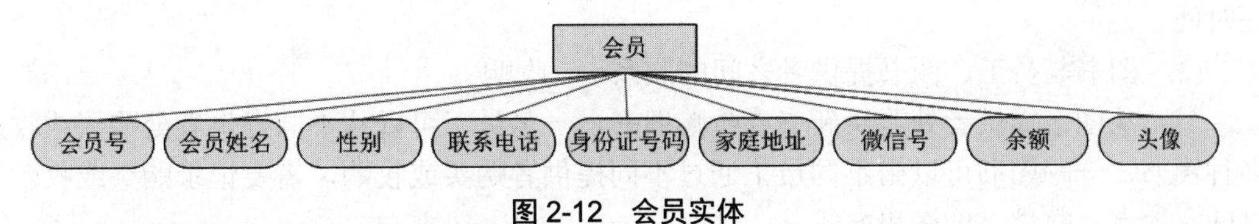

图 2-12　会员实体

(3) 图书提供者实体和星级标准实体

图书提供者实体和星级标准实体如图 2-13 所示。

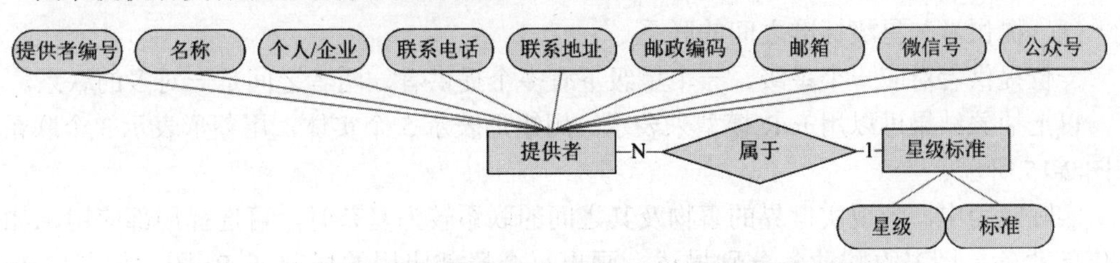

图 2-13　图书提供者实体和星级标准实体以及它们之间的联系

(4) 图书

图书实体如图 2-14 所示。

(5) 星级标准

当为图书提供者评级时，需要展开描述评级标准，可以抽象出一个星级标准实体，来描述评级标准，即收购数量多少对应哪个级别。

抽象属性以及全面完整地描述每个实体的特征，并确定哪个属性或属性组合可以唯一标识元组，即确定主键。

【注】将一个事物抽象为实体还是只作为属性，需要考虑两条原则：

- 作为“属性”的数据是不再需要描述的事物的性质，即属性不能是另一些属性的聚集；若需要进一步描述其性质，需将其作为实体，如星级标准。
- 能作为属性的尽量作为属性，这种能够简化 E-R 图，并最终简化数据库。

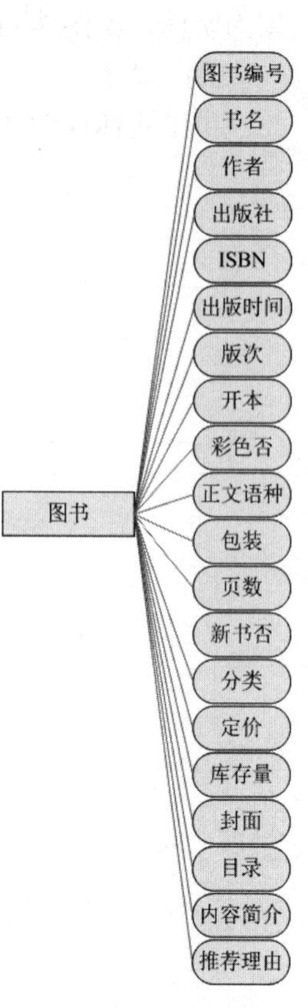

图 2-14 图书实体

2. 抽象事物间的联系

从学知书屋的业务描述中抽象出以下事物之间的联系，它们被抽象为实体间联系。

(1) 图书与会员、员工之间的联系——借阅

会员通过员工借阅图书。一名会员可以从不同员工处借出多本书，一本书可通过不同员工借阅给不同的会员。借阅有一定费用，需要记录借还时间和经手员工，以及应还时间。

三者之间是多对多的联系，并且联系自带属性：借阅时间、借阅价格、归还时间、应还时间。

(2) 图书与员工、图书提供者之间的联系——收购

员工从图书提供者处购买新书或收购旧书。一名员工可以从不同提供者处购买或收购多种图书，一种图书可以由不同员工通过不同提供者购买或收购，需要记录购买或收购的时间、地点、数量、价格和方式。

三者之间是多对多的联系，并且联系自带属性：收购时间、收购地点、收购数量、收购单价、收购方式。

(3) 提供者与星级标准之间的联系

一位提供者对应一个星级，一个星级下有多个提供者，两者之间是一对多的联系。

以上抽象结果可以用 E-R 模型来表示。用矩形表示 5 个实体，用菱形表示 3 个联系，如图 2-15 所示。

实际应用中，当现实世界的事物及其之间的联系较为复杂时，可选择局部应用，如图书借阅业务、图书收购业务分别描述，画出每个局部应用的局部 E-R 图，如图 2-16、图 2-17 所示。最后合并为全局 E-R 图。

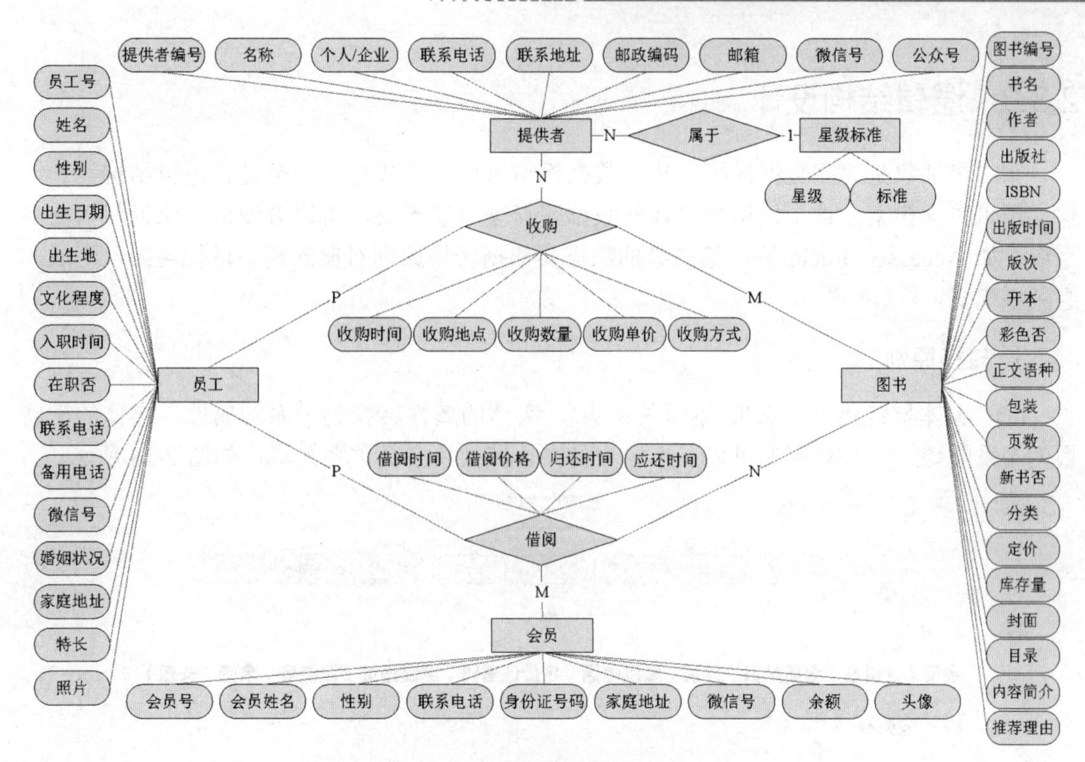

图 2-15　【学知书屋】数据库概念模型

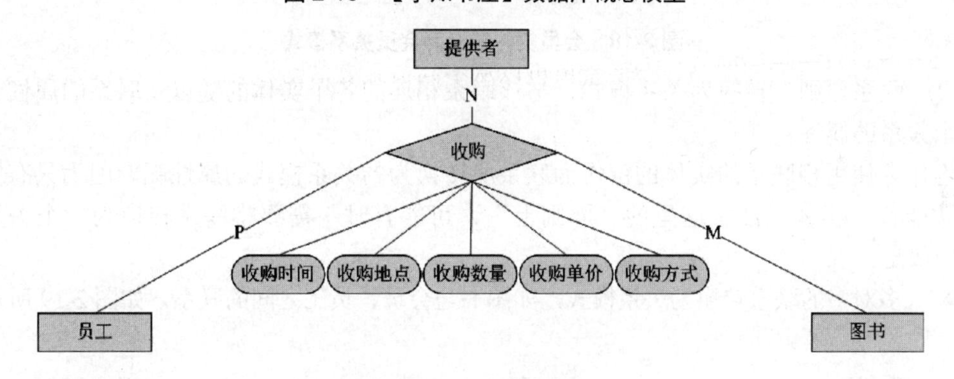

图 2-16　局部应用：收购

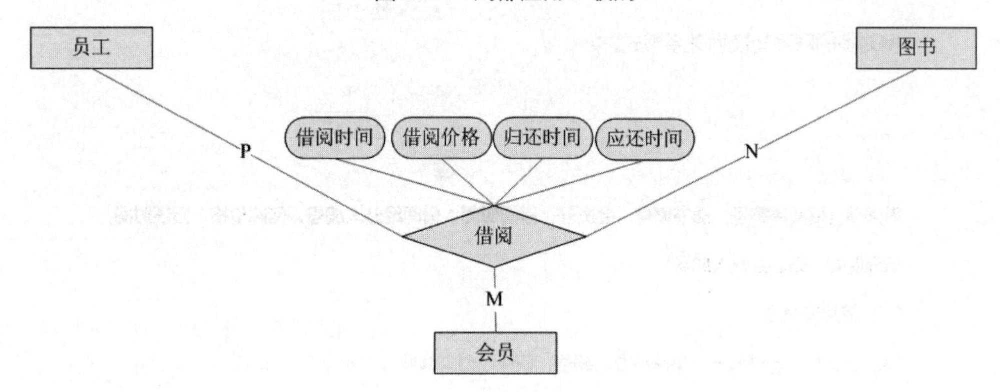

图 2-17　局部应用：借阅

2.3.2 逻辑结构设计

第二级抽象是建立数据模型。建立数据模型可以分两步走：一是进行逻辑结构设计，建立逻辑数据模型，这个模型与具体的数据库管理系统无关，可以方便地转化为任何关系系统，如 Access、Oracle 等；第二级抽象需要依据转换原则对概念模型进行转换，形成一组关系模式。

1. 转换原则

(1) 实体型转换为关系模式(即关系头)，实体的属性转换为关系的属性，实体的键转换为关系的键，一一对应就可以了。如会员实体转换为会员关系模式，如图 2-18 所示。

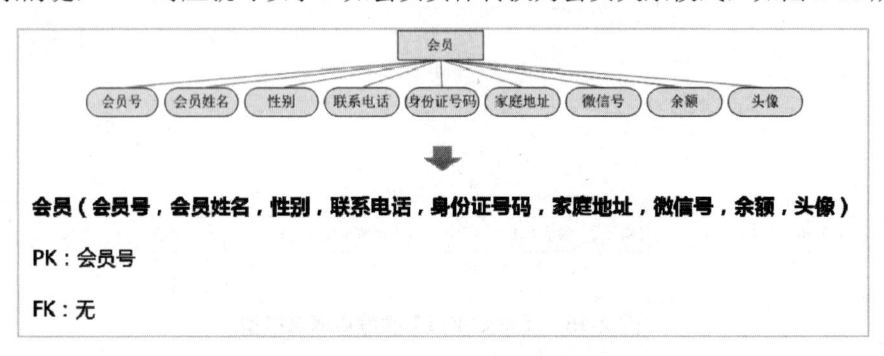

图 2-18 会员实体转换为会员关系模式

(2) 联系原则上转换为关系模式，与该联系相连的各个实体的键以及联系的属性都作为这个关系的属性。

为什么使用相联系的实体的键作为联系所转换为的关系模式的属性呢？因为只有实体的键才能代表实体。注意这里的“原则上”，可能有时不需要将联系转换为一个关系模式。一般地：

- 多对多的联系转换为关系模式，如图书与会员、员工之间的联系，如图 2-19 所示。

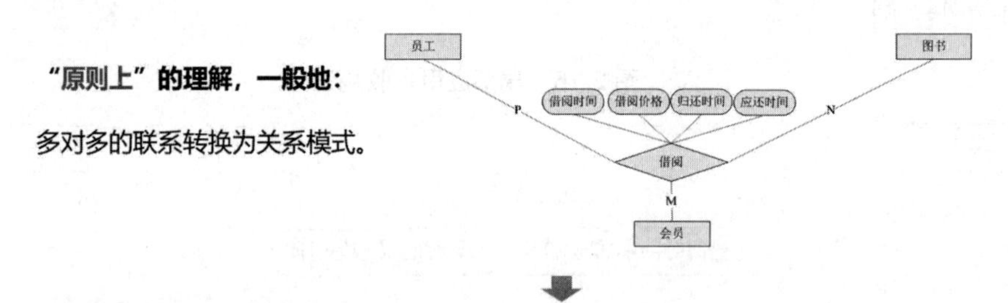

借阅单（借阅单编号，图书编号，会员号，借阅时间，借阅经办人编号，借阅价格，归还时间，应还时间，归还经办人编号）

PK：借阅单编号

FK：会员号，图书编号，借阅经办人编号，归还经办人编号

图 2-19 员工、图书和会员与借阅之间的联系转换为借阅单关系数据模式

- 一对多的联系视情况转换为关系模式。“视情况”指若联系上无属性，不转换为关系模式，只在“多”的一方表中增加一列，该列为“1”的一方的主键。如图 2-20 所示的提供者与星级标准之间的联系——“属于”，就不用转换为一个关系模式。这样做，既在数据库中表达了两者间的联系，又省去一个关系模式，最终就会省去一张表，能有效降低数据库的复杂度；若联系上有属性，一般正常转换为关系模式。

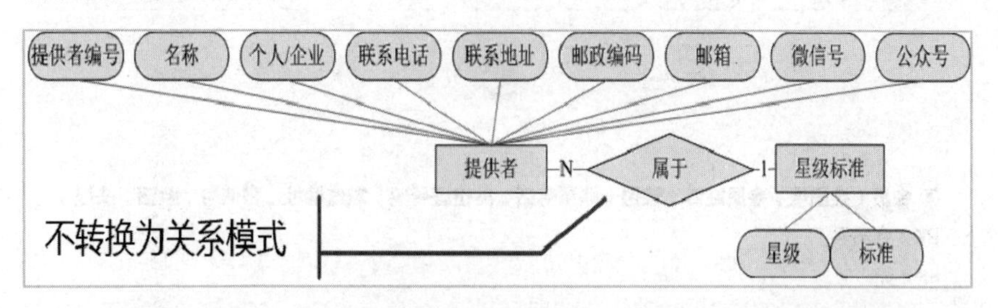

图 2-20　图书提供者与星级标准之间的联系不转换为关系数据模式

(3) 联系转换为关系模式的键有 3 种情况。

- 若联系为一对一的联系，每个实体的键均是该关系模式的候选键。
- 若联系为一对多的联系，该关系模式的键为多的那一端的实体的键。
- 若联系为多对多的联系，该关系模式的键为参与联系的实体的键的组合。

2. 按照转换原则将学知书屋概念模型转换为数据模型

(1) 实体转换为关系模式

图书实体转换为图书关系模式，图书实体的属性对应地转换为图书关系模式的属性，关系模式为“图书(属性列表)”。因数据模型的描述需要三要素，数据操作几乎包括了增、删、改、查，所以我们除了描述数据结构之外，将重点描述完整性约束，即标出主键、外键和其他取值的约束。

图书编号为主键，无外键，如图 2-21 所示。其他用户自定义约束因与之后的物理模型中的描述相同，这里暂略，可以参考物理模型中的描述。

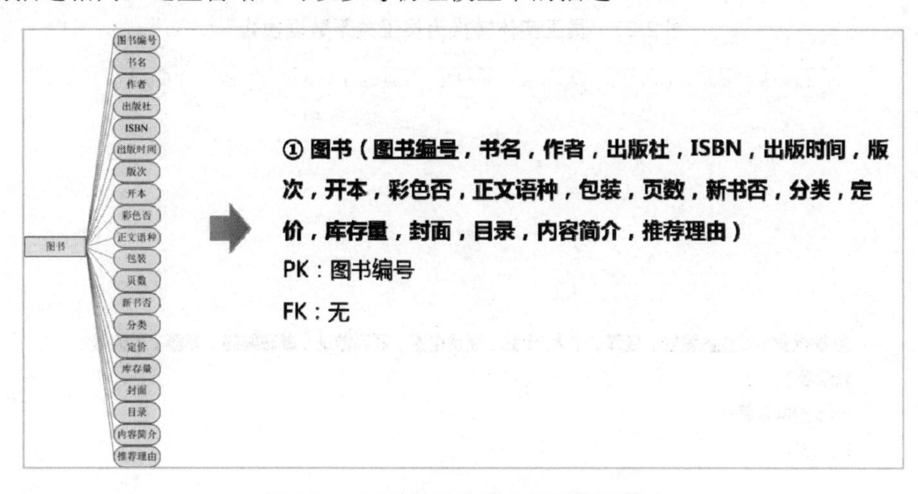

图 2-21　图书转换为图书关系数据模式

会员、员工、提供者、星级标准实体分别转换为会员、员工、提供者、星级标准关系模式，属性对应，主键分别为会员号、员工号、提供者编号、星级，外键无，如图 2-22～图 2-25 所示。

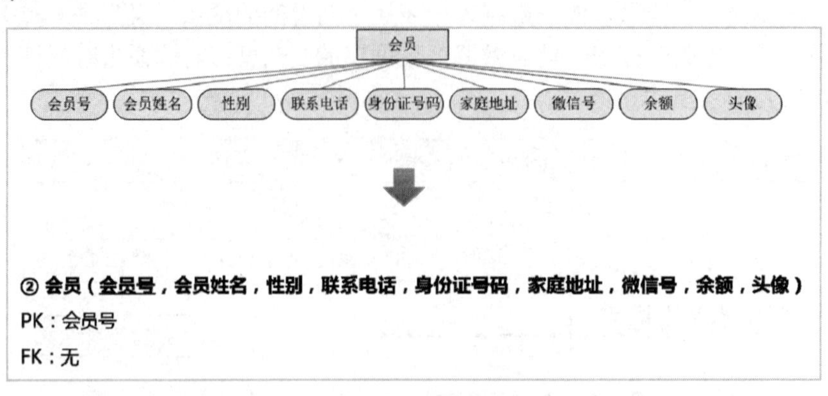

图 2-22　会员实体转换为会员关系数据模式

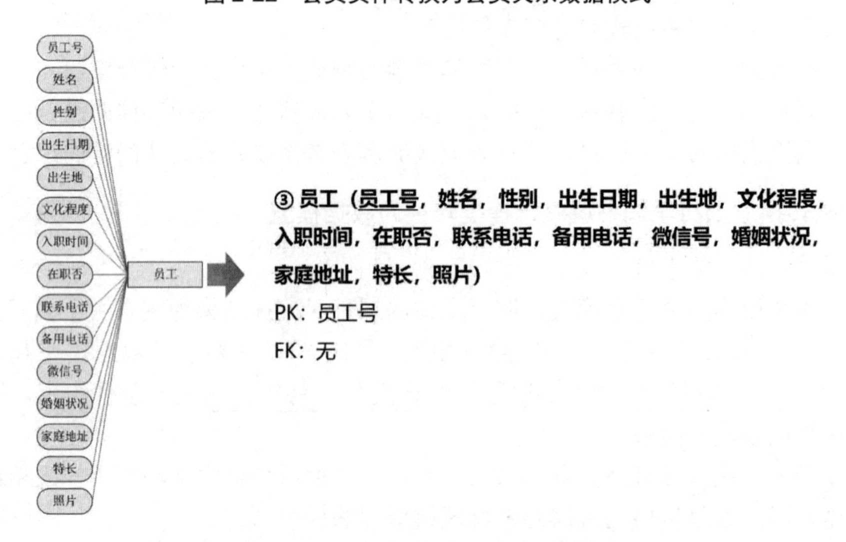

图 2-23　员工实体转换为员工关系数据模式

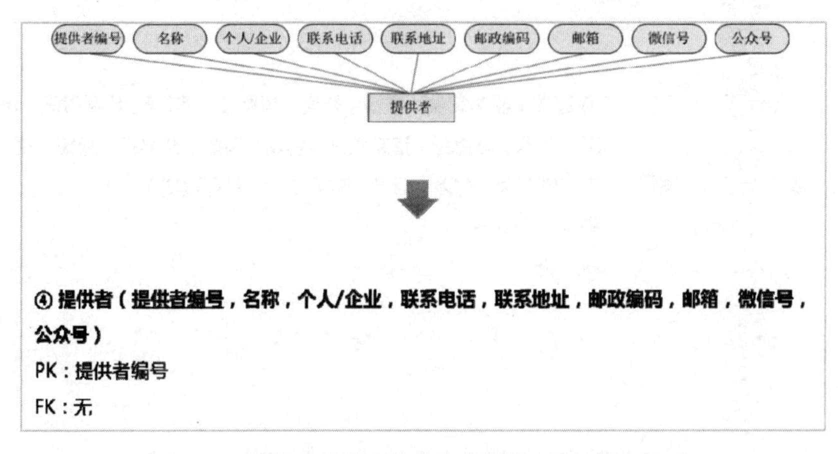

图 2-24　图书提供者实体转换为提供者关系数据模式

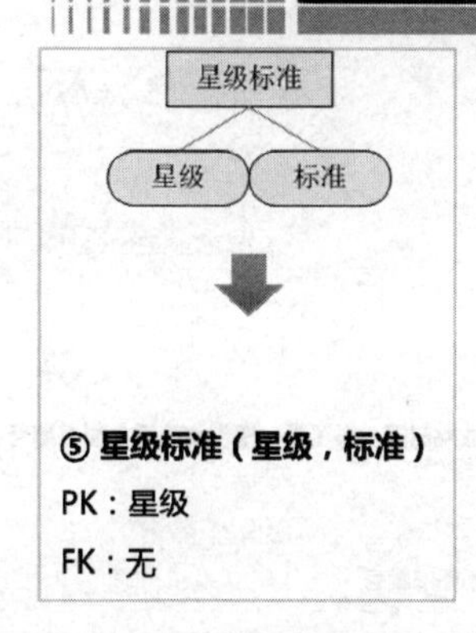

图 2-25　星级标准实体转换为星级标准关系数据模式

(2) 联系转换为关系模式

借阅联系描述了图书与会员、员工之间的多对多的联系，应该转换为关系模式，关系模式以“借阅单”命名，属性为参与联系的实体的键——图书编号、会员号、借阅经办人编号、归还经办人编号，以及联系自带的属性——借阅时间、借阅价格、归还时间、应还时间。

最后的关系模式如图 2-26 所示。

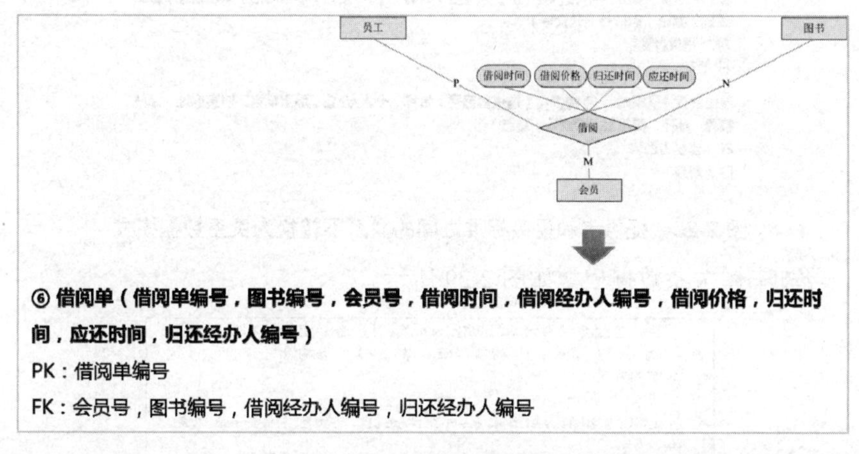

图 2-26　员工、会员和图书之间的借阅联系转换为借阅单关系数据模式

分析一下这个关系的键。因为是多对多的联系，所以关系的键为参与联系的实体的键的组合，然而不能将其作为键，有两个原因：

- 在不同时间，一名会员可以经过同一员工借出同一本书，这种情况的存在，使得(图书编号，会员号，借阅经办人编号)三个属性的组合不唯一。
- 员工与会员借书之间的联系较为复杂，有借阅经办和归还经办两个联系，使得参与联系的实体的键组合的组成更为复杂。

所以，使用“借阅单编号”作为主键，它具有唯一标识借阅记录的作用，又完全符合借阅业务的实际，毕竟我们在用数据库管理事物之前，就经常使用借阅单记录借阅情况。

再来看看外键情况。图书编号、会员号、借阅经办人编号和归还经办人编号分别来自于【图书】表、【会员】表和【员工】表的主键值，所以它们都是【借阅】表的外键。

收购联系的分析同理，结果如图 2-27 所示。

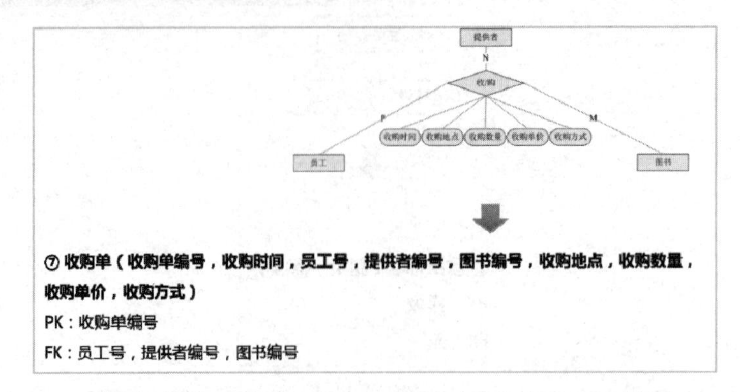

图 2-27　员工、图书和提供者之间的收购联系转换为收购单关系数据模式

最后一个联系：提供者与星级标准之间的联系，在概念模型中名为“属于”，是否应该转换为关系模式呢？

观察发现，它是一对多的联系，且无自带属性，它应该符合“视情况”中的前者，不转换为一个关系模式，而只需在多的一方加入一的一方的主键列即可，即在提供者表中增加一列“星级”，它来自【星级标准】表的主键值，为【提供者】表的外键，如图 2-28 所示。

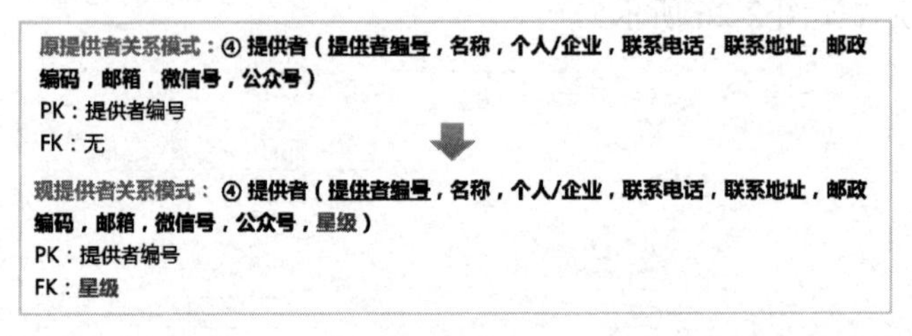

原提供者关系模式：④ 提供者（提供者编号，名称，个人/企业，联系电话，联系地址，邮政编码，邮箱，微信号，公众号）
PK：提供者编号
FK：无

现提供者关系模式：④ 提供者（提供者编号，名称，个人/企业，联系电话，联系地址，邮政编码，邮箱，微信号，公众号，星级）
PK：提供者编号
FK：星级

图 2-28　提供者和星级标准之间的联系不转换为关系数据模式

最后，学知书屋关系数据模型如图 2-29 所示。

① 图书（图书编号，书名，作者，出版社，ISBN，出版时间，版次，开本，彩色否，正文语种，包装，页数，新书否，分类，定价，库存量，封面，目录，内容简介，推荐理由）
PK：图书编号
FK：无
② 会员（会员号，会员姓名，性别，联系电话，身份证号码，家庭地址，微信号，余额，头像）
PK：会员号
FK：无
③ 员工（员工号，姓名，性别，出生日期，出生地，文化程度，入职时间，在职否，联系电话，备用电话，微信号，婚姻状况，家庭地址，特长，照片）
PK：员工号
FK：无
④ 提供者（提供者编号，名称，个人/企业，联系电话，联系地址，邮政编码，邮箱，微信号，公众号，星级）
PK：提供者编号
FK：星级
⑤ 星级标准（星级，标准）
PK：星级
FK：无
⑥ 借阅单（借阅单编号，图书编号，会员号，借阅时间，借阅经办人编号，借阅价格，归还时间，应还时间，归还经办人编号）
PK：借阅单编号
FK：会员号，图书编号，借阅经办人编号，归还经办人编号
⑦ 收购单（收购单编号，收购时间，员工号，提供者编号，图书编号，收购地点，收购数量，收购单价，收购方式）
PK：收购单编号
FK：员工号，提供者编号，图书编号

图 2-29　学知书屋逻辑关系数据模型

2.3.3　物理结构设计

逻辑结构设计完成后，可以选择具体的数据库管理系统，使用它提供的数据类型、数据操作和完整性约束手段，完成物理数据建模，这就是物理结构设计，是数据建模的最后一步。

此时，Access 该登场了。

选择 Access 数据库管理系统，建立物理模型，需要考虑如下内容。

(1)　确定表名。

【注】物理结构的表名可与关系名不同，为方便计算机存储和网络传播，应尽可能简单明了，甚至可以使用英文表名。

(2)　确定表中字段。

(3)　确定字段的数据类型，即该列存储的数据是文本(长短文本型，表达和存储的文本长度不同)、数值(数字型)、日期时间(日期/时间型)，还是其他(是/否型，为二元取值的数据类型，其值只能表达和存储真假或是否，即 Yes/No 或 True/False；OLE 类型，对象的链接与嵌入，即字段中可表达和存储一个链接对象或嵌入一个对象，该对象可以是外部文本文件、Word 文档、PPT 演示文稿、Excel 电子表格、图片等)。

(4)　确定字段大小。若为短文本类型，要确定最多可以放多少个中英文字符；若是数字类型，则要确定其可以存储整数还是实数等。

(5)　确定字段其他属性，包括是否允许空、用户自定义完整性约束等。

(6)　确定主键、外键。

表 2-1～表 2-7 为学知书屋的物理数据模型。

表 2-1　【图书】表

① 表名：图书

字段名	字段类型	字段长度	主键	外键	自定义约束	输入控制	格式	默认值	必需	唯一
图书编号	短文本	6	是	否		B+5 位数字字符		无	是	是
书名	短文本	50	否	否				无	是	否
作者	短文本	20	否	否				无	否	否
出版社	短文本	20	否	否				无	否	否
ISBN	短文本	15	否	否				无	否	是
出版时间	日期/时间		否	否	<=当前		长日期	无	否	否
版次	数字	整型	否	否	正整数			无	否	否
开本	短文本	10	否	否				无	否	否
彩色否	是/否		否	否				无	否	否
正文语种	短文本	10	否	否				无	否	否
包装	文本	10	否	否				无	否	否
页数	数字	整型	否	否	正整数			无	否	否
新书否	是/否		否	否				无	否	否

续表

字段名	字段类型	字段长度	主键	外键	自定义约束	输入控制	格式	默认值	必需	唯一
分类	短文本	10	否	否	取值受限			无	否	否
定价	数字	单精度 两位小数	否	否	正实数			无	否	否
库存量	数字	整型	否	否	正整数			无	否	否
封面	OLE 对象		否	否				无	否	否
目录	OLE 对象		否	否				无	否	否
内容简介	长文本		否	否				无	否	否
推荐理由	长文本		否	否				无	否	否

【注】分类：小说、儿童读物、专业书、工具书、摄影绘画集、进口原版、其他。

【图书】表中有 20 个字段，名称取自逻辑结构设计结果，字段类型有长短文本、日期/时间、数字、是/否、OLE 对象等。

其中，图书编号为主键，无外键，有用户自定义的完整性约束。

在 Access 中可以用多种方式实现用户自定义完整性约束，如字段大小、验证规则、输入控制掩码等。这里出版日期有在当前日期之前的约束，可以用验证规则来实现；图书编号为 B 开头+5 位数字字符，可以用字段大小配合输入控制掩码来实现。

其中，图书编号尽管看上去是一些数字，但它们不是数字。若不进行数学运算就没必要使用数字，而应该是数字字符组成的文本，这样便于表示位数较多的编号，以及方便进行取子串、排序等操作

表 2-2 【会员】表

② 表名：会员

字段名	字段类型	字段长度	主键	外键	自定义约束	输入控制	格式	默认值	必需	唯一
会员号	短文本	6	是	否		C+5 位数字字符		无	是	是
会员姓名	短文本	20	否	否				无	是	否
性别	短文本	1	否	否	男/女			无	否	否
联系电话	短文本	20	否	否				无	是	否
身份证号码	短文本	18	否	否		数字字符		无	是	是
家庭地址	短文本	50	否	否				无	否	否
微信号	短文本	20	否	否				无	否	否
余额	数字	单精度 两位小数	否	否				无	是	否
头像	OLE 对象		否	否				无	否	否

表 2-3 【员工】表

③ 表名：员工

字段名	字段类型	字段长度	主键	外键	自定义约束	输入控制	格式	默认值	必需	唯一
员工号	短文本	3	是	否		E+2 位数字字符		无	是	是
姓名	短文本	20	否	否				无	是	否
性别	短文本	1	否	否	男/女			无	否	否

续表

字段名	字段类型	字段长度	主键	外键	自定义约束	输入控制	格式	默认值	必需	唯一
出生日期	日期/时间		否	否	小于当前		长日期	无	否	否
出生地	短文本	20	否	否				无	否	否
文化程度	短文本	10	否	否	取值受限			无	否	否
入职时间	日期/时间		否	否	<=当前		长日期	无	否	否
在职否	是/否		否	否				1	否	否
联系电话	短文本	20	否	否				无	是	否
备用电话	短文本	20	否	否				无	否	否
微信号	短文本	20	否	否				无	否	否
婚姻状况	短文本	10	否	否	取值受限			保密	否	否
家庭地址	短文本	50	否	否				无	否	否
特长	短文本	200	否	否				无	否	否
照片	OLE 对象		否	否				无	否	否

【注】文化程度：小学、初中、高中、大学、硕士及以上。

婚姻状况：保密、已婚、未婚。

表 2-4　【提供者】表

④ 表名：提供者

字段名	字段类型	字段长度	主键	外键	自定义约束	输入控制	格式	默认值	必需	唯一
提供者编号	短文本	6	是	否		P+5 位数字字符		无	是	是
名称	短文本	50	否	否				无	是	否
个人/企业	短文本	20	否	否	个人/企业			无	否	否
联系电话	短文本	20	否	否				无	否	否
联系地址	短文本	50	否	否				无	否	否
邮政编码	短文本	6	否	否		数字字符		无	否	否
邮箱	短文本	50	否	否				无	否	否
微信号	短文本	20	否	否				无	否	否
公众号	短文本	20	否	否				无	否	否
星级	数字	整数	否	是	介于 1～3			无	否	否

表 2-5　【星级】表

⑤ 表名：星级标准

字段名	字段类型	字段长度	主键	外键	自定义约束	输入控制	格式	默认值	必需	唯一
星级	数字	整数	是	否	介于 1～3			无	否	是
标准	短文本	100	否	否				无	否	否

表 2-6 【借阅】表

⑥ 表名：借阅

字段名	字段类型	字段长度	主键	外键	自定义约束	输入控制	格式	默认值	必需	唯一
借阅单编号	短文本	10	是	否		J+9 位数字字符		无	是	是
图书编号	短文本	6	否	是		B+5 位数字字符		无	是	否
会员号	短文本	6	否	是		C+5 位数字字符		无	是	否
借阅时间	日期/时间		否	否	<=当前		长日期	无	是	否
借阅经办人编号	短文本	3	否	是		E+2 位数字字符		无	是	否
借阅价格	数字	单精度两位小数	否	否	正实数			无	否	否
归还时间	日期/时间		否	否	<=当前		长日期	无	否	否
应还时间	日期/时间		否	否			长日期	无	否	否
归还经办人编号	短文本	3	否	是		E+2 位数字字符		无	否	否

表 2-7 【收购】表

⑦ 表名：收购

字段名	字段类型	字段长度	主键	外键	自定义约束	输入控制	格式	默认值	必需	唯一
收购单编号	短文本	10	是	否		M+9 位数字字符		无	是	是
收购时间	日期/时间		否	否	<=当前		长日期	无	是	否
员工号	短文本	3	否	是		E+2 位数字字符		无	是	否
提供者编号	短文本	6	否	是		P+5 位数字字符		无	是	否
图书编号	短文本	6	否	是		B+5 位数字字符		无	是	否
收购地点	短文本	50	否	否				无	否	否
收购数量	数字	整型	否	否	正整数			无	否	否
收购单价	数字	单精度两位小数	否	否	0 或正实数			无	否	否
收购方式	短文本	10	否	否	取值受限			无	否	否

【注】收购方式：购买、捐赠

2.4 本 章 小 结

本章完成了从现实世界到机器世界的穿越，从描述学知书屋应用场景、分析数据库需求开始，完成两级抽象，建立了概念模型、逻辑数据模型和物理数据模型，下一章就可以按照这个模型使用 Access 实现数据库了。

从整个建模过程可以看到，我们正在一步一步地接近并进入机器的内部。建模过程完成时建立的物理数据模型是数据库的物理结构，我们会发现现实世界与物理数据模型是多么的不同，正因为存在这种巨大的差异，才体现出整个建模过程的意义和价值。

目前，大多数流行数据库主要采用的是关系系统(包括 Access)，掌握关系数据模型的基本术语，领会其性质，了解其三要素，重点了解其数据结构和完整性约束，能为建立关系数据库系统打下良好基础。本章内容导图如图 2-30 所示。

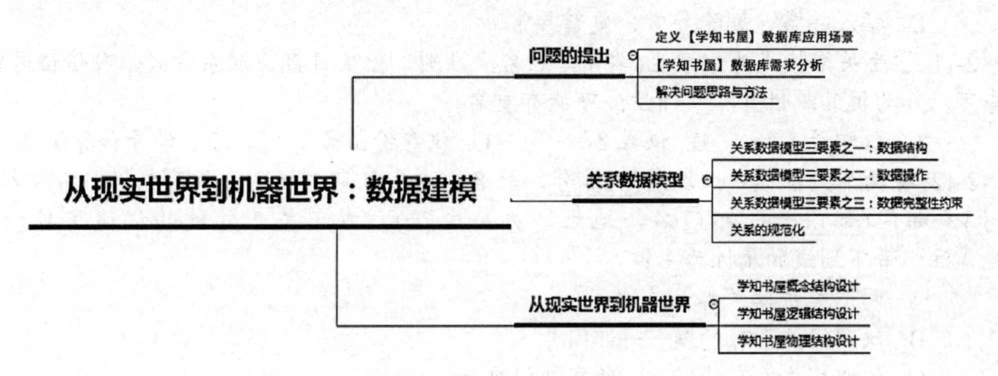

图 2-30　第 2 章内容导图

2.5　练　习　题

【问答题】

2-1 数据模型在发展过程中有哪三种类型？

2-2 关系数据模型的三要素是什么？

2-3 关系数据模型是用什么结构来表示数据之间的联系的？

2-4 关系数据模型中的主键和外键分别是什么？在其上可以施加什么样的约束？

2-5 针对【学知书屋】数据模型，你还能举出哪些完整性约束条件？

2-6 在数据建模的过程中，哪个阶段需要确定将来要使用的数据库管理系统？

【选择题】

2-7 图书关系中的图书作者是阿加莎·克里斯蒂，以下哪个叙述是正确的？(　　)

A. “作者”是属性值，“阿加莎·克里斯蒂”是属性名

B. “作者”是属性名，“阿加莎·克里斯蒂”是属性值

C. “作者”和“阿加莎·克里斯蒂”都是属性名

D. “作者”和“阿加莎·克里斯蒂”都是属性值

2-8 关系代数运算中的投影是(　　)。

A. 在关系中选择某些列　　B. 在关系中选择满足条件的行

C. 对关系求并集　　D. 对关系求交集

2-9 会员性别的取值为男、女，以下描述正确的是(　　)。

A. 需要在会员性别字段上施加用户自定义完整性约束

B. 需要在会员性别字段上施加实体完整性约束

C. 需要在会员性别字段上施加参照完整性约束

D. 不需要在会员性别字段上施加任何完整性约束

2-10 “好”的关系应该基本上没有三种异常，这三种异常是(　　)。

A. 插入异常、添加异常、删除异常

B. 查询异常、更新异常、删除异常

C. 添加异常、删除异常、查询异常

D. 插入异常、删除异常、更新异常

2-11 学生关系模式为：学生(学号，姓名，性别，出生日期，联系方式，身份证号)，其中可以作为键的属性有(　　)(注：可能有重名)。

A. 仅学号　　B. 仅姓名　　C. 仅身份证号　　D. 学号和身份证号

2-12 有两个关系模式：职员(职员号，姓名，出生日期，性别，联系电话，所在部门编号)，部门(部门号，部门名，地址，办公电话)，以下关于外键的描述正确的是(　　)(注：带下划线的属性为主键)。

A. 两个关系模式都无外键

B. 仅部门关系有外键——部门号

C. 仅职员关系有外键——所在部门编号

D. 两个关系模式都有外键

2-13 职员关系模式为：职员(职员号，姓名，出生日期，性别，联系电话，所在部门编号)，限制职员号在任何元组(记录)中都不能为空，这种约束称为(　　)。

A. 实体完整性　　B. 参照完整性

C. 用户自定义完整性　　D. 域完整性

2-14 有两个关系模式：职员(职员号，姓名，出生日期，性别，联系电话，所在部门编号)，部门(部门号，部门名，地址，办公电话)，限制职员的所在部门编号必须取值于部门关系的部门号值，这种约束称为(　　)(注：带下划线的属性为主键)。

A. 实体完整性　　B. 参照完整性

C. 用户自定义完整性　　D. 域完整性

2-15 要从会员表中找出姓“赵”的会员，需要进行的关系代数运算是(　　)。

A. 选取(选择)　　B. 投影　　C. 连接　　D. 求交

2-16 一个关系数据库的表中有多条记录，记录之间的相互关系是(　　)。

A. 前后顺序不能任意颠倒，一定要按照输入的顺序排列

B. 前后顺序可以任意颠倒，不影响库中的数据关系

C. 前后顺序可以任意颠倒，但排列顺序不同，统计处理结果可能不同

D. 前后顺序不能任意颠倒，一定要按照关键字段值的顺序排列

2-17 正确表示学生和班级联系的E-R图是(　　)。

A.

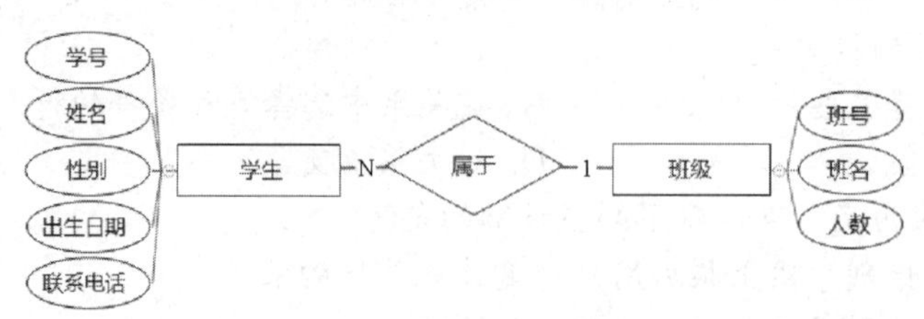

B.

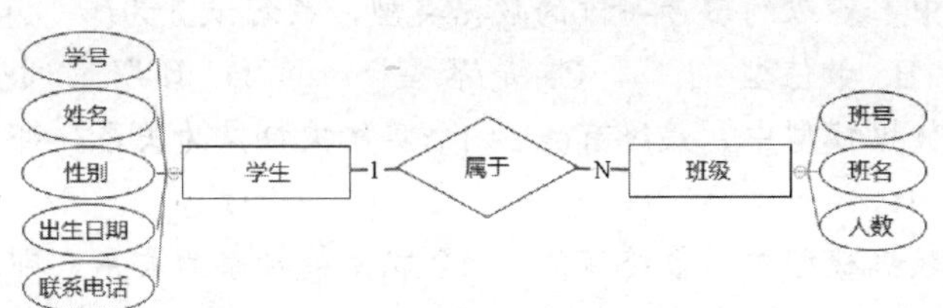

C.

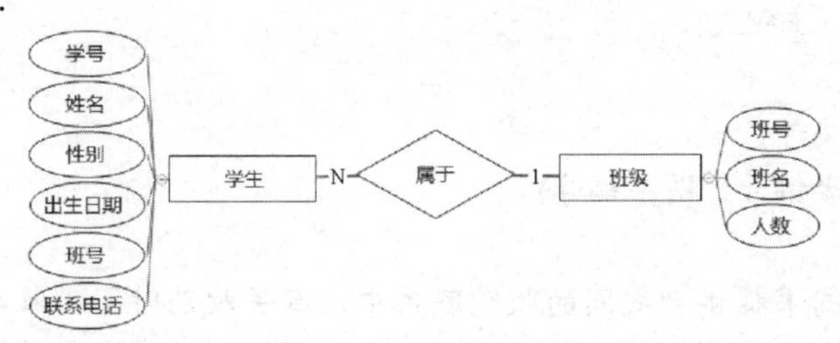

D.

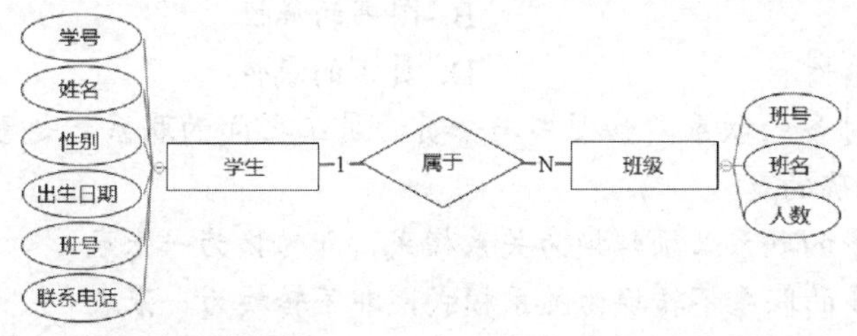

2-18 两个事物之间的联系“原则上”转换为关系模式，“原则上”指的是(　　)。

A. 两个事物之间的联系都必须转换为一个关系模式

B. 一对多的联系有时可以不转换为一个关系模式

C. 多对多的联系可以不转换为一个关系模式

D. 带属性的一对多的联系一般不转换为关系模式

2-19 以下哪个关系不是规范化关系？(　　)

A.

影片编号	影片名	出品公司	上映日期
001	流浪地球	中影股份	2019-2

B.

班号	班名	人数
10302	三年级(2)班	45

C.

学号	姓名	联系方式
100	张三	北京海淀，100191，电话 13456781234

D.

学号	姓名	联系电话	家庭地址	邮政编码
100	张三	13456781234	北京海淀	100191

2-20 在物理结构设计中，班级的班号字段的数据类型，最好设置为(　　)类型。

A. 短文本型　　B. 数值型　　C. 是/否型　　D. 日期/时间型

2-21 在【学知书屋】数据模型中，最终有(　　)个实体被抽象为关系，即表。

A. 3　　B. 4　　C. 5　　D. 6

2-22 在【学知书屋】数据模型中，最终有(　　)个联系被抽象为关系，即表。

A. 1　　B. 2　　C. 3　　D. 4

2-23 在收购单关系中，主键是(　　)。

A. 员工号

B. (员工号，图书编号)

C. (员工号，提供者编号，图书编号)

D. 收购单编号

2-24 在图书与员工、图书提供者之间的收购联系中，有关收购时间、收购地点、收购数量、收购价格和收购方式这 5 个属性，以下描述正确的是(　　)。

A. 联系自带属性　　B. 图书的属性

C. 图书提供者的属性　　D. 员工的属性

2-25 有关实体之间多对多的联系，如图书与会员、员工之间的联系，是否转换为关系模式，即表，以下描述正确的是(　　)。

A. 实体之间多对多的联系必须转换为关系模式，即转换为一张表

B. 实体之间多对多的联系不转换为关系模式，即不转换为一张表

C. 实体之间多对多的联系视情况转换为关系模式，即可能转换为一张表

D. 实体之间多对多的联系应转换为多个关系模式，即转换为多张表

【实验题】

2-26 为世界建模。

为世界建模(modeling our world)是对现实世界进行抽象，是用数据模型(data model)真实表达现实世界。请在学习理解【学知书屋】数据建模的基础上，围绕以下(表 2-8，不仅限于此)某个应用领域的某个应用场景，从场景定义与需求分析开始，建立概念模型、逻辑数据模型和物理数据模型，从而客观描述这个应用场景下的事物及其联系，为建立数据库提供基础。

表 2-8　可参考的应用领域

序号	应用领域名称	序号	应用领域名称	序号	应用领域名称
1	军队装备	8	生物化工	15	医院医药
2	生产制造	9	农林畜牧	16	文化娱乐
3	卫生医疗	10	建筑设计	17	地产信息
4	物资管理	11	餐饮管理	18	地理信息
5	个人管理	12	学校招生	19	煤矿管理
6	商品销售	13	油田管理	20	旅游文化
7	流动人口	14	仓库仓储	21	财务管理

续表

序号	应用领域名称	序号	应用领域名称	序号	应用领域名称
22	物流运输	30	体育信息	38	抗疫主题：医疗救治，医护防治，物资调配，资源共享，疫情分析，舆情跟踪，政策响应，封闭管控，个人防护，科技应对，法律实施，知识科普，捐款捐物，网络教学，复工复产，致敬英雄，讲述故事，历史溯源，文化助力
23	环境保护	31	农业信息		
24	人事管理	32	社会福利		
25	住宿管理	33	地质信息		
26	铁路交通	34	教育信息		
27	图书出版	35	客户管理		
28	公路交通	36	金融信息		
29	家庭管理	37	人才就业		

第 3 章 数据库的诞生

认识数据库的基本概念、了解数据库设计方法与步骤后，从本章开始正式进入一个数据库管理系统的世界，掌握如何使用数据库管理系统创建数据库和数据表，以及管理、使用数据库和数据表。

本章将以【学知书屋】数据库的创建和使用为例，介绍在 Access 数据库管理系统中建立数据库、数据表、表间关系，以及数据录入和数据表、数据的管理等相关内容。其中 3.1 节介绍 MS Access 数据库管理系统和使用 Access 创建数据库的一般过程；3.2 节详细介绍创建、打开和保存数据库的基本方法；3.3 节介绍建立数据表的一般方法，重点介绍了设置字段属性以及实现实体完整性约束的手段——设置主键；3.4 节主要介绍从三个层次上建立表间关系；3.5 节介绍数据录入与管理的基本操作；3.6 节简要介绍表的外观美化和数据表的管理，以及数据的导入/导出方法；最后 3.7 节以【学知书屋】为例，描述从数据模型到数据库实现的整个过程。

3.1 认识 Access

Access 是美国微软公司开发的一个基于 Windows 操作系统的关系数据库管理系统。作为桌面数据库管理系统，它为数据管理提供了高效、易用的操作环境。Access 与 Office 系列软件高度集成，具有风格统一的操作界面，与其他的数据库管理系统相比更加简单易学，一个普通的计算机用户即可掌握并使用它，最重要的是 Access 的功能足以应付一般的数据管理需要。

使用 Access 创建数据库的一般过程是：新建一个空数据库，在其中创建表用以存放数据。创建查询，即建立满足各种用户需要的虚拟表，至此数据库的建立完成。创建窗体作为用户使用数据库的界面，创建报表用以打印输出数据库中的数据，最后创建宏或模块，用以自动化工作或完成一些复杂操作和数据库访问。如图 3-1 所示为 Access 数据库的 6 种对象。

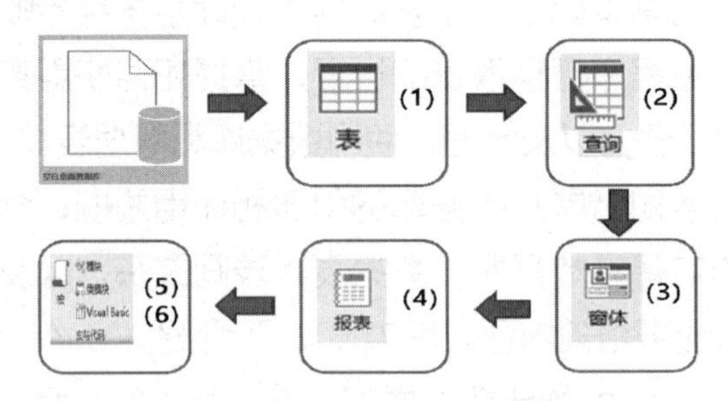

图 3-1　Access 数据库的 6 种对象

上述过程中提到的表、查询、窗体、报表、宏和模块，是 Access 数据库的 6 种对象。

(1) 表又称数据表，用来存储数据，是整个数据库系统的数据源，也是创建其他 5 种对象的基础。

(2) 查询也是一张“表”，是以表为基础数据源的“虚表”。利用不同的查询，可以方便地查看、更改和分析数据库中的数据，查询还可以作为窗体、报表等数据库对象的数据源。

(3) 窗体——即用户界面，是用户与 Access 数据库应用程序进行数据传递的窗口。

(4) 报表——可对数据进行计算、分类汇总后，按照一定的格式打印输出。

(5) 宏——是不用编程可实现一定交互功能的一组操作命令，每个命令实现一个特定的数据库操作。

(6) 模块——使用 VBA 编写的程序代码，可自动执行一个比“宏”更为复杂的数据库操作。

初步认识 Access 数据库管理系统后，我们将逐步展开，学习数据库操作方法与技术。

3.2 建立数据库

什么是数据库？如何创建并管理【学知书屋】数据库？带着这些问题，开始学习下面的内容。

数据库是组成数据库系统的一部分，是指存放在计算机中的存储介质内、有统一的结构形式、有组织的、可共享的一组数据集合。简单理解，数据库就是存储数据的容器，是数据的仓库。在 Access 系统中，数据库用来存储表、查询、窗体、报表等数据库对象，存储在磁盘中的 Access 数据库文件扩展名为.accdb。

3.2.1　创建数据库

在 Access 数据库管理系统中，创建数据库有两种方法。

1. 创建空白桌面数据库

这是从零开始，逐步建立表、查询、窗体等数据库对象的一种方法。

【例 3-1】创建名为【学知书屋】的空白数据库，存放在指定位置。

启动 Access 应用程序，在打开的启动界面右侧窗格中选择【空白桌面数据库】选项，打开【空白桌面数据库】对话框，在【文件名】文本框中输入“学知书屋”(扩展名为.accdb)，单击右侧的浏览文件夹按钮，设置数据库保存位置，单击【确定】按钮，可以看到设置后的数据库保存位置，如图 3-2 所示。

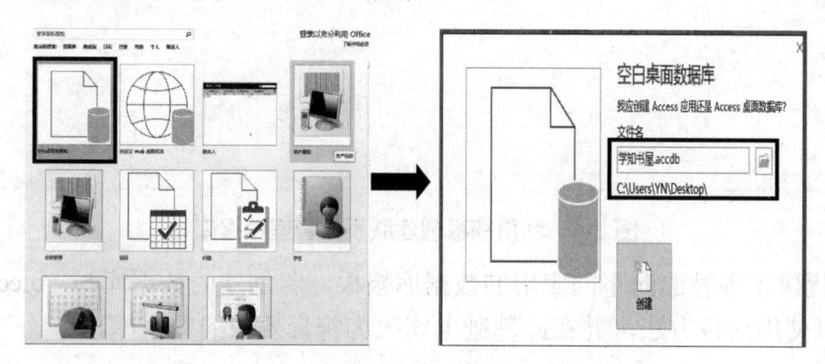

图 3-2　创建名为【学知书屋】的空白数据库

单击【创建】按钮，名为【学知书屋】的数据库就建立了，并在数据库中自动创建一个名为表 1 的数据表。此时显示的界面是 Access 工作界面，标题栏上显示数据库名、保存位置和默认的保存格式。工作区是工作界面中最大的区域，对数据库的操作，如创建、编辑、显示数据库各种对象等工作均在此区域完成。左侧的导航窗格用来显示各种数据库对象的名称，供用户按对象类型浏览或按组筛选，如 3-3 所示。

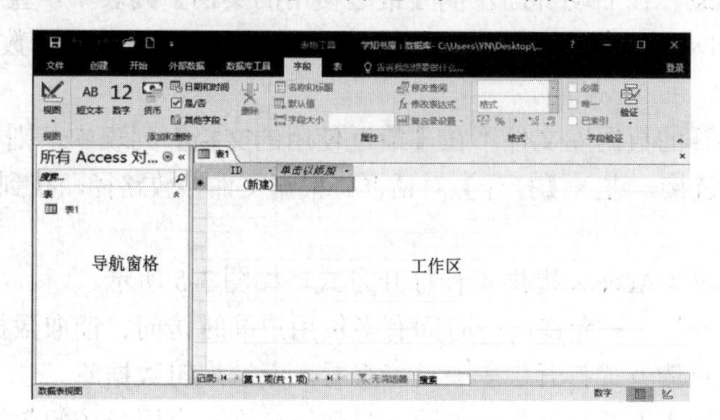

图 3-3　Access 工作界面

2. 利用模板创建数据库

这是快速创建包含表、窗体和报表等特定任务的数据库，之后再编辑修改对象的一种方法。

【例 3-2】利用模板创建【联系人】数据库，存放在指定位置。

启动 Access 应用程序后，在打开的启动界面右侧窗格中选择【联系人】选项，打开【联系人】对话框，在【文件名】文本框中输入“联系人”，设置数据库保存位置，之后单击【创建】按钮，开始下载模板。下载完毕后，联系人管理数据库就建立好了，可以看到系统自动创建了表、查询、窗体、报表等一系列对象，如图 3-4 所示。

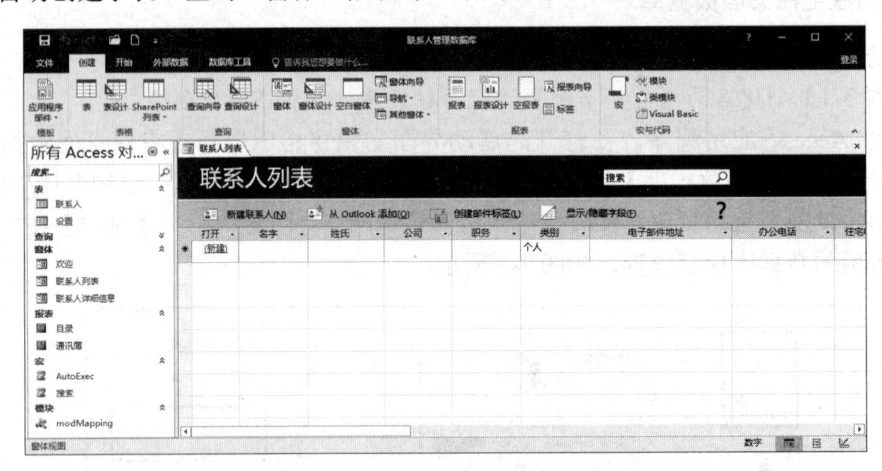

图 3-4　利用模板创建联系人管理数据库

Access 提供了多种面向不同应用的数据库模板，若创建的数据库与 Access 提供的模板相似，可以使用这种方法，并在此基础上修改为符合要求的数据库。

3.2.2　打开数据库

创建数据库后，要使用时就需要打开数据库。对数据库做了修改，就需要及时保存数据库。当数据库不用时要关闭数据库，这些都是数据库的基本操作。

打开数据库是数据库操作的第一步，也是最基本、最简单的操作。

- 启动 Access，在启动界面左侧【最近使用的文档】列表中，查找要打开的数据库(Access 自动记忆最近打开过的数据库)，如果存在，直接单击数据库名称即可打开数据库。
- 如果要打开的数据库文件不在【最近使用的文档】列表中，则可以单击【打开其他文件】链接，进入【打开】对话框。根据文件存放路径，找到要打开的数据库文件即可。

在打开数据库时，Access 提供 4 种打开方式，如图 3-5 所示。

- 选择“打开”——允许同一时间有多位用户同时访问、读取数据库。
- 选择“以只读方式打开”——只能查看，无法编辑数据库。
- 选择“以独占方式打开”——同一时间仅允许一个用户访问数据库。

● 选择“以独占只读方式打开”——一个用户以此模式打开数据库后，其他用户则只能以只读方式打开该数据库。

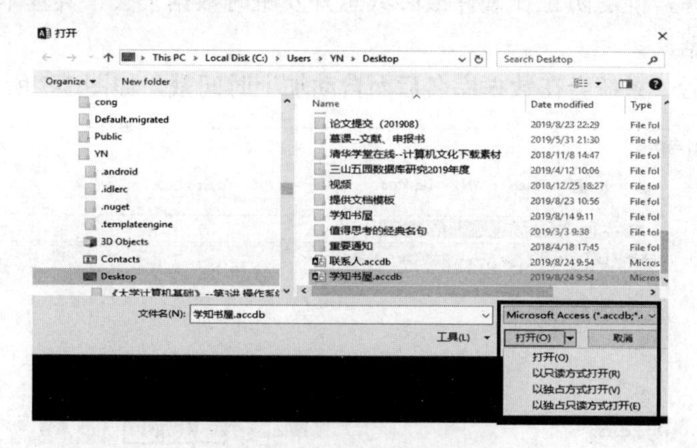

图 3-5　打开数据库的方式

默认情况下，即双击数据库图标，是以“打开”方式打开数据库的。若需要以其他方式打开数据库，首先找到要打开的数据库，之后选择不同的打开方式即可。

3.2.3　保存数据库

在 Access 工作界面，选择【文件】选项卡，进入 Microsoft Office Backstage 视图。该视图是对文档执行操作的命令集，在此管理数据库文件，如新建、打开、另存为以及设置选项等。

【例 3-3】保存、备份【学知书屋】数据库。

(1) 单击【保存】按钮，按照原位置快速保存数据库。

(2) 单击【另存为】按钮，如图 3-6 所示。在此可更改数据库的文件类型、文件名和位置，使用该命令时，系统会弹出提示框，提示用户在保存数据库前必须关闭所有打开的对象，单击【是】按钮即可。

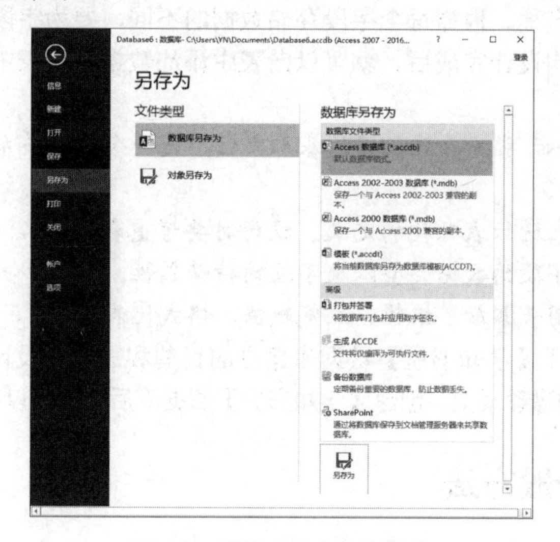

图 3-6　执行【另存为】操作

在【数据库另存为】列表中选择【备份数据库】选项，也是保存和保护数据库的一种方法。备份数据库，能够防止在硬件故障或意外发生时数据丢失，其基本原理就是利用数据库备份还原数据。

备份数据库后，系统会在数据库名后面自动加上时间戳，如图 3-7 所示。

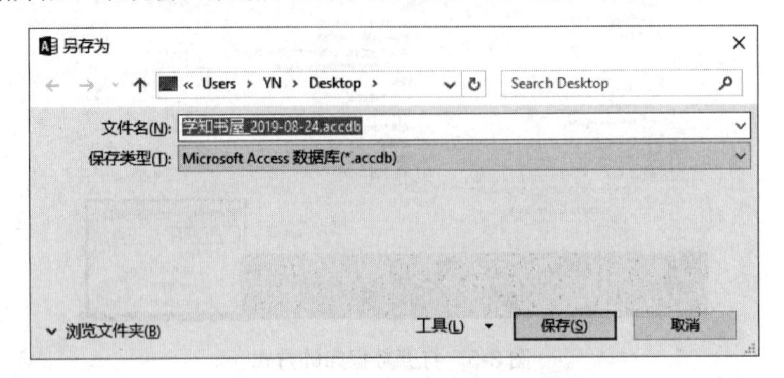

图 3-7　备份【学知书屋】数据库

当不再使用数据库时，可以将数据库关闭。

【注】(1) 学会自定义 Access 工作环境(【Access 选项】对话框中设置默认保存路径、在快速工具栏中添加按钮、设置对象窗口的打开方式、设置工作界面颜色等)。

(2) 进一步熟悉 Access 操作工具(压缩和修复数据库、用密码加密数据库等)。

(3) 学会使用 Access 帮助系统。

3.3　建立数据表

创建【学知书屋】数据库的任务完成后，就可以在库中建立数据表了。

在 Access 中，数据表(简称表)是特定主题的数据集合。表由表名、表结构和表中数据所组成：表名具有唯一性；表结构也就是表的框架，由一个个字段组成，每个字段具有唯一的名字，称为字段名称。根据每个字段存储数据的不同，要为字段指定数据类型，即字段的数据类型。表结构设计完成后，就可以向表中添加数据了，表中每一行数据也称为一条记录。

【注】表是 Access 系统存储数据的基本单位，是一个满足关系模型的二维表。表的工作方式有两种。

(1) 设计视图用来进行表结构的定义。设计时要考虑表的命名；表中包含哪些字段；如何设置字段名称、字段的数据类型以及字段的特殊属性。

(2) 数据表视图用来添加、编辑、浏览数据，格式化表。

在第 2 章中分析了【学知书屋】数据库建立的目的和需求，设计了满足关系模型特性和应用需求的 7 张表的物理模型。创建【学知书屋】数据库后，就可以在库中依次建立表了。

3.3.1　建表的一般方法

创建表的方法有多种，下面介绍最常用的创建方法。

1. 使用直接输入数据创建表

【例3-4】使用直接输入数据创建【会员】表。

在【创建】选项卡【表格】组单击【表】按钮，系统会自动创建名为【表 1】的空白表。单击【单击以添加】按钮来添加列，在出现的列表框中选择该列的数据类型【短文本】，字段名默认以【字段 1】命名，这里修改为【会员号】，在【字段 1】单元格中直接输入会员号即可，如图3-8所示。

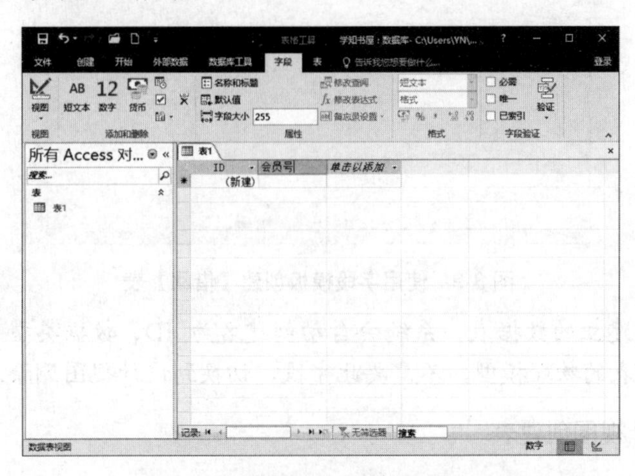

图3-8 直接输入数据创建【会员】表

按 Enter 键后，自动在右侧【单击以添加】列中弹出列表框，选择数据类型【短文本】，输入第二个字段名【会员姓名】；使用同样的方法，按照会员表设计结构，依次建立其他字段，直到建立完全部字段。右击【表 1】，在打开的快捷菜单中选择【保存】命令，在【另存为】对话框【表名称】文本框中输入会员，单击【确定】按钮，此时，在窗口左侧导航窗格【表】对象组中显示所创建的【会员】表。

【注】(1) 用此法建立的数据表，系统会自动创建名为 ID、数据类型为自动编号型的字段。添加其他字段时，只设置字段名、数据类型，对字段的增、删、改及属性的设置均需要切换到设计视图中做进一步修改。

(2) 在之前创建名为【学知书屋】的空白桌面数据库后，系统会自动创建名为【表 1】的数据表。

2. 使用字段模板创建表

这是 Access 提供的另一种创建表的方法，通过 Access 自带的字段模板(带有字段属性)建立表。

【例3-5】使用字段模板创建【借阅】表。

在【创建】选项卡【表格】组单击【表】按钮，系统会自动创建名为【表 1】的空白表。在【表格工具】下的【字段】选项卡【添加和删除】组中选择数据类型，如【短文本】，在【属性】组的【字段大小】文本框中输入 10，建立【字段 1】列。双击【字段 1】，重命名字段名为【借阅单编号】，即建立【借阅】表中的第一个字段【借阅单编号】，如图3-9所示。继续在【表格工具】下的【字段】选项卡单击【短文本】按钮，设置【字段大小】为 6，重命名字段 2 为【图书编号】，第二个字段建立完成。重复上述过程，直到【借阅】表中所有字段建立完成，保存数据表。

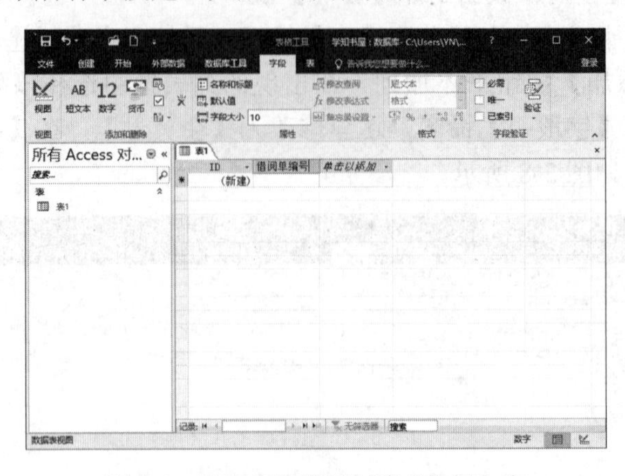

图 3-9　使用字段模板创建【借阅】表

说明：用此法建立的数据表，系统会自动创建名为 ID、数据类型为自动编号型的字段。根据【借阅】表的物理模型，不需要此字段，切换到设计视图删除此字段即可。

3. 使用表设计视图创建表

这是最为常用的一种创建表方法，是从零开始设计和编辑表结构。

【例 3-6】使用表设计视图创建【图书】表。

在【创建】选项卡【表格】组单击【表设计】按钮，打开表设计视图。表设计视图由上、下两部分组成，上半部【字段名称】列用于输入字段名称，【数据类型】列是字段对应数据项的数据类型，【说明】列是对字段的补充说明。下半部是字段属性设置区。

按照【图书】表结构，依次输入图书编号，短文本；书名，短文本；作者，短文本；出版社，短文本；ISBN，短文本；输入出版时间的数据类型时，单击单元格右侧的下拉按钮，在列表中选择【日期/时间】型，如图 3-10 所示。

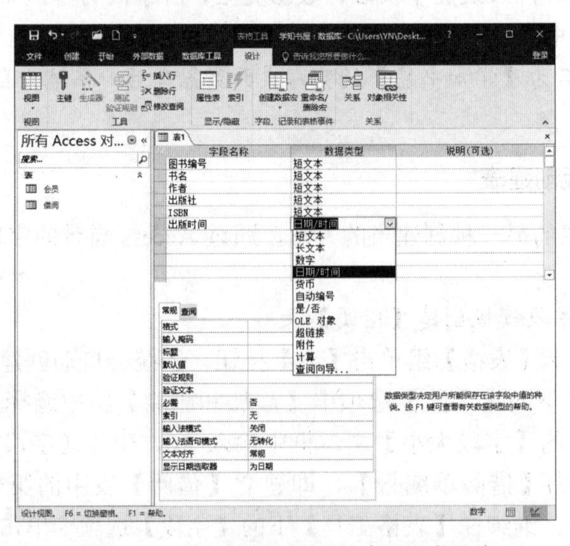

图 3-10　使用表设计视图创建【图书】表

完成全部字段输入后，单击快速访问工具栏中的【保存】按钮，保存【图书】表，此时弹出【尚未保存主键】对话框，主键的设置在下一个操作中介绍并设置，这里选择【否】，即不设置主键，完成后可以看到所创建的【图书】表。

4. 使用导入并链接创建表

也可以导入存储在其他位置的信息，即根据已有的数据创建表。可以导入 Excel 工作表、Access 数据库、ODBC 数据库、文本文件及其他类型文件。

【例 3-7】使用导入并链接创建【员工】表。

在【外部数据】选项卡的【导入并链接】组单击 Excel 按钮，打开【获取外部数据】对话框，如图 3-11 所示。在向导的引导下，指定数据源 Excel 表【员工】，勾选【第一行包含列标题】，设置每个导入字段的数据类型(否则全部为短文本类型)，设置主键(主键可以选择【我自己选择主键】)，这里选择【员工号】作为主键，导入后的表命名为【员工】。

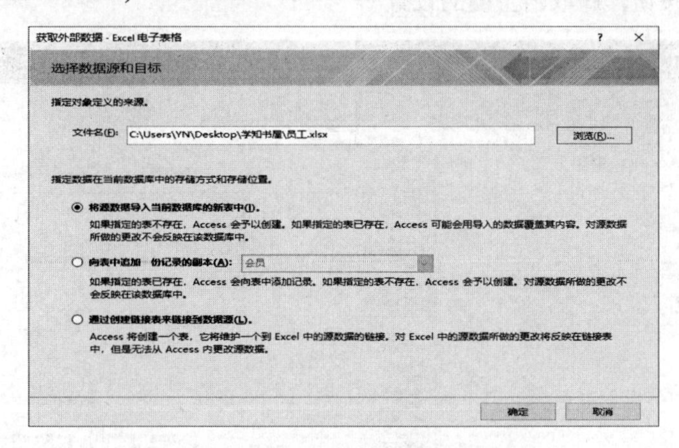

图 3-11　使用导入并链接创建【员工】表

上述所介绍的创建表方法，均可以通过表设计视图修改完善，直到表结构符合要求。

使用不同的方法创建了【会员】、【借阅】、【图书】、【员工】4 张表，【学知书屋】库中的其他 3 张表【收购】、【提供者】、【星级标准】，请自行选择一种方法建立完成。

在【学知书屋】库中完成表的建立后，需要设置字段属性，从而使表中的数据输入/输出有一定的规范，浏览、使用更为方便。

【注】除上述常用的建表方法外，也可以利用与将要创建的表结构相似或相同的表模板，以及使用 SharePoint 列表创建表。

3.3.2　设置主键

主键也称主关键字，在 Access 数据库中，每个表包含一个主键，它由一个或多个字段组成，其值可以唯一标识表中的一条记录。

1. 主键的作用

(1)　实施实体完整性约束，即保证实体的完整性。实体完整性是对关系中元组的唯一性约束，也就是对作为主键的属性值的约束，即关系中作为主键的属性值，必须唯一且不能为空。在关系数据库管理系统中，系统会自动进行实体完整性检查。

(2) 为数据库中表与表之间建立关联关系提供可靠保证。

(3) Access 根据主键执行索引，可以加快数据库的操作速度。

2. 主键的设置

【例 3-8】根据【学知书屋】数据库物理模型，设置【图书】表中【图书编号】字段为主键。

在【图书】表的设计视图中，选中【图书编号】行，在【设计】选项卡【工具】组中单击【主键】按钮，此时【图书编号】左侧出现小钥匙标志，如图 3-12 所示。或者直接右击【图书编号】，在弹出的快捷菜单中选择【主键】命令，即将该字段设置为主键。再次单击【主键】按钮，即取消主键的设置。

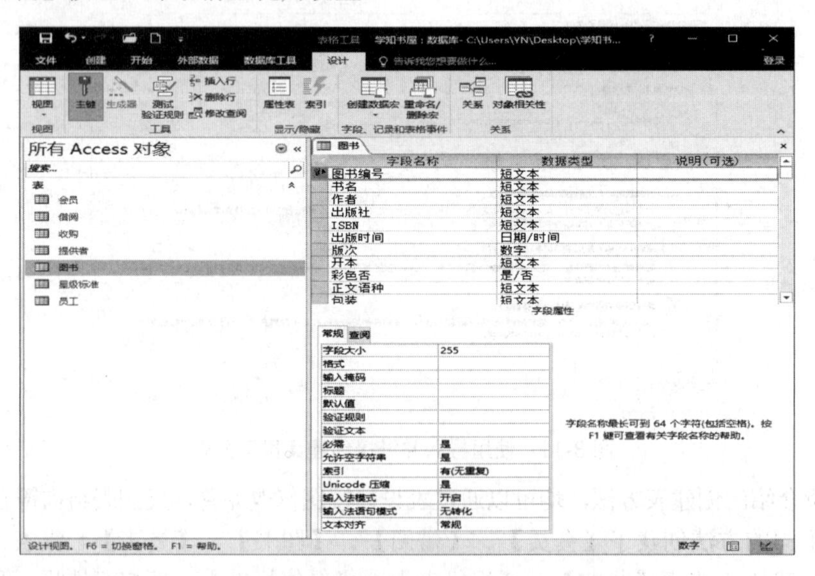

图 3-12 为【图书编号】字段设置主键

【注】(1) 主键可以是单字段，也可以是两个及以上字段的组合，将数据类型为自动编号的字段指定为表的主键是创建主键最简单的方法。

(2) 作为主键的字段具有唯一性和非空性，这样才能起到唯一标示的作用。

(3) 当某个字段设置为主键后，Access 系统自动将该字段的【索引】属性设为【有(无重复)】，以使该字段的值唯一，并将该字段设置为默认的排序依据。

3.3.3 设置字段属性

1. 字段的数据类型

在设计【学知书屋】物理模型时，已经涉及字段数据类型问题。实际上，在设计表时，必须首先确定表中有哪些字段、字段名称是什么以及数据类型。字段的数据类型决定了每个字段可以存储哪些类型的数据，字段值使用多大存储空间，不同数据类型的字段表达了不同的信息。

要设置正确、合适的数据类型，首先要了解系统提供了哪些数据类型以及字段的取值范围。Access 定义了 12 种数据类型，在表设计视图【数据类型】列中显示。结合【图书】表所设计的字段数据类型，给出 Access 定义的数据类型及说明，如表 3-1 所示。

表 3-1 Access 定义的数据类型、说明、字段大小及举例

数据类型	说　明	字段大小	字段举例
短文本	存储文本或文本与数字类型的组合	1～255 个字符	图书编号、书名、作者等
长文本	存储文本或文本与数字类型的组合	超过 255 个字符，最多 64000 个字符(受数据库大小限制)	内容简介、推荐理由
数字	存储计算的数值型数据，数字类型又细分为字节型、整型、长整型、单精度、双精度等	1、2、4 或 8 个字节	版次、页数
日期/时间	存储日期和时间数据	8 个字节	出版时间
货币	存储货币数据	8 个字节	
自动编号	由系统自动提供唯一的编号值，可作为主键，自动编号字段不能更新	4 个字节	
是/否	存储布尔值(真、假中的一个)，取值形式：是/否(Yes/No)、真/假(True/False)或开/关(On/Off)	1 位	新书否
OLE 对象	存储基于 Windows 应用程序的图片、声音或其他 ActiveX 对象	最多为 2GB(受可用磁盘空间限制)	封面、目录
超链接	存储某个文件的路径 UNC 或统一资源定位符 URL	最多 64000 个字符	
附件	附加文件，可以将多个文件或多种类型的文件存储在一个字段中，使用起来更加灵活	最多附加 2GB 的数据	
计算	该字段类型是使用表中其他字段的数据创建表达式，称为“计算字段”，其值不是原始数据，而是同表中其他字段计算的结果	取决于其他字段	
查阅向导	这是一个特殊的字段类型，该字段类型提供了一个建立字段内容的列表，用户可以用组合框形式选择列表中的值	一般为 4 个字节	分类

【图书】表中字段使用了部分数据类型。了解数据类型的定义及使用方法，可以帮助理解【学知书屋】数据库每张表结构的设计。对于不同数据类型字段数据的输入方法详见 3.5.1 节。

2. 字段大小

部分字段数据类型可以改变字段默认大小，如短文本型、数字型。改变字段大小可以保证字符数目、数值范围不超过特定限制，减少数据输入错误。

【例 3-9】设置【图书】表中各字段的字段大小。

单击【图书编号】字段，在【字段大小】文本框中将默认大小 255 修改为 6，如图 3-13 所示。

图 3-13　为【图书编号】字段设置字段大小

同理，将【书名】字段大小设置为 50，【作者】字段大小设置为 20，【出版社】字段大小设置为 20，【ISBN】字段大小设置为 15，【出版时间】字段是固定字段大小(8 个字节)，【版次】字段大小设置为整型。

完成所有字段的字段大小更改后，保存【图书】表。

3. 字段格式

字段格式指字段的显示格式，用来确定数据在屏幕上的显示方式以及打印方式，从而使表中的数据输出有一定的规范。

Access 系统为【数字】、【货币】、【日期/时间】和【是/否】等类型规定了常用的字段格式。字段格式设置可以选择系统预设格式，也可以自定义设置。【数字】、【货币】数据类型的字段预定义格式如表 3-2 所示，可以选择其中某种格式。

表 3-2　数字/货币数据类型的预定义格式

数字/货币型	说　明
常规数字	(默认值)以输入的方式显示数字。例如：3456.789
货币	使用千位分隔符 。例如：¥3,456.789
欧元	使用欧元符号。例如：€3,456.789
固定	至少显示一位数字。例如：3456.79
标准	使用千位分隔符。例如：3,456.789
百分比	乘以 100 再加上百分号(%)。例如：123.00%
科学记数	使用标准的科学记数法。例如：3.46E+03

【日期/时间】、【短文本】、【长文本】数据类型的字段预定义格式如表 3-3 所示，该表上半部分为【日期/时间】数据类型的字段预定义格式，可以选择设置。下半部分为【短文本】或【长文本】数据类型的格式字符，可以使用系统提供的这些格式符号设置数据的显示格式。

表 3-3　日期/时间、文本数据类型的预定义格式

日期/时间型	说　明
常规日期	(默认值)例如：2025/11/12，17:34:23
长日期	与 Windows 区域设置中的“长日期”设置相同。 如：2025 年 11 月 12 日
中日期	例如：25-11-12
短日期	与 Windows 区域设置中的“短日期”设置相同。如：2025/11/12
长时间	与 Windows 区域设置中的“时间”选项卡上的设置相同。如：17:34:23
中时间	例如：5:34 下午
短时间	例如：17:34

文本/备注型	说　明
@	要求文本字符(字符或空格)
&	不要求文本字符
<	强制所有字符变为小写
>	强制所有字符变为大写

【例 3-10】设置【图书】表中【出版时间】字段格式为长日期。

单击【出版时间】字段，单击【格式】右侧的下拉按钮，选择【长日期】选项，如图 3-14 所示。

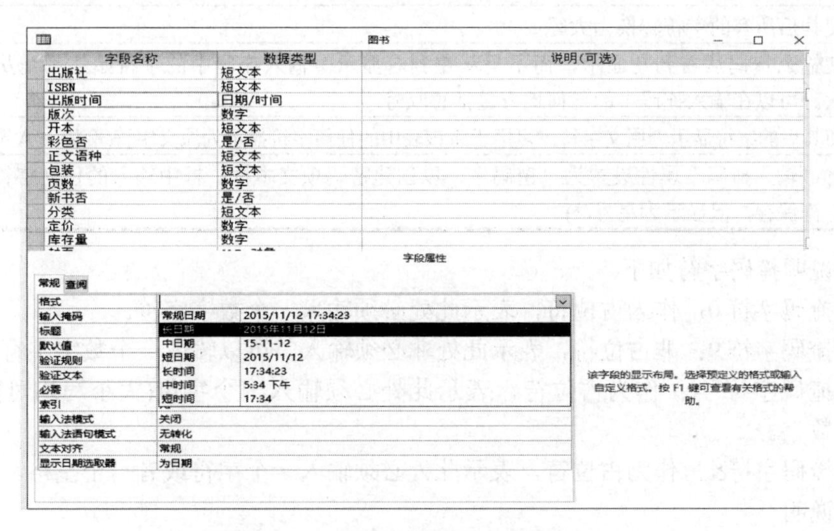

图 3-14　为【出版时间】字段设置格式

【注】文本型格式符号@作为占位符，表示此处必须有一个字符或空格，若原始数据的字符少于@占位符数，则补空格。而&作为占位符，则没有此要求。如在【员工】表的设计视图中，设置【姓名】字段的格式为：@@@@，表示其占位 4 个汉字，此时，输入

的【姓名】字段值少于 4 个汉字，则其前面自动补充空格。

4. 字段输入掩码

输入数据时，若希望输入的格式标准一致，或希望检查输入时的错误，可以设置字段的输入掩码，通过输入掩码对允许输入的数据进行控制。一个输入掩码可以包含原义显示的字符(括号、点、空格及连字符等)和掩码字符(Access 系统提供)，起到控制字段输入格式的作用。

设置字段的输入掩码，要按照系统提供的特定掩码字符进行设置，如表 3-4 所示，也可以使用系统自带的“输入掩码向导”来完成。输入掩码只为【短文本】、【日期/时间】型字段提供向导，对于【数字】、【货币】等类型的字段，只能使用字符直接定义输入掩码属性。

表 3-4　Access 提供的掩码字符集及说明

字符	说　明
0	数字 0～9[表示必须输入；不允许使用加号(+)和减号(-)]
9	数字或空格(表示非必须输入；不允许使用加号和减号)
#	数字或空格(表示非必须输入；空白将转换为空格，允许使用加号和减号)
L	字母(A 到 Z，表示必须输入)
?	字母(A 到 Z，表示可选输入)
A	字母或数字(表示必须输入)
a	字母或数字(表示可选输入)
&	任一字符或空格(表示必须输入)
C	任一字符或空格(表示可选输入)
<	使其后所有的字符转换为小写
>	使其后所有的字符转换为大写
!	使输入掩码从右到左显示，而不是从左到右显示。输入掩码中的字符始终都是从左到右填入。可以在输入掩码中的任何地方包括感叹号
\	使其后的字符显示为原义字符。可用于将该表中的任何字符显示为原义字符(例如，\A 显示为 A)
密码	将“输入掩码”属性设置为“密码”，以创建密码项文本框，框中输入的任何字符都按字面字符保存，但显示为星号(*)

举例说明掩码字符如下。

- 掩码字符 0：作为占位符，表示此处必须输入一个数字字符。
- 掩码字符 9：非占位符，表示此处非必须输入，可以输入一个数字字符或空格。
- 掩码字符 A：作为占位符，表示此处必须输入一个字母(大小写均可)或者一个数字。
- 掩码字符&：作为占位符，表示此处必须输入一个字符或者一个空格。

举例说明。

(1) 输入掩码设置为：(000)0000-0000

这里圆括号和连字符是除了掩码字符外的其他字符，为原样输入的字符。所以(000)0000-0000 表示必须输入 3 位数字字符，用圆括号括起，后接 4 位数字字符，一个连字符后又要求输入 4 位数字字符。

(2)　输入掩码设置为：LLLLLL

表示此字段值必须输入 6 位字母(大小写均可)。

(3)　输入掩码设置为：(000)AAAA-AAAA

表示圆括号内必须输入 3 位数字字符，后必须输入 4 位字母或数字，一个连字符后又要求输入 4 位字母或数字。

(4)　输入掩码设置为：ISBN 0-&&&&&&&&&-0

表示字符 ISBN(空格)后，必须输入 1 位数字字符，一个连字符后要求必须输入 9 位任一字符或空格，又一连字符后必须输入 1 位数字。

【例 3-11】设置【图书】表中【图书编号】字段的输入格式为：B+5 位数字字符。

在【图书】表的设计视图中，单击【图书编号】字段，在【输入掩码】处输入：\B00000(反斜线后原义字符 B，后接 5 位掩码字符 0)，如图 3-15 所示。

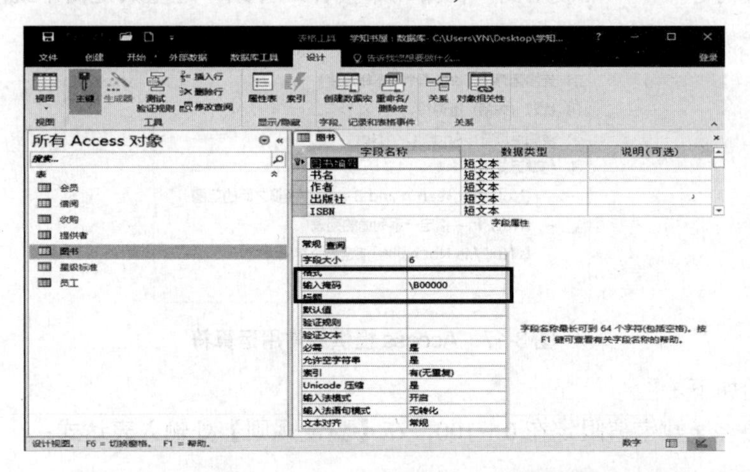

图 3-15　为【图书】表中【图书编号】字段设置输入掩码

【例 3-12】设置【会员】表中【身份证号码】字段的输入格式为 18 位数字字符。

在【会员】表的设计视图中，单击【身份证号码】字段，在【输入掩码】处输入：000000000000000000，或单击【输入掩码】文本框右侧的按钮，打开【输入掩码向导】对话框，选择系统提供的身份证号码向导快速设置，如图 3-16 所示。

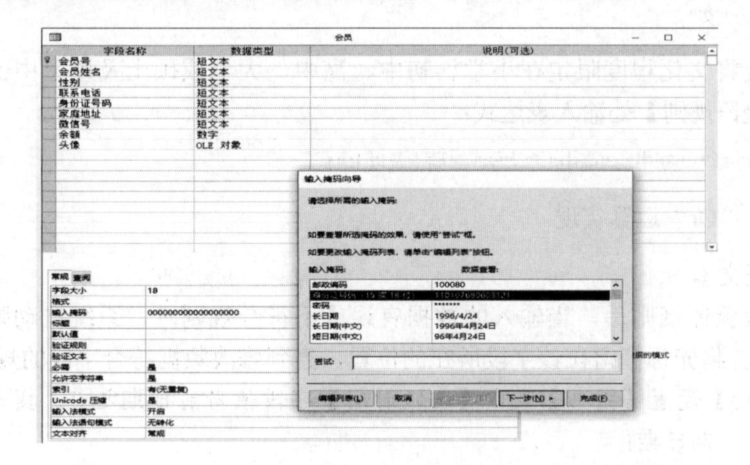

图 3-16　为【会员】表中【身份证号码】字段设置输入掩码

【注】其他输入掩码字符的用法，自行练习并体会其设置方法。

5. 字段验证规则和验证文本

输入数据时，有时会出现输入错误，如库存量多输入或少输入一个 0，或输入一个不合理的日期范围，这些输入错误如何避免呢？实际上，可以利用字段的【验证规则】和【验证文本】两个属性来避免。其目的是实施用户自定义完整性约束，即对表中指定字段对应的数据操作进行约束。

(1) 验证规则表达式

验证规则表达式由常量、函数、运算符组成。Access 系统提供算术运算、连接运算、比较运算、逻辑运算和特殊运算等常用运算，如图 3-17 所示。表达式的使用在验证规则、筛选、查询等操作中常被用到，在第 4 章会详细介绍，这里只是简单说明。

① **算术运算符：** +、-、*、/、^、\、mod
② **连接运算符：** & (两个文本串连接)
③ **比较（关系）运算符：** =、>、>=、<、<=、<>
④ **逻辑运算符：** And、Or、Not
⑤ **特殊运算符：**
- (Not) Between A and B—指定A到B之间的范围
- (Not) In—指定一系列值的列表
- Is Null / Is Not Null—指定一个字段为空

图 3-17　Access 提供的常用运算符

举例说明如下。

- 若要将某数字值限定在 0～100，在【验证规则】处输入表达式：

```
>=0 And <=100
```

或

```
Between 0 And 100
```

- 若要将性别限定在“男”或“女”取值，在【验证规则】处输入表达式：

```
"男"Or"女"
```

- 若要将文化程度限定在小学、初中、高中、大学或硕士及以上中的某个值，在【验证规则】处输入表达式：

```
in("小学","初中","高中","大学","硕士及以上")
```

通过“Or”运算实现。

(2) 验证文本

设置字段验证规则后，当输入的数据有误或不符合规则时，系统自动弹出提示信息(验证文本)，并将光标停留在该字段所在的位置，直到修改数据符合字段的规则为止。

【例 3-13】设置【图书】表中【出版时间】字段值当前日期之前，提示信息为“日期应小于等于当期日期！”

在【图书】表的设计视图中，单击【出版时间】字段，在【验证规则】处输入：

<=Date()(这里用到 Access 提供的日期函数 Date()，表示返回当前系统日期)，在【验证文本】处输入“日期应小于等于当期日期！”，如图 3-18 所示。

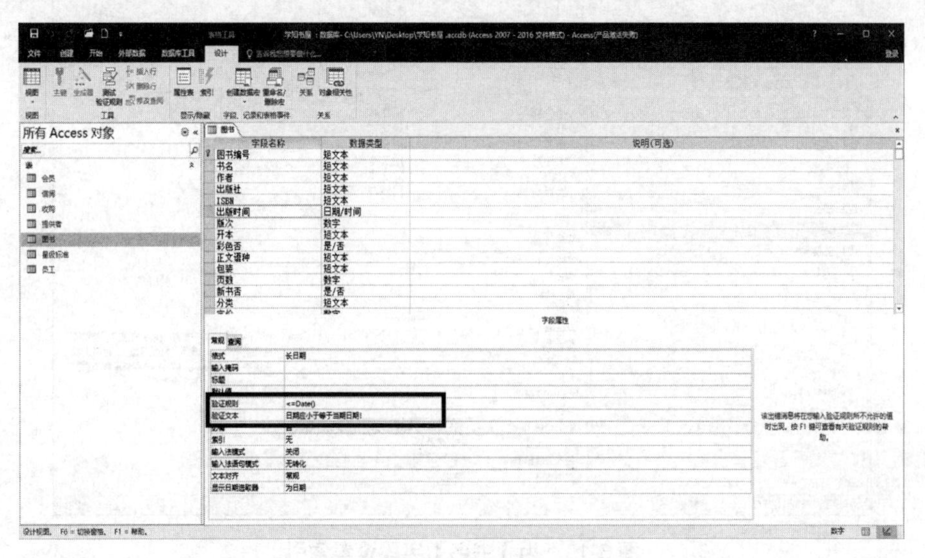

图 3-18　为【出版时间】字段设置验证规则、验证文本

同理，为【版次】、【页数】、【库存量】字段设置验证规则为“正整数”，为【定价】字段设置验证规则为“正实数”。

设置【验证规则】时，也可以通过单击文本框右侧的省略号按钮，打开【表达式生成器】对话框，编辑验证规则表达式。

6. 索引

表中记录是按什么顺序存放的呢？在【学知书屋】数据库中，收购图书时，提供者多次提供图书，我们可能希望将新添加记录插入到该提供者的原有记录旁边。但是，Access 表的工作方式不是这样的，它是按数据输入的前后顺序排序的，即新记录总是会添加到表的末尾。除非有记录删除，否则表中的记录顺序总是不变的。这里可以通过在表中创建索引，为表中的记录指定逻辑顺序，通过索引快速查询到结果，而不需要进行全表扫描。

(1)　索引的概念

索引是按索引字段或索引字段集使表中记录有序排列的一种技术。索引字段可以是一个字段或多个字段，将经常要搜索的字段、进行排序的字段、多表查询中的连接字段建立索引。建立索引后，在表中使用索引的方式与现实生活里在一本书中使用目录的方式类似，需要查找数据时，Access 会在索引中查找该数据的位置。

索引不仅能提高查找效率，还是建立同一数据库中多张表之间的关联关系的必要前提。

(2)　索引设置

当某字段设置为主键后，系统自动为主键建立“唯一索引(无重复)”，如【图书编号】字段。

若在单个字段上建索引，打开【图书】表的设计视图，选择【书名】字段，单击【索引】属性处右侧按钮，有 3 项取值，如图 3-19 所示。

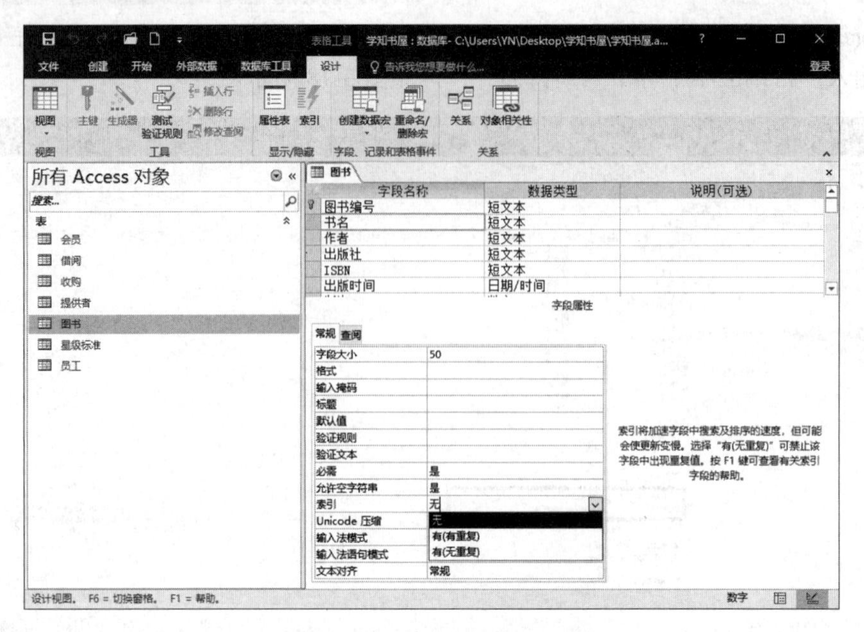

图 3-19　为【书名】字段设置索引

- 无，表示本字段无索引。
- 有(有重复)，表示本字段有索引，且该字段中的记录可以重复。如【书名】字段可设置这种索引值。
- 有(无重复)，表示本字段有索引，且该字段中的记录不允许重复。一般用于限制字段值的唯一性。

【例 3-14】建立“【书名】+【作者】”多字段索引，索引名称为【图书信息】。

切换到【图书】表设计视图，在【设计】选项卡【显示/隐藏】组单击【索引】按钮，打开【索引】对话框。在该对话框中已显示主键字段，作为主索引且唯一索引。在【索引名称】列中输入索引的名称【图书信息】，在【字段名称】列中选择【书名】，默认升序排序；之后添加第二个字段名称，选择【作者】，这样建立的“图书信息”索引是在多个字段上建立的，也称为复合索引，如图 3-20 所示。

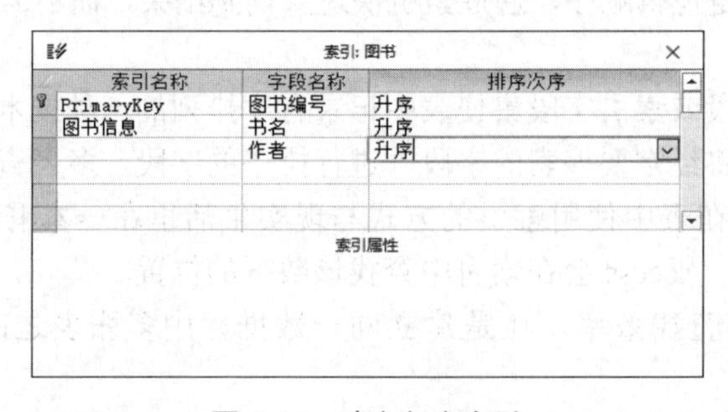

图 3-20　建立复合索引

【注】对于表来说，建立索引的操作就是指定一个字段或多个字段，在查询数据的时候，系统会根据所创建的索引快速查询数据。

为经常查询和经常排序的字段建立索引，系统会加快数据的检索速度。当表中记录太少，或经常执行插入、删除、修改操作的字段不宜建立索引。

7. 字段默认值、必需及其他

(1) 默认值：在添加记录的时候，不用输入该字段的值，系统会自动插入已设定的默认值。

(2) 必需：该属性有【是】和【否】两种选项。设置为【是】，则在字段中必须输入数据，不允许为空。

(3) 允许空字符串：允许在【短文本】或【长文本】字段中输入零长度字符串，即空串(“ ”)。

(4) 标题：设置表、查询、窗体和报表中字段列的显示文本，起到辅助显示的作用。如果标题为空，默认显示的是字段名；如果不为空，则显示所设置的标题名。

【例 3-15】设置【提供者】表的【名称】字段为必需字段，且不允许空字符串的输入，如图 3-21 所示。

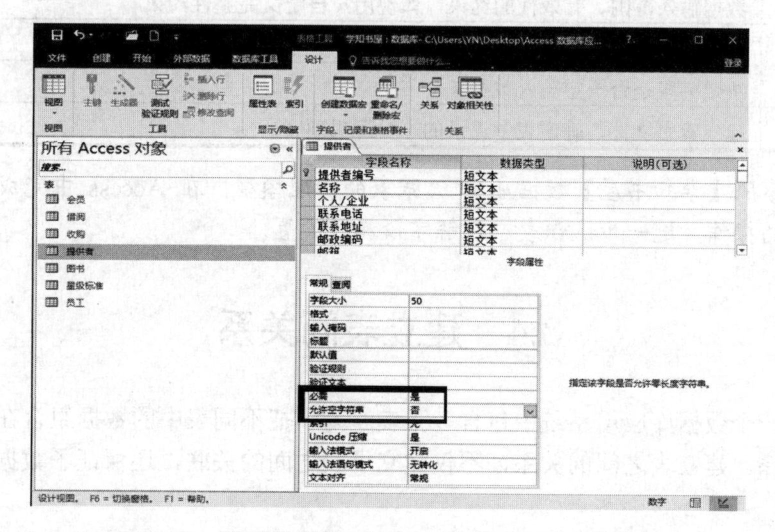

图 3-21 设置【必需】字段、【允许空字符串】字段

【例 3-16】设置【收购】表的【收购时间】字段的默认值为当前日期，如图 3-22 所示。

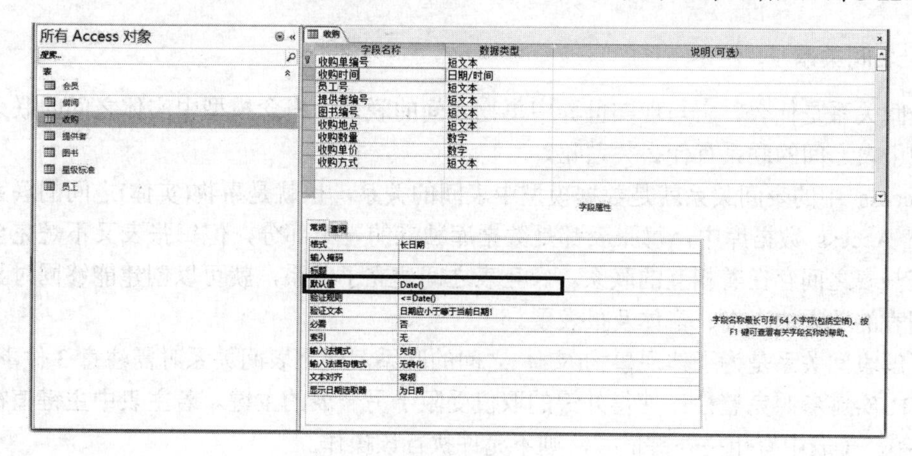

图 3-22 设置【默认值】字段

常用字段属性及使用说明如表 3-5 所示。

表 3-5　常用字段属性及使用说明

常用字段属性	使用说明
数据类型	字段可以存储和使用何种类型的数据
字段大小	字段允许输入的字符数、数字的范围
格式	数据的输出(显示)格式，不影响数据的存储格式。系统为【短文本】、【数字】、【日期/时间】、【是/否】、【超链接】等类型定义了内部格式，用户也可以自定义字段格式
输入掩码	数据的输入格式，通过系统提供的掩码字符定义
标题	字段的别名，显示在表、窗体、报表中。默认字段名称为标题名称
默认值	字段默认显示的数据
验证规则	数据输入范围、有效性的约束，体现用户自定义完整性约束
验证文本	约束条件的提示信息
必需	决定字段是否一定输入数据
索引	建立索引文件，确定表中记录的一种逻辑顺序

【注】参照【学知书屋】数据库中 7 张表的物理模型，在 Access 中完成创建表、设置字段属性的操作，进一步认识表、理解字段属性设置。

3.4　建立表间关系

通常，一个数据库应用系统中包含多张表。为了把不同表中的数据组合在一起，需要建立表间关系。建立表之间的关系，不仅建立了表之间的关联，还保证了数据库的参照完整性。

3.4.1　建立和编辑表间关系

1. 表间关系

表间关系是什么？它与现实世界中事物之间的联系、概念模型中实体之间的联系、数据模型中表之间的联系有什么关系呢？

Access 中的表间关系就是数据模型中表间的关系，也就是事物(实体)之间的联系的体现。在 Access 数据库中，每张表都是数据库独立的一个部分，但每张表又不是完全孤立的，表与表之间存在着相互的联系。一旦表之间建立了关系，就可以创建能够同时显示多张数据表的数据的查询、窗体及报表了。

了解表间关系是为了体现事物(实体)之间的联系，建立表间关系时需注意 3 件事。

(1) 实施参照完整性：使得外键的取值受限于另一表的主键。若主表中主键值被修改(或删除)，子表中有相关外键值时，则不允许执行该操作。

(2) 级联更新相关字段：在施加参照完整性的情况下，自动实现当主表中主键值更新时，子表中若有相关记录，则该记录中的外键值同步更改。

(3) 级联删除相关记录：在施加参照完整性的情况下，自动实现当主表中主键所在的记录被删除时，子表中若有相关记录，则该记录同步删除。

【注】主键与外键、主表与子表：两表之间是通过关联字段(共同字段)建立关系的，其中，定义相关联字段取值范围的表称为主表，该字段称为主键。主键用来保证实体完整性，其值具有唯一性和非空性，起到唯一标示表中每一条记录的作用。引用主表中相关联字段的表称为子表，该字段在子表中称为外键。外键用来和其他表建立关系，其值要参照主表中主键取值或取空值。

2. 建立表间关系

建立一对一关系：选择两表的共同字段(字段名称可不同，但字段类型和内容一致)作为关联字段来建立。如果两个字段都具有唯一索引，即创建一对一关系。

建立一对多关系：选择两表的共同字段(字段名称可不同，但字段类型和内容一致)作为关联字段来建立。如果一个字段具有唯一索引，另一个字段不具有唯一索引，即创建一对多关系。

【例 3-17】为【学知书屋】数据库中【会员】表与【借阅】表建立表间关系。

从【学知书屋】需求描述中得知，来书屋的读者(会员)通过书屋员工借阅图书，因此【会员】表与【借阅】表、【借阅】表与【员工】表、【借阅】表与【图书】表之间发生一定联系。在 Access 中体现这种关系的方法是：

在【数据库工具】选项卡【关系】组中单击【关系】按钮，打开【关系】窗口，在空白处单击鼠标右键，打开【显示表】对话框；依次选择【图书】、【借阅】、【会员】、【收购】等表，添加到【关系】窗口中。将【会员】表中的【会员号】字段拖至【借阅】表中相关字段【会员号】上，释放鼠标。在弹出的【编辑关系】对话框中显示表名、相关字段、关系类型为一对多等信息，如图 3-23 所示。单击【创建】按钮，两表之间的关联字段上出现一条关系线，如图 3-24 所示。

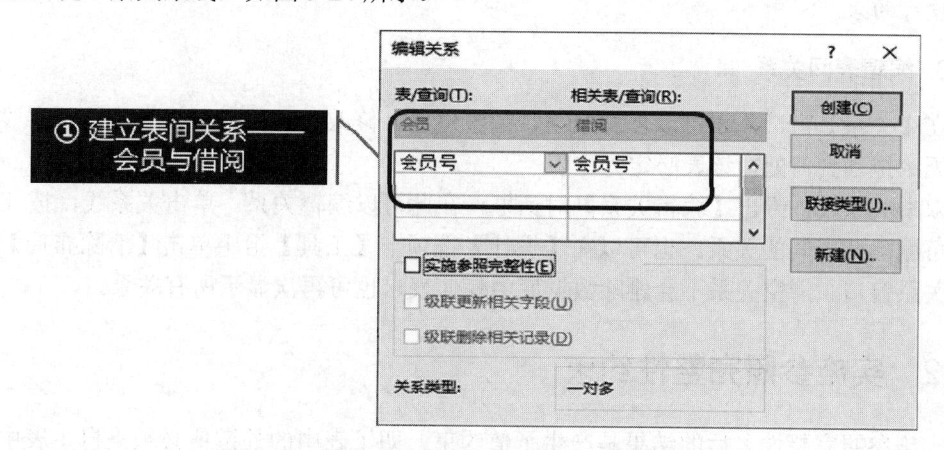

图 3-23　建立【会员】表与【借阅】表之间关系

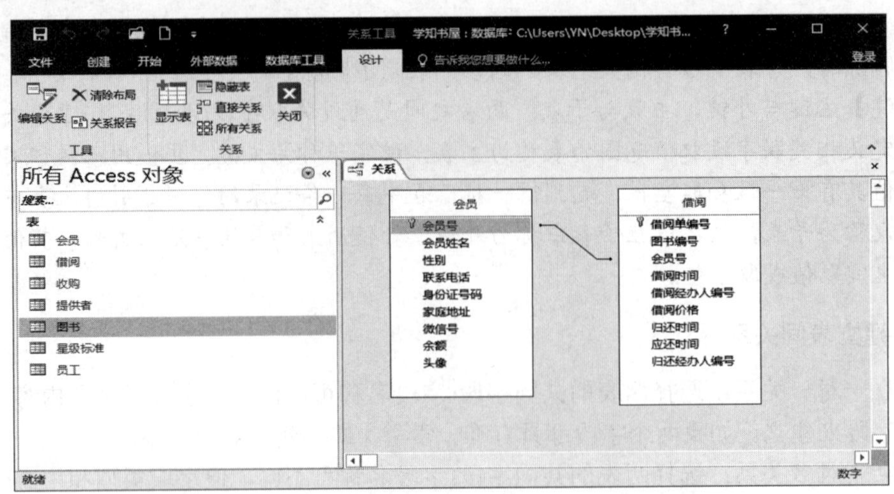

图 3-24　建立【会员】与【借阅】表间关系后的结果

至此，建立了【会员】表与【借阅】表的表间关系，保存【关系】窗口后关闭。打开【会员】表，单击出现的“+”，展开“+”后，将看到其对应的子表【借阅】中相应记录。即两表通过关联字段建立关系后，在查看主表的同时，可以方便地使用子表。

【注】(1)　建立表间关系时，要先关闭所有打开的相关表。

(2)　当前在【会员】表和【借阅】表中没有数据，还不能体会使用主表时方便查看子表的操作，在添加数据后会显示该操作的效果。

(3)　子表的概念是相对主表而言的。简单地说，当两个表建立了一对多关系时，“一”的那一端是主表，“多”的那一端是子表。主表中设置主键，子表中设置外键，不同表之间的关联就是通过主表中的主键与子表中的外键来建立的。

(4)　两表通过关联字段建立关系时，没有实施参照完整性，此时相关联字段中外键的取值没有约束。

3. 编辑表间关系

在【关系】窗口，表可以任意拖动、调整位置、修改布局。只要一表的关系字段为主键，无论拖动到何处，该表必定为主表。

双击关系线，弹出【编辑关系】对话框，在此可以编辑关系。单击关系线，按 Delete 键，可删除两表间的关系。也可以在【设计】选项卡【工具】组中单击【清除布局】按钮清空关系窗口。清空关系不会删除数据库中任何表，也可再次显示所有关系。

3.4.2　实施参照完整性约束

实施参照完整性之后的结果是产生了值约束，即子表中的外键值必须来自主表中的主键值或为空值，否则在输入或修改外键值时，不允许输入或修改。

在【编辑关系】对话框中，勾选【实施参照完整性】复选框，如图 3-25 所示。

当实施参照完整性后，两表之间的关系线上会显示 1 和无穷大符号∞，如图 3-26 所示。

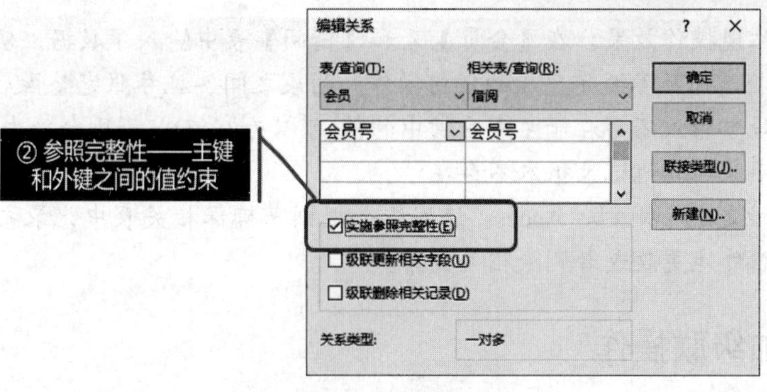

图 3-25 实施参照完整性

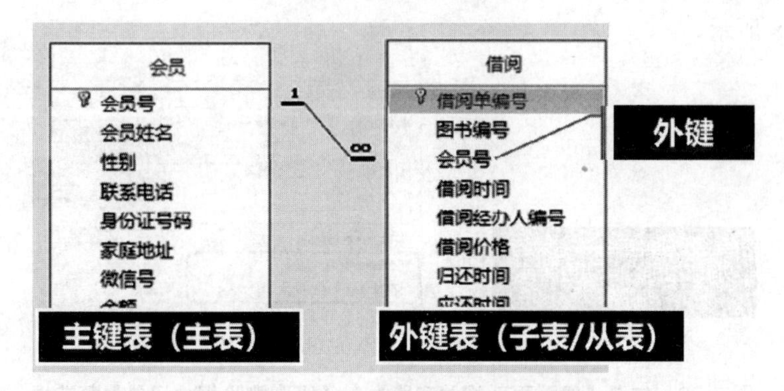

图 3-26 实施参照完整性后的结果

建立表间关系时考虑的三件事最终产生的效果之一为：实施参照完整性后是对表中数据的约束，即子表【借阅】表中的【会员号】必须取自主表【会员】表中【会员号】中的一个值或取空值，否则不允许数据入库。当在【会员】表中修改了某个【会员号】时，若该值出现在【借阅】表的外键中，则系统提示不允许修改。这样做的目的是保证两个表中相关联数据的一致性，避免一个修改了，另一个参照它的值未改的情况发生。

建立了两表之间的关系并实施参照完整性后，对于主表中主键值在子表中有对应的外键值的情况下，通过主表的主键值能找到子表中相应的记录，反之亦然，如图 3-27 所示。

会员

会员号	会员姓名	性别	联系电话	身份证号码
C00001	李博特	男	13601234567	110110194010110110

借阅单编号	图书编号	借阅时间	借阅经办人	借阅价格	归还时
J000000001	B00002	2019年3月30日	E03	1	2019年
J000000002	B00004	2019年3月30日	E03	1	2019年
J000000011	B00003	2019年5月20日	E02	1	2019年

会员号	会员姓名	性别	联系电话	身份证号码
C00002	马普尔	女	13801196745	11911919911011210
C00003	张波罗	男	18912319080	12012020120212012
C00004	宋加莎	女	13011519475	11423720010901023
C00005	赵德	男	13090087388	11010819740709034
C00006	lezima	女	13813452157	23067219671213910
C00007	乔林	男	18911119012	32190019840619014
C00008	ann	女	13623890123	11011820030618923

记录: 第 1 项(共 3 项) 无筛选器 搜索 数字

图 3-27 通过主表查看子表信息

【注】为体现操作效果，在【会员】表和【借阅】表中输入了数据。实施参照完整性后，Access 将拒绝违反参照完整性的任何操作。两表之间实施参照完整性后，不能在相关子表的外键字段中输入不存在于主表主键中的值(可以为空值)，否则会产生孤立记录(孤立记录指的是所参照的其他记录根本不存在)。

参照完整性是一个规则，Access 使用这个规则来确保相关表中记录之间关系的有效性，并且不会意外地更改或者删除相关数据。

3.4.3 施加级联操作

在【编辑关系】对话框中，勾选【级联更新相关字段】、【级联删除相关记录】复选框，如图 3-28 所示。

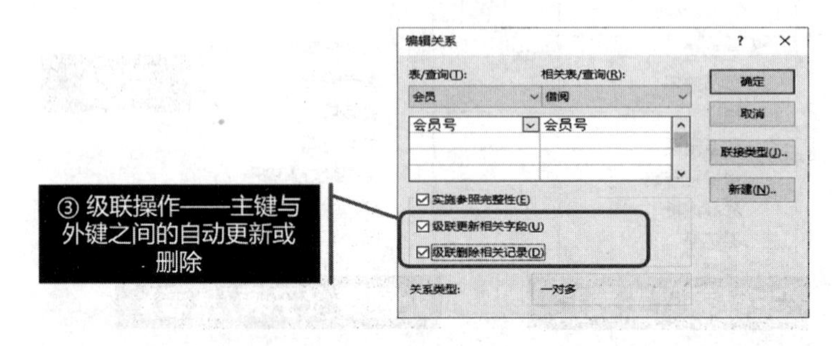

图 3-28 勾选【级联更新相关字段】、【级联删除相关记录】复选框

建立表间关系时考虑的三件事最终产生的效果之二为：施加了级联更新相关字段的结果是主键与外键值的自动更新。即当主表中的主键值被修改时，在子表中的对应外键值同时自动被修改，从而保证两表中对应字段的数据一致。

【例 3-18】修改【会员】表中【会员号】字段值，观察【借阅】表中的变化。

在【会员】表中，将【会员号】为 C00001 的值修改为 C00100 后，【借阅】表中对应的【会员号】自动同时更新，如图 3-29 所示。

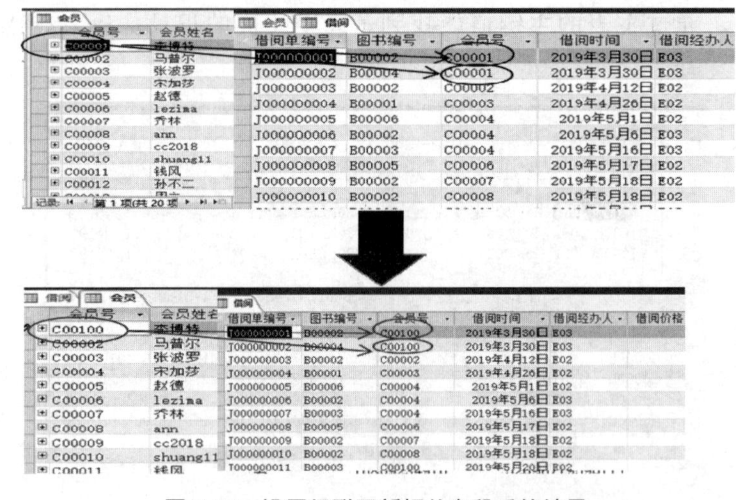

图 3-29 设置级联更新相关字段后的结果

建立表间关系时考虑的三件事最终产生的效果之三为：施加了级联删除相关记录的结果是在主表中删除某条记录时，若子表中有相关记录则同时被删除。反之删除子表中的记录，不会影响主表。

参照上述方法，完成【学知书屋】库中 7 张表间关系的建立。

【注】(1)　如果主表中的主键是一个自动编号型字段，则勾选【级联更新相关字段】复选框无效，因为不能更改自动编号字段中的值。

(2)　实施级联操作，数据的修改不需要人工参与，所以需慎重操作。

(3)　在【学知书屋】数据库 7 张表中，【借阅】表中的【图书编号】、【会员号】、【借阅经办人编号】字段分别是【图书】表、【会员】表、【员工】表的外键，已和【图书】表、【会员】表、【员工】表建立一对多的关系。在实际借阅图书时，【借阅经办人】和【归还经办人】可能不是同一人，因此在设计【借阅】表的物理模型时，增加一个【归还经办人编号】字段，这个字段也是【员工】表的外键，和【员工】表建立一对多关系，即【借阅】表中有两个外键(借阅经办人编号、归还经办人编号)同属于一个表(员工)中的主键。

【员工】表中的【员工号】字段已和【借阅】表中的【借阅经办人编号】字段建立一对多关系。现在补充建立【员工】表中的【员工号】字段和【借阅】表中的【归还经办人编号】字段一对多关系。

在【关系】窗口中，将【员工】表中的【员工号】字段拖放至【借阅】表中的【归还经办人编号】字段上，弹出如图 3-30 所示的对话框。

要创建新关系，单击【否】按钮，打开【编辑关系】对话框，编辑新关系，如图 3-31 所示。

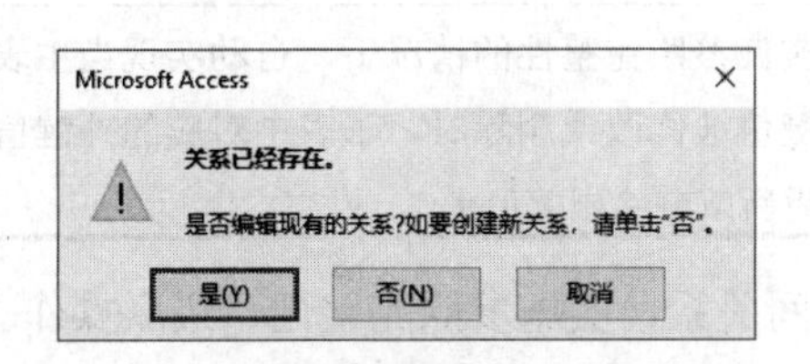

图 3-30　编辑或创建关系提示对话框

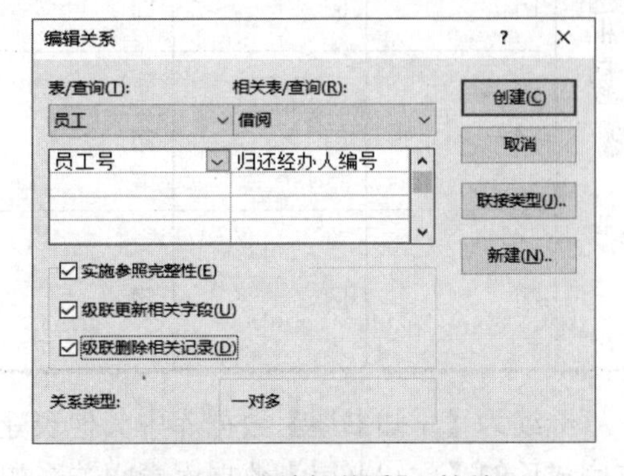

图 3-31　【编辑关系】对话框

单击【创建】按钮后，显示如图 3-32 所示的关系图(已调整好各张表的位置)。【员工】表在关系图中自动变成两个(增加【员工_1】表)，各有一条关系线与【借阅】表中的相关联字段建立一对多关系，这只是为了显示清晰(实际上还是只有一个【员工】表)。这样完善了【学知书屋】数据库中的表间关系，并为【学知书屋】数据库后续的应用做好准备。

【注】表 3-6 给出了【编辑关系】对话框中复选框的设置，确定两表之间关联字段的数据关系、允许操作的说明。

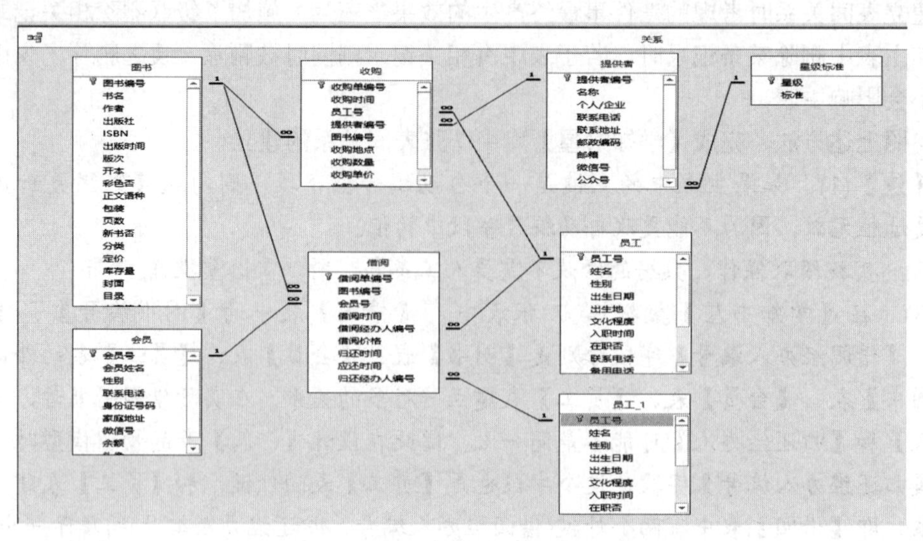

图 3-32 【学知书屋】数据库关系图

表 3-6 【编辑关系】对话框中复选框的设置

	实施参照完整性	级联更新相关字段	级联删除相关记录	关联字段的数据关系及允许的操作
复选框设置	□	□	□	关联字段间数据无约束(无参照引用)
	☑	□	□	关联字段中外键的取值受限于主表中的主键；关联字段值不能修改或删除
	☑	☑	□	在实施参照完整性的情况下，自动实现当主表中主键值更新时，子表中对应的外键值同步更新
	☑	□	☑	在实施参照完整性的情况下，自动实现当主表中主键所在的记录被删除时，子表中若有相关记录，则该记录同步删除
	☑	☑	☑	在实施参照完整性的情况下，自动实现当主表中主键值被修改或删除时，子表中对应的外键值同步更新或删除相关记录

继续为【学知书屋】数据库中其他表建立表间关系，实施参照完整性、级联操作。建立完成后的【学知书屋】数据库表间关系如图 3-32 所示。

3.5 数据入库与管理

组织数据入库是数据库实施阶段最主要的工作。创建【学知书屋】数据库、在库中建立 7 张表、建立表之间的关系并实施了完整性约束后，现在可以向数据库中添加数据并且对这些数据进行管理了。

在输入数据时，先输入主表中数据还是子表中数据？因为施加了参照完整性，子表中

的外键值要来自于主表的主键值或为空，所以建议先录入主表中的数据，再录入子表中的数据。

3.5.1　添加、编辑和删除记录

添加数据的方法主要有两种：人工输入数据和批量导入数据。

1. 添加与修改记录

(1)　添加记录

添加记录一般是按顺序一条一条输入数据，默认添加在表的尾部。表中的每个字段数据类型已事先定义好，有的字段还设置了输入掩码、验证规则，表之间的关系施加了参照完整性约束。故添加的数据要遵循实体完整性、参照完整性、用户自定义完整性等约束，如主键字段值不能有重复，不能为空值；某个字段为日期/时间型，只能输入日期，只有满足条件的数据才能入库，否则 Access 会以报错的方式提示用户违反规则。

下面以【图书】表为例，说明添加数据时需要注意的事项。

【例 3-19】录入作为主键的【图书编号】字段值时的注意事项。

【图书编号】作为主键字段，输入的值不能重复，且不能是空值。【图书编号】字段上还设置了输入掩码，要求输入格式为“B+5 位数字字符”。鼠标单击该字段时，显示所设置的输入掩码格式：大写字母 B 后出现 5 位占位格，如图 3-33 所示。此处必须按照输入掩码设置的格式输入 5 位数字字符，若输入其他字符，系统会弹出提示信息，直到此处输入正确的数据格式为止。

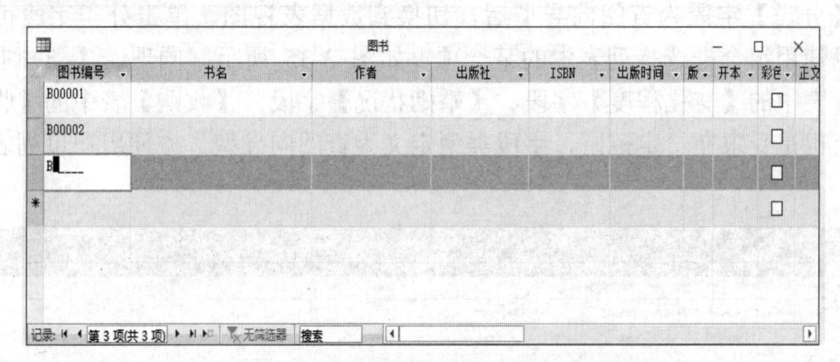

图 3-33　输入【图书编号】字段值

【例 3-20】录入日期/时间型字段【出版时间】时的注意事项。

【出版时间】字段为日期/时间型数据，在输入时只考虑数值，系统会按照事先设置好的长日期、中日期、短日期等格式显示。对该字段设置了长日期格式，输入当前日期之前的一个日期，如输入“2019-7-1”或“2019/7/1”，显示为“2019 年 7 月 1 日”，输入不符合规则的日期则无效。

【例 3-21】录入数字型字段【版次】、【页数】、【库存量】、【定价】时的注意事项。

【版次】、【页数】、【库存量】字段为数字型，字段大小设为整型，输入要求为正整数，即输入一个大于 0 的整数。【定价】字段为数字型，字段大小设为单精度型，输入要求为正数，即输入一个大于 0 的实数。

【例 3-22】录入是/否型字段【彩色否】时的注意事项。

【彩色否】字段为是/否型，系统以复选框“□”的形式呈现，输入时选中(打对钩)为“是”(True)，否则为“否”(False)。

【例 3-23】录入取值受限且可列举的【分类】字段时的注意事项。

【分类】字段在物理模型设计时要求其字段值受限在一定范围，如小说、儿童读物、专业书、工具书、摄影绘画集、进口原版或其他，为方便用户输入指定范围的数据，将该字段设计为查阅向导型，系统会打开查阅向导，选中【自行键入所需的值】单选按钮后，依次输入列表项中的项目，如图 3-34 所示。

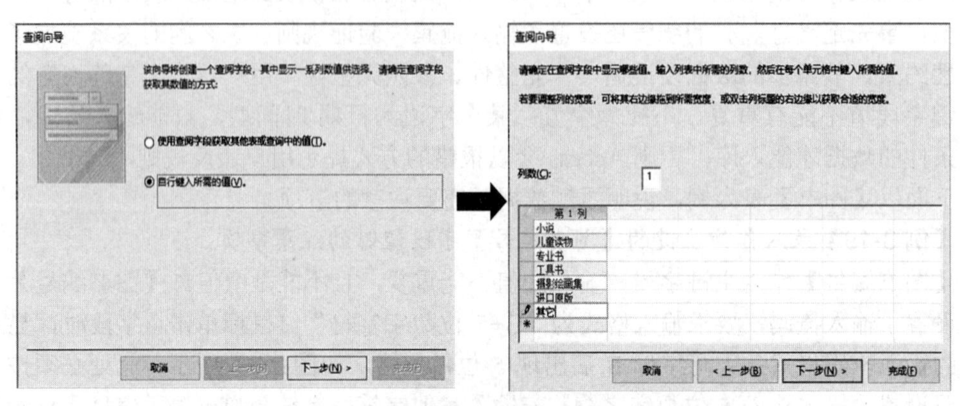

图 3-34　设置查阅列获取值方式及编辑查阅列的值

定义【分类】字段为查阅向导型后，切换到数据表视图，单击分类字段可以输入数据，也可以使用组合框选择列表中的某一项，如图 3-35 所示。同理，【学知书屋】数据库【员工】表中的【文化程度】字段、【婚姻状况】字段，【收购】表中的【收购方式】字段的取值也是受限在一定范围，字段类型定义为查阅向导型，方便用户以列表形式选择项目。

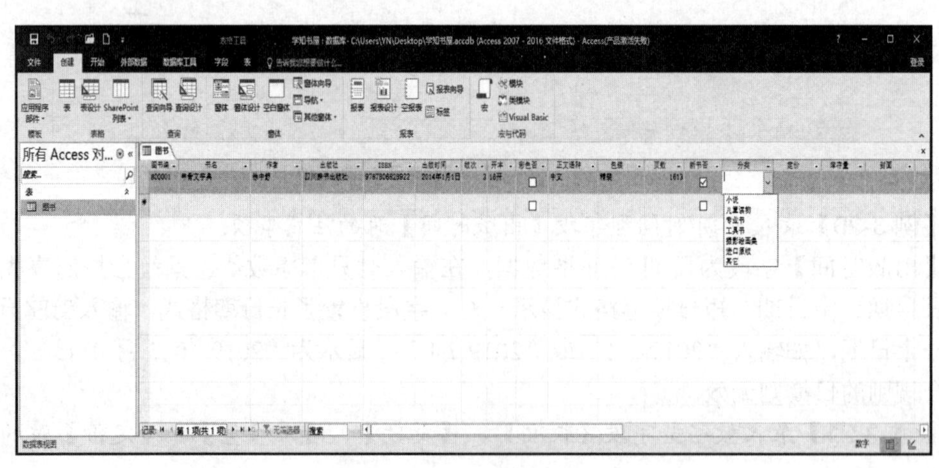

图 3-35　【分类】字段以列表项的形式选择输入数据

【例 3-24】录入 OLE 对象型字段【封面】时的注意事项。

【封面】字段为 OLE 对象型。添加数据的方法是右击【封面】字段，选择【插入对象】命令，打开如图 3-36 所示对话框。

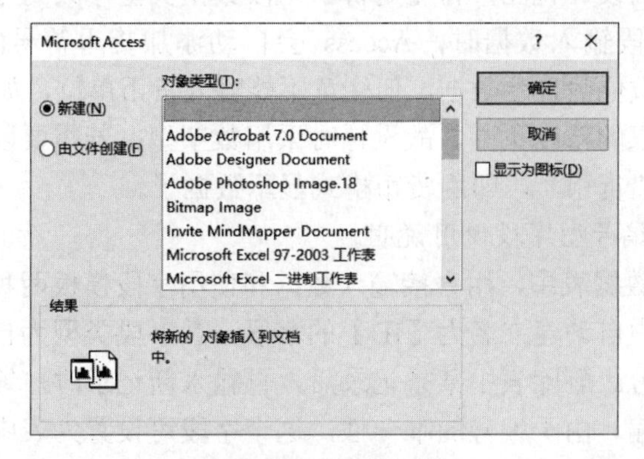

图 3-36　选择对象类型

在【对象类型】列表框中选择 Bitmap Image 选项，打开【画笔】窗口，选择 Paste 下的 Paste from，选择事先准备好的图片即可。完成操作后在字段值上显示画笔图片标志，如图 3-37 所示，双击可打开图片。

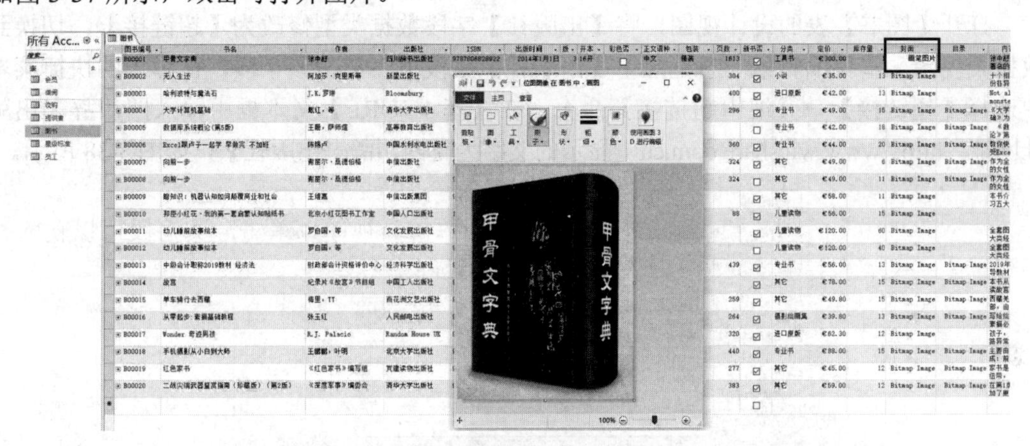

图 3-37　选择图片及添加后的效果

在图 3-36 所示对话框中选中【由文件创建】单选按钮，通过浏览文件找到图片，如果图片为非 bmp 格式，在字段值上显示程序包，双击后显示图片。用此种方法添加非 bmp 格式的图片后，通过窗体、报表对象维护数据、输出数据时，插入的图片只能显示图标和文件名，因为 Access 中的绑定性对象框控件只支持 bmp 格式的图片直接显示，故建议使用第一种方式添加图片或准备好 bmp 格式的图片。

插入图片后，表的大小会剧增，对于少量图片可以这样操作，图片较多的话最好将图片单独放到一个文件夹中，表中只保存图片的路径，需要用的时候再通过路径调用图片。

【注】货币型、自动编号型、超链接型、附件型、计算型字段数据类型的使用说明中，下述操作涉及部分表结构、字段类型的修改，只是为了说明数据类型的使用，最终还是依照物理模型设计表。

【例 3-25】修改【图书】表中【定价】字段类型为货币型。

货币型可以说是数字型的一种特殊形式，相当于双精度型的数字字段类型。之所以设置货币型，是为了进行数字的精确计算，精确度为小数点左侧 15 位数及右侧 4 位数。

打开【图书】表的设计视图，将【定价】字段数据类型修改为【货币】。切换到数据表视图，向货币型字段输入数据时，Access 会自动添加货币符号(如¥、€)和千位分隔符，并按所设置的小数位数显示数据，但注意不能输入货币单位，如“元”。

【定价】字段要求的精度不高，故设计时采用数字型；若需要以货币格式显示，将其【格式】属性设置为“货币”，即用货币格式显示数据了。

【例 3-26】自动编号型字段使用说明。

在 3.3 节建立的数据表中，用直接输入数据和使用字段模板两种方法建立表时，系统会在默认的【表 1】中自动建立名为【ID】的字段，其字段类型为自动编号型，系统提供该字段值自动累加编号。删除表中某条记录后，再输入新记录时，编号依然接着原来最后一条记录的编号往下编。由于编号的唯一性，这个字段可设置为表中的主键，这也是设置主键的最简单、最直接的方法。

【学知书屋】数据库中的 7 张表设计均未用到自动编号型字段，每张表的主键是根据实际应用场景和字段特点指定的。

【例 3-27】将【图书】表中【出版社】字段修改为超链接型，链接到出版社的首页。

打开【图书】表的设计视图，将【出版社】字段数据类型修改为【超链接】。切换到数据表视图，重新编辑第一条记录中【出版社】字段值。右击该字段，在弹出的快捷菜单中选择【超链接】→【编辑超链接】命令，在【基本 URL】文本框中输入四川辞书出版社网址：http://www.winshare.com.cn，显示的文字为【四川辞书出版社】，如图 3-38 所示。

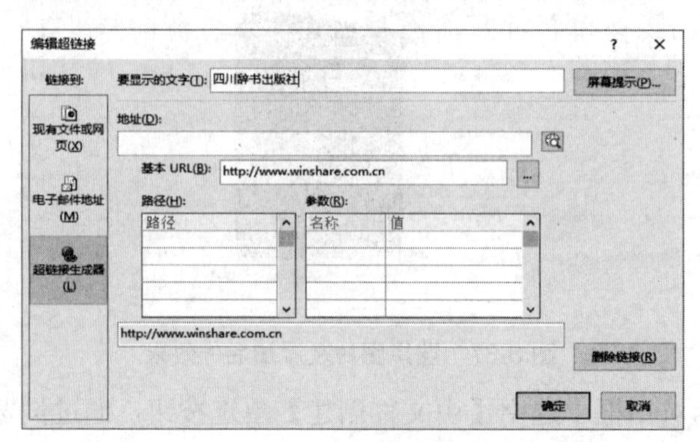

图 3-38　编辑超链接

单击【确定】按钮后即为该字段值插入了超链接，鼠标指针指向该字段值时，出现超链接标记，并显示链接的网址，如图 3-39 所示。单击此处，即打开四川辞书出版社官网。

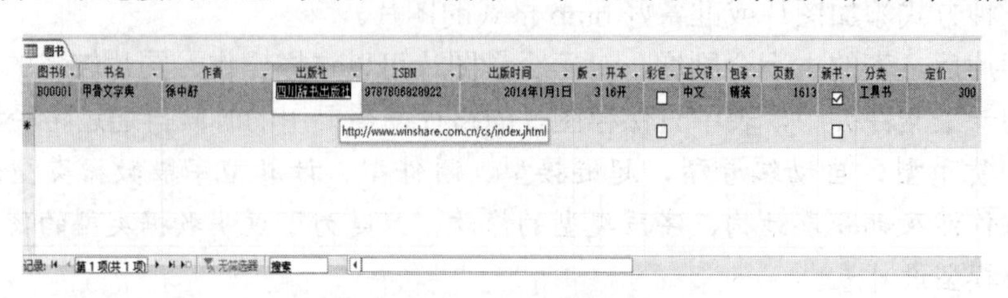

图 3-39　插入超链接后的效果

【例 3-28】为【图书】表添加【作者简介】字段，其类型为附件型。

打开【图书】表的设计视图，在【推荐理由】字段前插入一行，输入字段名【作者简介】，其数据类型为【附件】，设置【格式】属性为“作者简介”。切换到数据表视图，右击该字段值，在快捷菜单中选择【管理附件】命令，弹出【附件】对话框，在此添加附加于该字段的一个或多个文件，这些文件的格式可以不同，如图 3-40 所示。

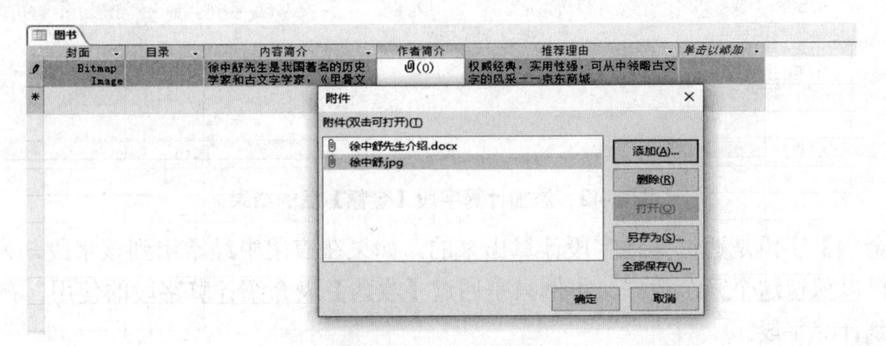

图 3-40　添加附件

添加文件后，附件中所包含的信息在数据表视图中不能明白显示，只显示附加在该字段的文件数目。再次打开【附件】对话框，单击【打开】按钮，可以打开附加文件，显示文件内容。在第 5 章的学习中，通过窗体能显示附件所包含的文件名图标。

【例 3-29】为【收购】表添加【金额】计算字段。

Access 一直支持查询中构造计算字段。但有些情况，需要在表中执行计算，以便能在任何基于该表的对象中使用这个计算字段。计算字段就是对该字段设置固定格式的计算公式，通过与表中其他字段进行计算所得。当其他字段数据发生改变后，计算字段自动改变。

打开【收购】表的设计视图，在【收购方式】行上插入一行，设置字段名称为【金额】，其类型为【计算】，弹出【表达式生成器】对话框，【收购】表中已有【收购数量】、【收购单价】等字段，添加的【金额】字段是通过数量和单价的计算而得，由此给出计算表达式：【收购数量】*【收购单价】，如图 3-41 所示。

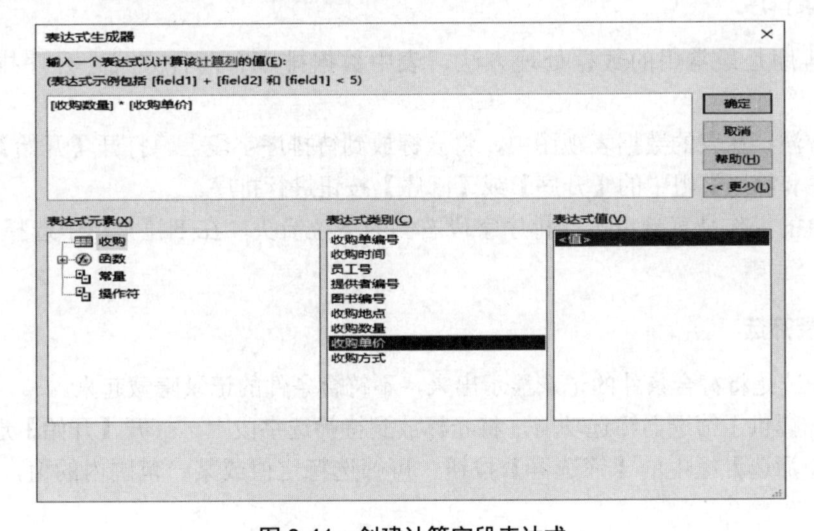

图 3-41　创建计算字段表达式

切换到【收购】表的数据表视图输入数据，当输入【收购数量】、【收购单价】字段值后，【金额】字段按照计算表达式自动完成计算，如图 3-42 所示。

收购

收购单编号	收购时间	员工号	提供者编号	图书编号	收购地点	收购数量	收购单价	金额	收购方式	单击以添
M000000001	2018年10月3日	E01	P00001	B00001	学知书屋	3	0	0	捐赠	
M000000002	2018年11月2日	E02	P00002	B00002	www.jd.com	10	30	300	购买	
M000000003	2018年11月2日	E01	P00002	B00003	www.jd.com	8	38	304	购买	
*	2019年11月27日									

记录: 第 1 项(共 3 项) 无筛选器 搜索

图 3-42　添加计算字段【金额】后的结果

【金额】字段是通过其他字段计算出来的，如果在应用中经常用到该字段，为提高效率，也可以保留这个冗余数据。本例只是通过【收购】表介绍计算字段的使用，在第 4 章还会用到计算字段。

上述介绍了不同类型数据的添加和编辑。对于批量导入数据，如已保存在*.xlsx、*.txt 或其他数据库中的数据，可以通过外部导入数据进入 Access 中，直接生成表(参见 3.3 节的操作)。

(2)　修改记录

鼠标单击需要修改的位置，光标变为编辑状态时即可修改数据。数据的复制、移动与普通的复制、剪切和粘贴操作相似。

2. 删除记录

鼠标指针指向指定行行首，单击鼠标右键，在弹出的菜单中选择【删除记录】命令即可。

3.5.2　排序与筛选

1. 记录排序

记录排序是最常用的数据处理方法，表中数据排序有两种方式：升序排列、降序排列。

操作方法：在表的数据表视图中，将光标放到待排序字段上，打开【开始】选项卡，单击【排序和筛选】组中的【升序】或【降序】按钮进行排序。

更简单的操作是直接单击待排序字段右侧的下拉箭头，在下拉菜单中选择 【升序】或【降序】选项。

2. 记录筛选

记录筛选是将符合条件的记录显示出来，不符合条件的记录隐藏起来。

Access 提供了筛选器筛选功能，将光标放到待筛选字段上，打开【开始】选项卡，单击【排序和筛选】组中的【筛选器】按钮，可筛选特定值或某一范围内的值，如图 3-43 所示。

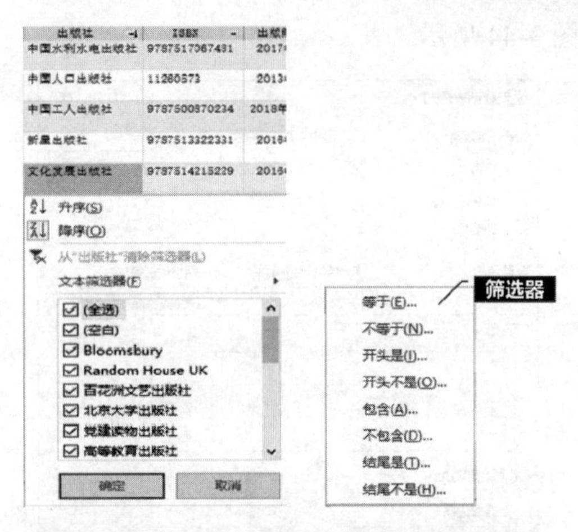

图 3-43 筛选器筛选特定值或某范围的值

如果选择两个及以上的字段，筛选器则不可用，只能一个字段、一个字段地单独筛选，或通过系统提供的高级筛选功能来完成。Access 还提供了基于选定内容筛选、按窗体筛选等形式。

表中的筛选功能比较有限，不能执行一些特定记录操作。要更方便、灵活地查找数据就需要通过第 4 章的学习进行了。

3.5.3 查找与替换

当表中数据量较大时，需要查找特定信息，或替换某个数据时，可以使用查找与替换功能。打开【开始】选项卡，在【查找】组可通过【查找】或【替换】按钮实现此功能。

【练习】根据【学知书屋】提供的数据源，依次为 7 张表录入数据。

3.6 表的基本操作

3.6.1 数据表外观的美化

1. 表的外观定制

在数据表视图中，用户可以根据需要对表进行格式化，修饰表的外观效果。

2. 设置字体格式

在数据表视图中，打开【开始】选项卡，在【文本格式】组中可以设置字形、字体大小、加粗、倾斜、加下划线、字体颜色、背景色等。

3. 设置数据表格式

在数据表视图中，打开【开始】选项卡，在【文本格式】组中单击【设置数据表格式】按钮，在打开的对话框中可以设置单元格的显示效果、网格线显示方式、表格背景

色、替代背景色等，如图 3-44 所示。

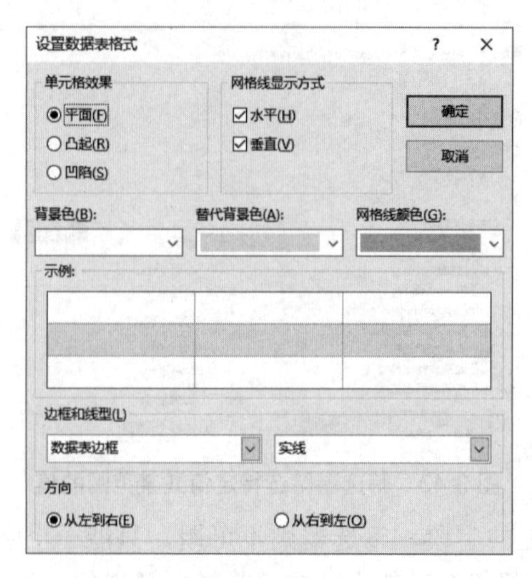

图 3-44 【设置数据表格式】对话框

4. 设置行高和列宽

选中某个字段或某行，在【开始】选项卡的【记录】组中单击【其他】按钮，选择【行高】命令，设置行高，注意调整行高是针对所有行。选择【字段宽度】命令，设置列宽，列宽的设置是针对某一列，如图 3-45 所示。

图 3-45 设置【行高】或【字段宽度】

直接拖动鼠标调整行高、列宽的方法：鼠标指针放置在两条记录之间最左侧的边框线上，向上或下拖动到合适位置即可调整行高。同理，鼠标指针放置在两个字段之间最顶端的边框线上，向左或右拖动到合适位置即可调整列宽。

5. 冻结字段和取消冻结

当表中字段较多时，窗口中无法全部显示出来，可通过冻结字段使某些字段保留在窗口中。

【例 3-30】 冻结【图书】表中【图书编号】和【书名】两个字段。

在【图书】表的数据表视图中，同时选中这两个字段，单击【开始】选项卡【记录】组中的【其他】按钮，选择【冻结字段】命令，或直接右击鼠标，在弹出的快捷菜单中选择【冻结字段】命令，之后看到这两列冻结在窗口中，不随水平滚动条的移动而移动，如图 3-46 所示。

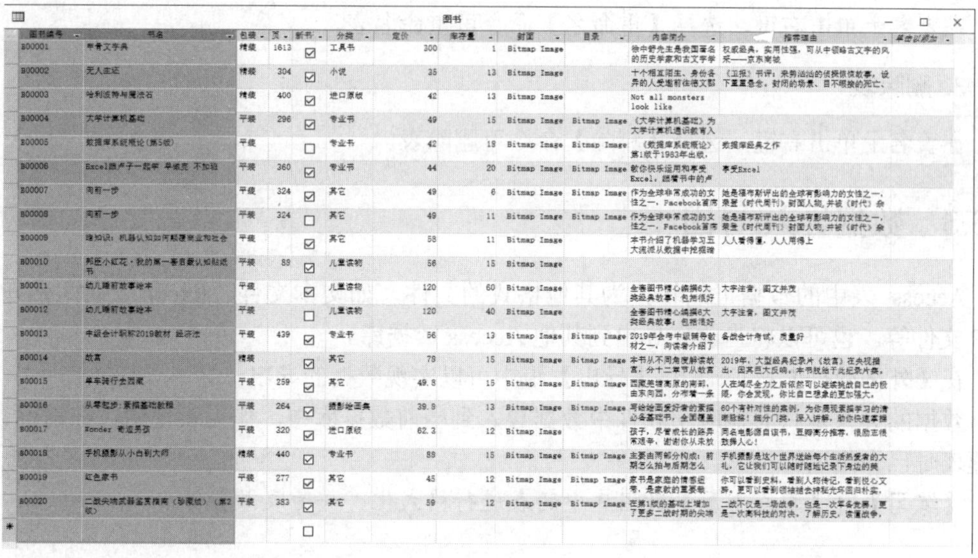

图书

图书编号	书名	包装	页	新书	分类	定价	库存量	封面	目录	内容简介	推荐理由	单击以添加
B00001	甲骨文字典	精装	1613	☑	工具书	300	1	Bitmap Image		徐中舒先生是我国著名的历史学家和古文字学	权威经典，实用性强，可从中领略古文字的风采——京东商城	
B00002	无人生还	精装	304	☑	小说	35	13	Bitmap Image		十个相互陌生、身份各异的人受邀前往德文郡	《卫报》书评：来势汹汹的侦探惊悚故事，设下重重悬念。封闭的场景、目不暇接的死亡、	
B00003	哈利波特与魔法石	精装	400	☑	进口原版	42	13	Bitmap Image		Not all monsters look like		
B00004	大学计算机基础	平装	296	☑	专业书	49	15	Bitmap Image	Bitmap Image	《大学计算机基础》为大学计算机通识教育入		
B00005	数据库系统概论(第5版)	平装		☐	专业书	42	18	Bitmap Image	Bitmap Image	《数据库系统概论》第1版于1983年出版，	数据库经典之作	
B00006	Excel跟卢子一起学 早做完 不加班	平装	360	☑	专业书	44	20	Bitmap Image	Bitmap Image	教你快乐运用和享受Excel，跟着书中的卢	享受Excel	
B00007	向前一步	平装	324	☑	其它	49	6	Bitmap Image	Bitmap Image	作为全球非常成功的女性之一，Facebook首席	她是福布斯评出的全球有影响力的女性之一，荣登《时代周刊》封面人物，并被《时代》杂	
B00008	向前一步	平装	324	☐	其它	49	11	Bitmap Image	Bitmap Image	作为全球非常成功的女性之一，Facebook首席	她是福布斯评出的全球有影响力的女性之一，荣登《时代周刊》封面人物，并被《时代》杂	
B00009	猎知识：机器认知如何颠覆商业和社会	平装		☑	其它	58	11	Bitmap Image		本书介绍了机器学习五大流派从数据中挖掘暗	人人看得懂，人人用得上	
B00010	邦臣小红花・我的第一套启蒙认知贴纸书	平装	88	☑	儿童读物	56	15	Bitmap Image				
B00011	幼儿睡前故事绘本	平装		☑	儿童读物	120	60	Bitmap Image		全套图书精心编撰6大类经典故事：包括很好	大字注音，图文并茂	
B00012	幼儿睡前故事绘本	平装		☐	儿童读物	120	40	Bitmap Image		全套图书精心编撰6大类经典故事：包括很好	大字注音，图文并茂	
B00013	中级会计职称2019教材 经济法	平装	439	☑	专业书	56	13	Bitmap Image	Bitmap Image	2019年会考中级辅导教材之一，向读者介绍了	备战会计考试，质量好	
B00014	故宫	精装		☑	其它	78	15	Bitmap Image	Bitmap Image	本书从不同角度解读故宫，分十二章节从故宫	2019年，大型经典纪录片《故宫》在央视播出，因其巨大反响，本书脱胎于此纪录片集，	
B00015	单车骑行去西藏	平装	259	☑	其它	49.8	15	Bitmap Image	Bitmap Image	西藏美增高原的南部，由东向西，分布着一条	人在竭尽全力之后依然可以继续挑战自己的极限，你会发现，你比自己想象的更加强大，	
B00016	从零起步：素描基础教程	平装	264	☑	摄影绘画集	39.8	13	Bitmap Image	Bitmap Image	写给绘画爱好者的素描必备基础书，全面覆盖	60个有针对性的案例，为你展现素描学习的清晰脉络！细分门类，深入讲解，助你快速掌握	
B00017	Wonder 奇迹男孩	平装	320	☑	进口原版	62.3	12	Bitmap Image		孩子，尽管成长的路异常艰辛，谢谢你从未放	同名电影源自该书，豆瓣高分推荐，很励志很鼓舞人心！	
B00018	手机摄影从小白到大师	精装	440	☑	专业书	88	15	Bitmap Image	Bitmap Image	主要由两部分构成：前期怎么拍与后期怎么	手机摄影是这个世界送给每个生活热爱者的大礼，它让我们可以随时随地记录下身边的美	
B00019	红色家书	平装	277	☑	其它	45	12	Bitmap Image	Bitmap Image	家书是家庭的情感纽带，是家教的重要载	你可以看到史料，看到人物传记，看到悦心文辞，更可以看到领袖褪去神秘光环回归朴实，	
B00020	二战尖端武器鉴赏指南（珍藏版）（第2版）	平装	383	☑	其它	59	12	Bitmap Image	Bitmap Image	在第1版的基础上增加了更多二战时期的尖端	二战不仅是一场战争，也是一次军备竞赛，更是一次高科技的对决，了解历史，读懂战争，	
*				☐								

图 3-46　冻结左侧两个字段

6. 隐藏字段和取消隐藏字段

单击【开始】选项卡【记录】组中【其他】按钮，选择【隐藏字段】命令或【取消隐藏字段】命令，或右击鼠标，在弹出的快捷菜单中实现对字段的隐藏或取消隐藏操作。

3.6.2　表的管理

表的管理主要包括表的复制、表的重命名和删除表操作。

1. 表的复制

【例 3-31】 为【图书】表做备份。

右击【图书】表，选择【复制】命令，在空白处粘贴该表，弹出【粘贴表方式】对话框，如图 3-47 所示。

可选择仅复制表结构，不包含数据(仅结构)；复制表结构和数据(结构和数据)；追加数据到已有表尾部(将数据追加到已有的表)3 种方式进行表的复制。选择默认的方式【结构和数据】，之后可以看到复制的表。

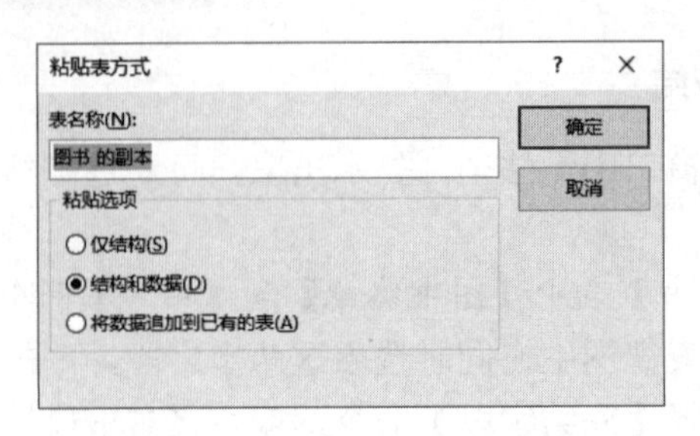

图 3-47　【粘贴表方式】对话框

2. 表的重命名

在表名上单击右键，选择【重命名】命令可重命名表。

3. 删除表

在表名上单击右键，选择【删除】命令可删除表。

3.6.3　数据导入/导出

Access 表中的数据可以转换为其他格式的文件，如文本文件、Excel 文件、PDF 或 XPS 文件等。也可以将当前表导出到其他 Access 数据库。

在【外部数据】选项卡 →【导出】组中可以实现数据的导出。

数据的导入是将其他应用软件中数据导入到当前数据库中，作为表使用，在前面讲解创建表时已介绍过。

【练习】对【学知书屋】数据库中的表进行格式化，并为表做备份。

3.7　【学知书屋】数据库的诞生

【学知书屋】数据库经过需求分析、系统设计(概念模型设计、逻辑模型设计、物理模型设计)，到本章系统实施，最终【学知书屋】数据库及库中的各张表建立完成了。

下面以【学知书屋】数据库中【图书】表为例，进一步说明从现实世界中一本本图书映射成信息世界的一个个实体最后到计算机世界的一条条记录的过程，这一过程实际上是一种分层次、逐步抽象的过程。最终体会通过数据库管理系统看到现实世界中的【学知书屋】。

在第 2 章中确定了【图书】表数据的存储结构和存储方法，即物理模型，如图 3-48 所示。

进入 Access 系统，根据物理模型，在表设计视图中设计【图书】表，如图 3-49 所示。

关系模型中完整性约束在【图书】表中的具体体现如下。

(1)　设置【图书编号】为主键，体现实体完整性约束。

(2)　【收购】表中【图书编号】字段来源于【图书】表中的【图书编号】字段，【借阅】表中【图书编号】字段来源于【图书】表中的【图书编号】字段，体现参照完整性约束，如图 3-50 所示。

表名：图书

字段名	字段类型	字段长度	主键	外键	自定义约束	输入控制	格式	默认值	必需	唯一
图书编号	短文本	6	是	否		“B” +5 位数字字符		无	是	是
书名	短文本	50	否	否				无	是	否
作者	短文本	20	否	否				无	否	否
出版社	短文本	20	否	否				无	否	否
ISBN	短文本	15	否	否				无	否	是
出版时间	日期/时间		否	否	<=当前		长日期	无	否	否
版次	数字	整型	否	否	正整数			无	否	否
开本	短文本	10	否	否				无	否	否
彩色否	是/否		否	否				无	否	否
正文语种	短文本	10	否	否				无	否	否
包装	短文本	10	否	否				无	否	否
页数	数字	整型	否	否	正整数			无	否	否
新书否	是/否		否	否				无	否	否
分类	短文本	10	否	否	取值受限			无	否	否
定价	数字	单精度 两位小数	否	否	正实数			无	否	否
库存量	数字	整型	否	否	正整数			无	否	否
封面	OLE 对象		否	否				无	否	否
目录	OLE 对象		否	否				无	否	否
内容简介	长文本		否	否				无	否	否
推荐理由	长文本		否	否				无	否	否

图 3-48　【图书】表物理模型

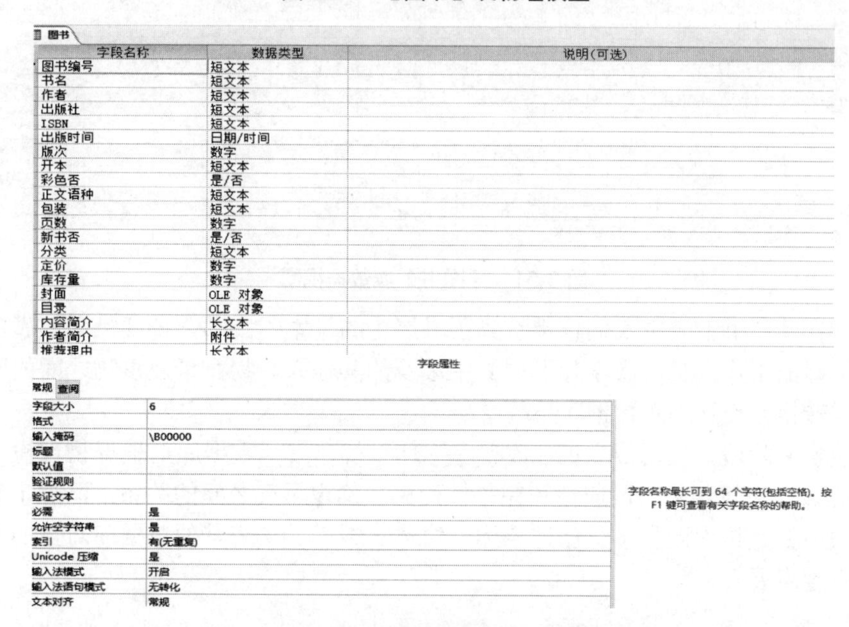

图 3-49　【图书】表设计视图

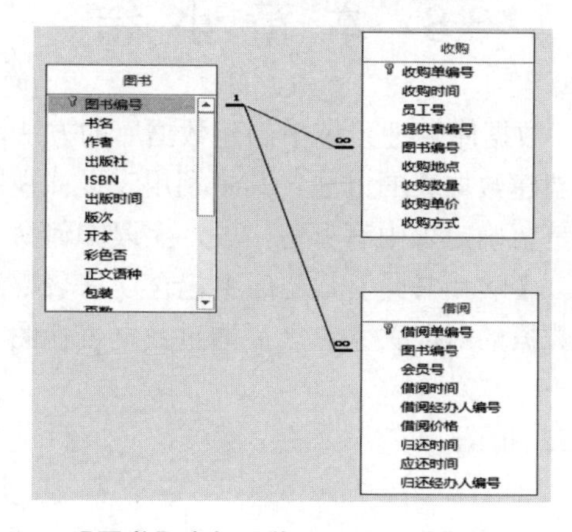

图 3-50　【图书】表与【收购】表、【借阅】表间关系

(3) 设置【图书】表中【出版时间】字段为当前日期之前；【版次】、【页数】、【库存量】字段取值于正整数；【定价】字段取值于正实数；【分类】字段取值受限，体现了用户自定义完整性约束。

完成表设计后，切换到数据表视图，添加了数据的【图书】表如图 3-51 所示。

图书编	书名	作者	出版社	ISBN	出版时间	版次	开本	彩	正文	包	页数	新	分类	定价	库存量	封面	目录	内容简介
B00001	甲骨文字典	徐中舒	四川辞书出版社	9787806828922	2014年1月1日	3	16开	☐	中文	精装	1613	☑	工具书	¥300.0	1	Bitmap Image		徐中舒先生是
B00002	无人生还	阿加莎·克里斯蒂	新星出版社	9787513322331	2016年8月1日	1	32开	☑	中文	精装	304	☑	小说	¥35.0	13	Bitmap Image		十个相互陌
B00003	哈利波特与魔法石	J.K. 罗琳	Bloomsbury	9781408855652	2014年9月1日	1	32开	☐	英文	精装	400	☑	进口原版	¥42.0	13	Bitmap Image		Not all monsters
B00004	大学计算机基础	戴红，等	清华大学出版社	9787302513490	2018年11月1日	1	16开	☐	中文	平装	296	☑	专业书	¥49.0	15	Bitmap Image	Bitmap Image	《大学计算机
B00005	数据库系统概论(第5版)	王珊，萨师煊	高等教育出版社	9787040406641	2014年9月1日	1	16开	☐	中文	平装		☐	专业书	¥42.0	18	Bitmap Image	Bitmap Image	《数据库系
B00006	Excel跟卢子一起	陈锡卢	中国水利水电出版社	9787517067481	2017年9月1日	1	24开	☑	中文	平装	360	☑	专业书	¥44.0	20	Bitmap Image	Bitmap Image	教你快乐运用
B00007	向前一步	谢丽尔·桑德伯格	中信出版社	9787508646244	2014年10月1日	2	16开	☐	中文	平装	324	☑	其它	¥49.0	6	Bitmap Image	Bitmap Image	作为全球非常
B00008	向前一步	谢丽尔·桑德伯格	中信出版社	9787508646244	2014年10月1日	1	16开	☐	中文	平装	324	☐	其它	¥49.0	11	Bitmap Image	Bitmap Image	作为全球非常
B00009	暗知识：机器认知	王维嘉	中信出版集团	9787508692982	2019年4月1日	1	32开	☐	中文	平装		☑	其它	¥58.0	11	Bitmap Image		本书介绍了机
B00010	邦臣小红花·我的	北京小红花图书工作室	中国人口出版社	11260573	2013年5月1日	1	24开	☑	中文	平装	88	☑	儿童读物	¥56.0	15	Bitmap Image		
B00011	幼儿睡前故事绘本	罗自国，等	文化发展出版社	9787514215229	2016年9月1日	1	48开	☑	中文	平装		☑	儿童读物	¥120.0	60	Bitmap Image		全套图书精心
B00012	幼儿睡前故事绘本	罗自国，等	文化发展出版社	9787514215229	2016年9月1日	1	48开	☑	中文	平装		☐	儿童读物	¥120.0	40	Bitmap Image		全套图书精心
B00013	中级会计职称2019	财政部会计资	经济科学出版社	9787521803822	2019年3月1日	1	16开	☐	中文	平装	439	☑	专业书	¥56.0	13	Bitmap Image	Bitmap Image	2019年会考
B00014	故宫	纪录片《故	中国工人出版社	9787500870234	2018年10月1日	1	32开	☑	中文	精装		☑	其它	¥78.0	15	Bitmap Image	Bitmap Image	本书从不同角
B00015	单车骑行去西藏	梅里，TT	百花洲文艺	9787550024878	2018年1月1日	1	16开	☐	中文	平装	259	☑	其它	¥50.0	15	Bitmap Image	Bitmap Image	西藏羌塘高原
B00016	从零起步:素描基础	张玉红	人民邮电出版社	9787115399922	2015年9月1日	1	16开	☐	中文	平装	264	☑	摄影绘画	¥40.0	13	Bitmap Image	Bitmap Image	写给绘画爱好
B00017	Wonder 奇迹男孩	R.J. Palacio	Random House UK	9780552565974	2013年1月3日	1		☐	英文	平装	320	☑	进口原版	¥62.0	12	Bitmap Image		孩子，尽管成
B00018	手机摄影从小白到	王鹏鹏，叶明	北京大学出版社	9787301298862	2018年10月1日	1	32开	☑	中文	精装	440	☑	专业书	¥88.0	15	Bitmap Image	Bitmap Image	主要由两部分
B00019	红色家书	《红色家书》编写组	党建读物出版社	9787509907979	2016年10月1日	1	16开	☐	中文	平装	277	☑	其它	¥45.0	12	[illegible]	[illegible]	[illegible]
B00020	二战尖端武器鉴赏	《深度军事》	清华大学出版社	9787302451556	2016年11月1日	2	32开	☑	中文	平装	383	☑	其它	¥59.0	12	Bitmap Image	Bitmap Image	在第1版的基

图 3-51　【图书】表数据视图

至此，在【图书】表中我们仿佛看到了书屋中的一本本图书，在【员工】表中仿佛看到一名名忙碌的工作人员。【学知书屋】中涉及的其他人、物、事及事物之间的联系，也是通过这样转换、设计进入数据库系统中。

在系统实施阶段，采用 Access 数据库管理系统建立了数据库，根据物理模型，建立了库中 7 张表，设置相关字段属性和完整性约束，确定了表之间的关系，添加了数据，最终【学知书屋】数据库诞生了。创建查询、窗体、报表、宏等其他数据库对象的工作将在后续学习中逐步展开。

3.8　本章小结

本章学习了在 Access 数据库管理系统中创建数据库的方法，创建空白【学知书屋】数据库后，讲解了在库中创建数据表的方法，其中利用表设计视图创建表是最常用、最基本的方法。表设计的任务是要确定表中有哪些字段，字段如何命名，字段保存哪种类型的数据以及字段的常用属性。【学知书屋】数据库中包含 7 张表，通过建立表间关系建立了关联，反映了客观事物间数据的对应关系。之后通过数据表视图实现数据入库、管理以及表的格式化。

本章内容导图如图 3-52 所示。

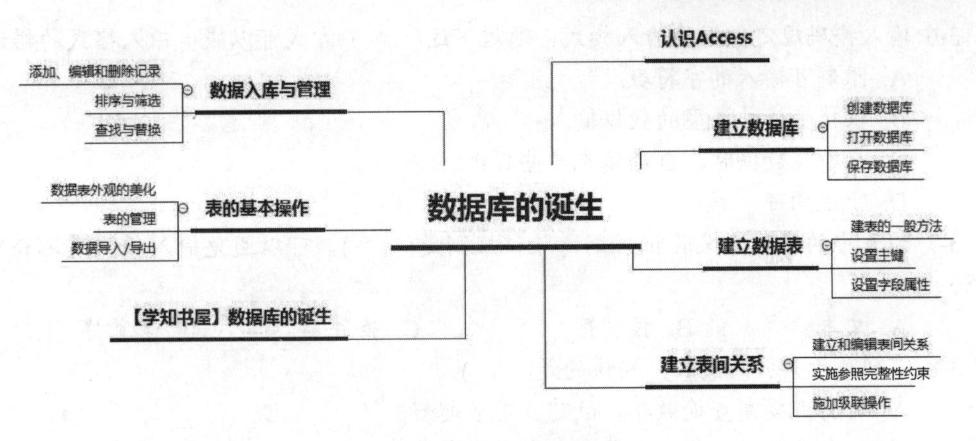

图 3-52　第 3 章内容导图

3.9 练　习　题

【选择题】

3-1 Access 是一个(　　)。

A. 数据库系统　　B. 数据库文件系统

C. 数据库应用系统　　D. 数据库管理系统

3-2 在数据库系统中，数据的最小访问单位是(　　)。

A. 字节　　B. 字段　　C. 记录　　D. 表

3-3 下列对表的描述中错误的是(　　)。

A. 表是 Access 数据库中最基本、最重要的对象之一

B. 表的设计视图主要工作是设计表结构

C. 表的数据表视图只用于输入、显示数据

D. 可以将其他 Access 数据库中的表导入到当前数据库中

3-4 关于主关键字的说法正确的是(　　)。

A. 作为主关键字的字段，它的数据可以重复

B. 在每张表中，都必须设置主关键字

C. 在一张表中，只能指定一个字段成为主关键字

D. 在一张表中，可以用多个字段一起作为一张表的主关键字

3-5 某学生想将【图书】表中的【图书名称】定义为主键，由于有重名的图书，但相同书名的作者均不相同，在这种情况下，可(　　)。

A. 添加自动编号字段作为主键

B. 将【图书名称】和【作者】组合定义为多字段主键

C. 添加一个内容无重复的字段作为单字段主键

D. 不设置主键

3-6 输入掩码规定数据的输入模式，通过下述(　　) 方式可以减少输入格式的错误。

A. 限制可输入的字符数

B. 仅接受某种类型的数据输入

C. 在输入数据时，自动填充某些数据

D. 上述均可

3-7 为表中的字段定义验证规则，验证规则是(　　)，可以避免输入错误或不合理的数据。

A. 文本　　B. 控制符　　C. 条件　　D. 运算符

3-8 下列关于索引的说法，错误的是(　　)。

A. 索引可提高查询效率，故建立越多越好

B. 一个索引可以由一个或多个字段组成

C. 为表中某字段建立索引时，若其值有重复，可创建“有(有重复)”索引

D. 每一个索引可以确定表中记录的一种逻辑顺序

3-9 对于【图书】表中库存量字段，如果想对该字段数据输入范围添加一定的限制，可以设置(　　)属性实现。

A. 字段大小　　B. 格式　　C. 输入掩码　　D. 验证规则

3-10 假设数据库中表 A 与表 B 建立了“一对多”关系，表 A 为“多”的一方，则下述说法正确的是(　　)。

A. 表 B 中的一个字段能与表 A 中的多个字段匹配

B. 表 B 中的一条记录能与表 A 中的多条记录匹配

C. 表 A 中的一个字段能与表 B 中的多个字段匹配

D. 表 A 中的一条记录能与表 B 中的多条记录匹配

3-11 要正确地建立两表之间的关系，必须通过两表之间的关联字段(共同字段)创建，关联字段要满足(　　)。

A. 字段名称相同，数据类型和数据内容不一定一致

B. 字段名称可以不相同，但数据类型和数据内容一致

C. 字段名称、数据类型相同，数据内容不一定一致

D. 字段名称、数据类型可以不相同，数据内容一致

3-12 某数据库要求主表中没有相关记录时就不能将记录添加到相关子表中，则应该在编辑表关系中设置(　　)。

A. 输入掩码　　B. 验证规则

C. 实施参照完整性　　D. 级联更新相关字段

3-13 关于编辑记录，下列说法错误的是(　　)。

A. 自动编号不允许输入数据

B. 添加、修改记录时，光标离开当前记录后，即会自动保存

C. 添加新记录总是添加在表的尾部

D. 删除记录后，可以恢复

3-14 如下(　　)类型的字段不可以用【输入掩码】属性进行设置。

A. 长文本　　B. 数字　　C. 自动编号　　D.日期/时间

3-15 Access 中数据库和表的关系是(　　)。

A. 一个数据库只能包含一张表　　B. 一个数据库可以包含多张表

C. 一张表可以包含多个数据库　　D. 表是特定主题的数据库集合

【实验题】

3-16 创建名为【学生与系】的数据库，数据库中有两个表，如下。

(1) 学生(学号，姓名，性别，出生日期，所在系编号，照片)。

(2) 系(系号，系名，办公室电话)。

要求：字段类型和长度自定，施加你认为合理的完整性约束，建立表间关系，分别录入 2～3 条自拟数据。

第4章 从数据库里找数据

著名的未来学家 John Naisbitt 有一句著名的惊呼："人类正在被数据所淹没，却饥渴于信息。"数据库中存储着大量的数据，从数据库中找我们需要的数据或称信息，是我们获取信息的重要途径。学知书屋的员工想从数据库中将出生日期在1940—1960年的会员找出来，为这些老人准备一份重阳节小礼品，而读者希望能找到借阅量最大的图书作为他借书时的参考，这些工作都可以通过查询来完成。

查询是数据库建立之后使用最多的操作，它体现着"给人们提供有意义的信息"这一数据处理的最终目的。本章将详细介绍在 Access 中如何通过各种类型的"查询"从数据库中找出我们需要的数据或称信息。其中，4.1 节提出查询问题，介绍查询是什么，查询的结果如何处理以及 Access 中的查询有哪些类型，并给出学知书屋中可能遇到的查询问题。4.2 节介绍创建和运行查询的一般方法和过程。4.3 节详细介绍选择查询的设计和创建方法。选择查询是一般意义上找数据的查询，可以进行单表、多表查询，可以加入多种条件，这些条件的书写是选择查询的核心技术；本节还介绍使用查询向导创建重复项查询和不匹配项查询。4.4 节重点讨论加入计算的选择查询。在一般的选择查询的基础上，加入计算、统计，它不是直接从数据表中找存在的数据，而是要对已有数据进行加工计算得到查询结果。4.5 节介绍其他两种形式的选择查询，一般用于按照两个字段进行分类汇总的变了形的选择查询——交叉表查询和在执行查询过程中提示输入参数的参数查询。4.6 节介绍操作查询，它用于批量增、删、改表中数据和生成新数据表。4.7 节介绍如何使用 SQL 语句实现各种查询。

4.1 查询问题的提出

4.1.1 查询概述

1. 什么是查询

一般意义的查询是指“从数据库中获取有用信息”。在百度中查信息，在订机票的网站上查信息等，都是查询，后台都有数据库的支持，其数据来源都是数据库中的表。

查询(query)意为查找、寻找，指在某一个或几个地方找出自己所要的东西。若这个地方为数据库的话，则查询为在数据库中查找出一条记录或多条记录，查找动作和结果我们都可以称之为查询。

2. 虚拟表

查询的结果放在哪里？一是看看就算了，二是将查找到的记录保存起来成为一张表，如：把“出生日期在 1940 年 1 月 1 日到 1960 年 12 月 31 日之间的会员信息”这一查询结果存储起来，命名为“生于 1940 到 1960 的会员”。这张表的数据不会物理存储一份，而是在数据库中存储一条查询命令，所以将查询结果称之为虚拟表。相对地，表更规范的称呼是“基本表”。

要查看虚拟表的内容，只需再次执行这条查询命令即可。

3. Access 中的查询

在 Access 中，查询是数据库中的一个对象，像表一样会出现在导航窗格中。那么，在 Access 中查询有哪些类型呢？

(1) 选择查询

选择查询就是一般意义上找数据的查询，学知书屋的员工从数据库中找出出生日期在 1940—1960 年的会员，读者从数据库中找到借阅量最大的图书，这些查询都是选择查询。

在 Access 中可以进行单表、多表的选择查询，可以在选择查询中加入各种各样的查询条件，以满足查询需求，这些条件的书写是选择查询的核心技术。

在一般的选择查询的基础上，还可以加入计算、统计，如查每位员工的年龄值。【员工】表中并没有年龄字段，而只有出生日期字段，此时就需要根据每名员工的出生日期求出每人的年龄值。或者希望统计每种书的借阅数量，就需要使用系统提供的统计函数完成查询任务。这些加入计算的查询都不是直接从数据表中找存在的数据，而是要对已有数据进行加工计算得到查询结果。

选择查询还有各种形式，除了查询结果为一张普通的二维表之外，还可以将二维表进行变形，成为一张交叉表，这就是交叉表查询。交叉表查询一般用于按照两个字段进行分类的分类汇总，如男女会员借阅的不同分类图书的数量。除此之外，选择查询还可以在执行查询的过程中，允许用户输入查询条件值，提高用户与查询操作的交互性，这种查询称

为参数查询。如在执行查询过程中，提示输入参数性别，用户输入“男”后，执行条件为性别=“男”的选择查询，输入“女”后，执行条件为性别=“女”的选择查询。

在 Access 的导航窗格中双击选择查询对象名，默认会打开其数据表视图显示查询结果，即那张虚拟表。

(2) 操作查询

选择查询在所有查询需求和操作中占很大比例，然而，除了选择查询之外， Access 还有一类查询，它们是对数据源进行追加、更新、删除，以及根据数据源中的数据生成新表的查询，这被称为操作查询。

这里的数据源可以是已存在的表(基本表)，或已存在的查询(虚拟表)。虚拟表一旦建立，它就可以作为 Access 数据库的其他对象，如查询、窗体、报表的数据源。

操作查询又分为 4 种类型：①生成表查询，用它生成新表，如要生成一张会员名单，只包含会员号和姓名，它是对【会员】表进行选择查询，将结果存到另一张新的基本表中；②追加查询，在已有表中追加一个选择查询的结果，如会员 lezima 入职书屋成为员工，可以将其在【会员】表中的部分数据查询出来追加到【员工】表中；③删除查询，删除已有表的一条或多条记录，在按照条件批量删除记录时非常有用，如删除已经离职的员工信息；④更新查询，更新已有表的一条或多条记录中的某个或某些字段，在按照条件批量修改字段值时非常有用，如年底搞活动，给每名会员账户余额中充钱 10 元。

操作查询与选择查询一样，都是数据库中的对象。

(3) SQL 查询

SQL 查询使用 SQL 语句实现各种查询。SQL 作为关系数据库的标准语言，有着很广泛的应用。在 Access 中，大部分查询直接使用图形化界面来设计和创建，但是有部分查询需要使用 SQL 语句来实现，如“查询捐书最多的捐书者编号”。

4.1.2 【学知书屋】数据库中的查询

【学知书屋】数据库建立之后，书屋中的各类用户，包括员工、借阅者都可能具有从数据库查找对其有用的数据或信息的需求，这些工作都可以通过查询来完成。

书屋员工可以列出一张经常使用的查询需求表，如表 4-1 所示。同时，经过观察和咨询调查，得到一个借阅者经常提出的查询需求表，如表 4-2 所示。

这些查询因为经常会使用到，所以可以给它们起个见名知意的名字，将它们存储起来，让这些用户在需要时直接使用。

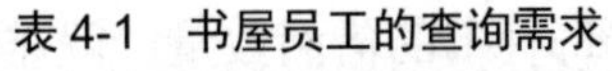

表 4-1 书屋员工的查询需求

序 号	查询需求
关于会员	
1	借阅者(会员)名单，仅包括会员号、姓名、性别和联系电话
2	出生于某个时间段的会员信息
3	男女会员的人数
4	借过或从未借过书的会员

续表

序　号	查询需求
关于图书提供者	
5	各种星级的提供者人数
6	捐赠图书最多的提供者
7	无联系电话的图书提供者
8	捐书者和卖书者
关于员工	
9	员工年龄
10	生于某个时间段的员工
11	收购图书最多的员工
关于收购	
12	每笔收购的收购金额
关于图书	
13	某个日期之前(后)或某段日期之间出版的图书(新书、旧书)
14	书名相同的不同图书
15	定价最贵或最便宜的图书
16	(新旧)图书库存，图书库存量排名，最大或最小库存量的图书
17	没有归还的图书
18	按照各种主题查询图书，包括书名、作者、出版社、彩色否、新书否、库存
关于借阅	
19	图书借阅量排名，借阅量最大或最小的图书
20	图书借阅卡列表，可以生成图书借阅卡
21	图书借阅情况(男、女读者或不同年龄段的读者)、每种图书的借阅数量
各种模糊查询	
22	各种关于会员、图书、提供者、收购和借阅的模糊查询
数据维护	
23	批量更新或删除会员、员工和图书信息
24	删除离职员工
25	会员与员工信息合并
	……

表 4-2　图书借阅者的查询需求

序　号	查询需求
1	书屋藏书清单
2	目前还有库存的图书
3	哪本(些)书最受欢迎
4	彩色工具书、新书、原版进口书
5	书名包含某个关键词的图书
6	特定书的信息

续表

序　号	查询需求
7	按照书名、书龄、出版社、作者查询图书
8	最贵或最便宜的图书
9	从未被借阅过的图书
10	书屋中各类图书、各出版社图书的数量、借阅数量、库存数量
	……

【说明】多数需求是借阅者和员工共有的。

4.2　创建和运行查询的一般方法

4.2.1　创建查询的 3 种视图

与第 3 章的建表过程一样，在 Access 中创建查询，需要先认识 3 种视图：数据表视图和设计视图，以及建表时没有的 SQL 视图。

(1) 数据表视图

用来显示查询结果，与建表时使用的数据表视图完全一样，只是这里显示的是虚拟表。

(2) 设计视图

用来设计、创建、编辑和执行查询。在此视图中可以设计查询内容，命名并保存查询，编辑修改已有查询，运行查询。

(3) SQL 视图

用来显示与设计视图等效的 SQL 语句或直接输入 SQL 语句创建查询。它是一个文本编辑窗口，在此输入和编辑查询语句。

3 种视图之间的切换方法是在【开始】选项卡或查询的【设计】选项卡【视图】菜单中，如图 4-1 所示。

图 4-1　查询的 3 种视图

4.2.2　创建查询的途径

(1) 使用【查询向导】创建查询

可以使用【查询向导】创建简单查询、交叉表查询、有重复项的查询和不匹配项查询，如图 4-2 所示。

(2) 使用设计视图创建查询

要创建更为复杂的查询一般使用设计视图，它是最常用的创建查询的途径。

设计视图如图 4-3 所示，它有上下两个窗格，分别为显示数据源窗格和设置查询字段及条件等的设计窗格。在显示数据源窗格中添加数据源，可以是一张表或多张表，注意若为多张表时，之前若未建立好表间关系，则需现场建立关系。建立方法是：拖动一个表中要建立关系的字段到另一张表的对应字段上松开鼠标，两表之间出现连线，表示关系

已建好。

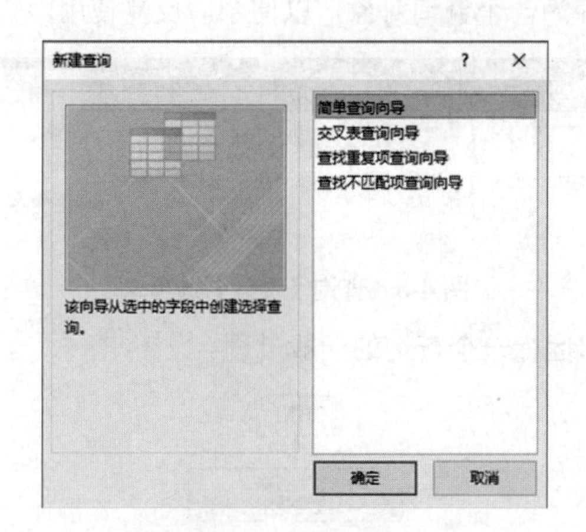

图 4-2　查询向导

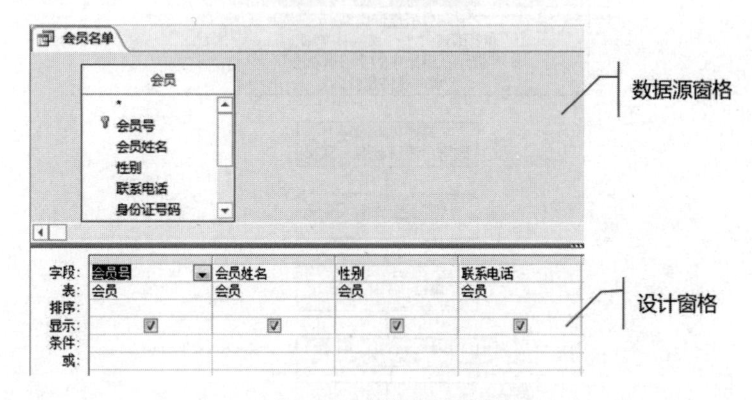

图 4-3　查询设计视图

在设计窗格中添加出现在查询结果中的字段，可以通过从数据源表中拖动字段放在设计窗格的字段行上或直接双击数据源表中字段两种办法来操作。在设计窗格中可以设置某个字段需要满足的条件，查询结果是否按照这个字段排序，某个字段是否不希望它出现在查询结果中，只是作为条件出现等设计工作。

使用设计视图除了可以创建选择查询之外，还可以通过选择查询类型创建其他类型的查询，如选择查询的变形——交叉表查询，以及 4 种操作查询。

(3)　使用 SQL 视图创建查询

设计更为复杂的查询还可以使用 SQL 视图，它通过输入 SQL 命令创建查询。SQL 视图如图 4-4 所示。

图 4-4　查询的 SQL 视图

在使用 SQL 视图时，可以不添加数据源而直接切换到 SQL 视图，此时会出现 SQL 语句的文本编辑窗口，并默认地放入 SELECT 选择查询动词，在此可以直接输入 SQL 语句。

4.2.3　运行查询

查询设计完成后，可以通过单击叹号图标(如图 4-5 所示)或切换到数据表视图查看查

询结果，无误后，可保存为一个查询对象，以便今后反复使用。

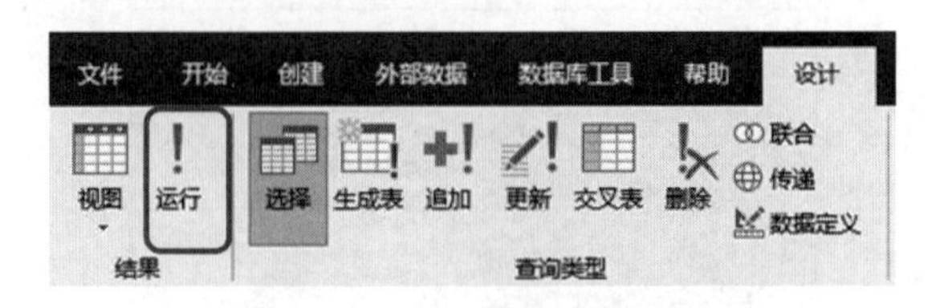

图 4-5　查询【设计】选项卡

图 4-6 所示为创建和运行一个查询的一般过程。

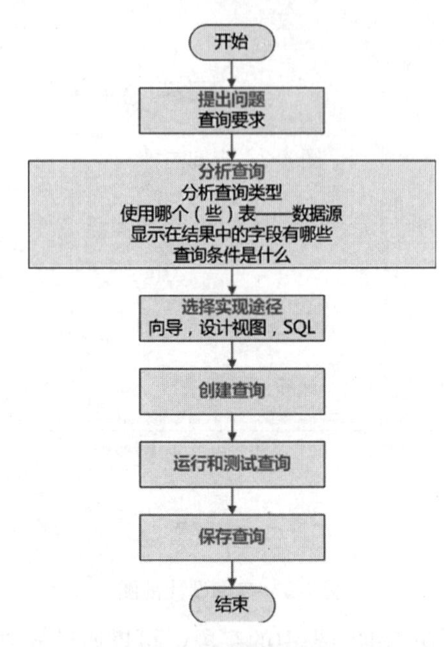

图 4-6　创建和运行查询的一般过程

4.3　创建选择查询

选择查询是实现从数据库中找数据的一般方法，那么，选择查询能做什么呢？从用户的角度，是获得数据库中对其有用的信息；而从结果的角度，若查询结果不丢弃，保存下来，则会产生数据库中的虚拟表，它是数据库中数据的一部分。下面我们来看看 Access 中的选择查询能做什么。

4.3.1　选择查询能做什么

1. 单表查询

选择查询能在一个表中选择行列，称为单表查询，如求女会员的姓名，在【会员】表中选择所要的列：姓名，选择所要的行：性别为女的记录。

【例 4-1】张小娴需要一份会员名单，包括会员号、姓名、性别和联系电话。

(1) 分析查询需求

- 查询类型——选择查询。
- 数据源——【会员】表。
- 结果字段——会员号、会员姓名、性别和联系电话。
- 查询条件——无。
- 实现途径——使用设计视图。
- 查询名——会员名单。

(2) 创建查询步骤

① 使用设计视图创建查询，选择数据源为【会员】表。

② 双击会员号、会员姓名、性别和联系电话，将 4 个字段加入设计窗格。

③ 执行查询，查看结果，结果无误，保存查询为“会员名单”，此时在导航窗格中出现“会员名单”查询对象。

查询设计视图如图 4-7 所示。

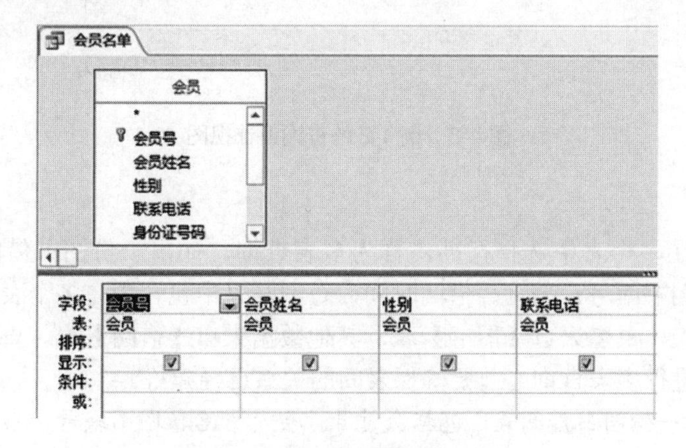

图 4-7 例 4-1 的查询设计视图

【例 4-2】张小娴希望得到一份女会员的名单。

(1) 分析查询需求

- 查询类型——选择查询。
- 数据源——【会员】表。
- 结果字段——会员号、会员姓名、性别和联系电话。
- 查询条件——性别为“女”。
- 实现途径——使用设计视图。
- 查询名——女会员名单。

(2) 创建查询步骤

① 使用设计视图创建查询，选择数据源为【会员】表。

② 双击会员号、会员姓名、性别和联系电话，将 4 个字段加入设计窗格。同时，在性别列的条件行输入“女”，光标移开表示确定。输入的这个女表示查询条件为性别=“女”，其中的=表示比较运算，在设计窗格中书写时可以省略。

③ 执行查询，查看结果，结果无误，保存查询为“女会员名单”，此时在导航窗格

中出现“女会员名单”查询对象。

查询设计视图如图 4-8 所示。

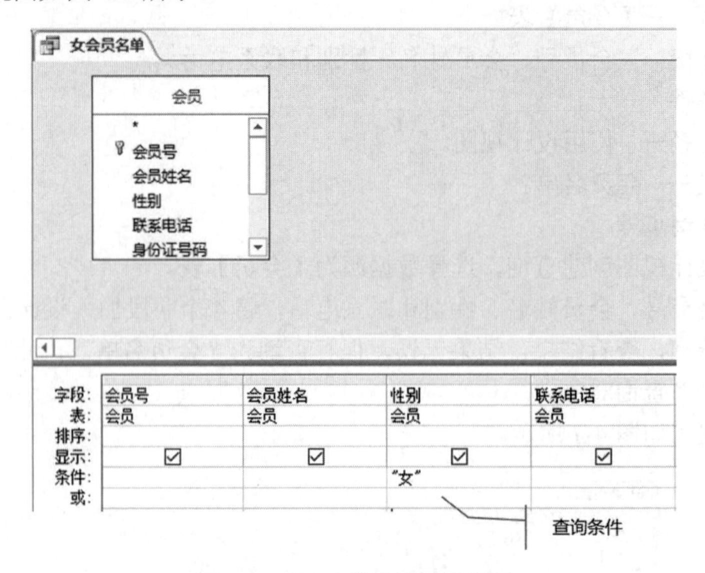

图 4-8　例 4-2 的查询设计视图

2. 多表查询

选择查询能在多个表中选择行列，称为多表查询。如出一份图书借阅表，包括会员号、会员姓名、图书编号、书名、借阅时间，查询结果中包含来自多个表中的列，会员姓名来自【会员】表，书名来自【图书】表，其他数据来自【借阅】表。查询条件也可能涉及多个表，故在进行多表查询之前要确保表间的关系已经建好。

【例 4-3】出一份图书借阅表，包括会员号、会员姓名、图书编号、书名、借阅时间。

(1) 分析查询需求

- 查询类型——选择查询。
- 数据源——【会员】表、【图书】表、【借阅】表。
- 结果字段——会员号、会员姓名、图书编号、书名、借阅时间。
- 查询条件——无。
- 实现途径——使用设计视图。
- 查询名——图书借阅表。

(2) 创建查询步骤

① 使用设计视图创建查询，选择数据源为【会员】表、【图书】表、【借阅】表。注意多表可以通过按住 Shift 键进行多选。

② 查看三表之间的关系是否建立好，若没有，需要现场建立，通过拖动表的字段到相关表的对应字段上松开鼠标来建立关系。注意：该关系为临时创建，仅在本查询中有效，其不会影响关系图中的关系。

③ 双击【会员】表的会员号和会员姓名、【图书】表的图书编号和书名、【借阅】表的借阅时间，将 5 个字段加入设计窗格。

④ 执行查询，查看结果，结果无误，保存查询为“图书借阅表”，此时在导航窗格中出现“图书借阅表”查询对象。

查询设计视图如图 4-9 所示。

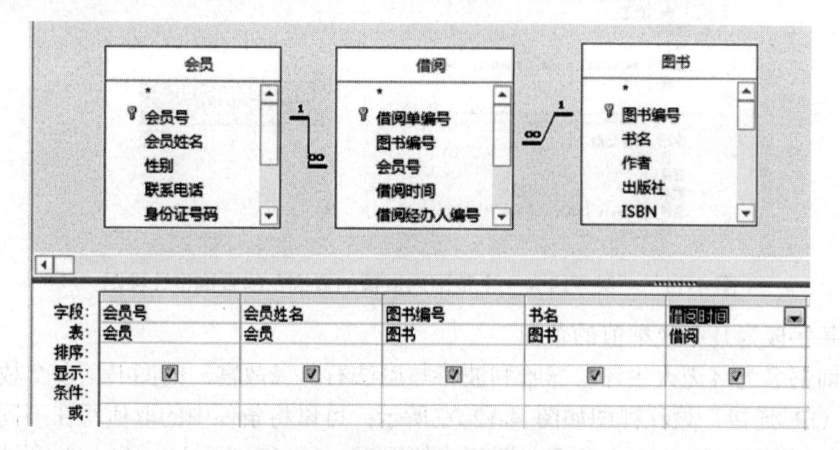

图 4-9 例 4-3 的查询设计视图

3. 带计算的选择查询

选择查询能对表中数据进行计算、统计汇总、分类统计汇总等。

4.3.2 查询条件

选择查询的核心技术是查询条件的构造。查询条件使用一个表达式来表示，需要符合严格的语法约定。

1. 几种常见的查询条件

(1) 某字段等于或大于等于某个值的精确查询

如查询男会员的信息，即查询条件为：性别等于“男”，设计视图如图 4-10 左所示；又如查询 1994 年以后出生的员工，注意日期值两边用“#”，设计视图如图 4-10 右所示。

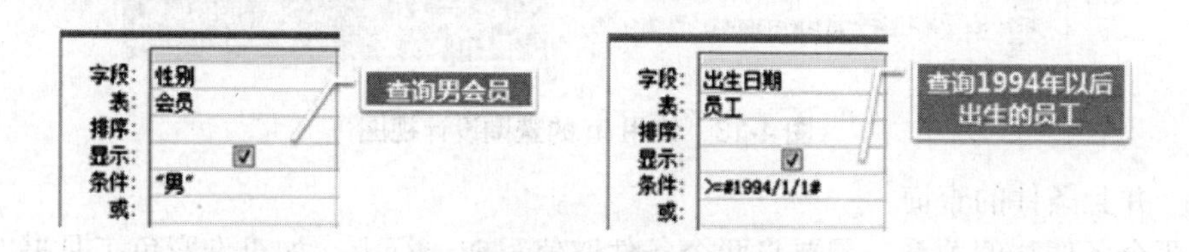

图 4-10 “某字段等于或大于等于某个值的精确查询”的查询设计视图

(2) 某字段为一个范围内取值的查询

如查询 1994—1995 年出生的员工信息，即查询条件为出生日期大于等于 1994-1-1 且小于等于 1995-12-31，设计视图如图 4-11 上所示；还可以使用 Access 提供的特殊运算符 Between And，设计视图如图 4-11 下所示。

“Between A And B”，指定以 A 和 B 为上下界的条件范围，A 和 B 可以是数字、日期和文本，而且 A、B 的类型必须相同。如 Between 20 And 30、Between “AA” And

“BD”。Between 前还可加 Not，表示不在这个范围内。

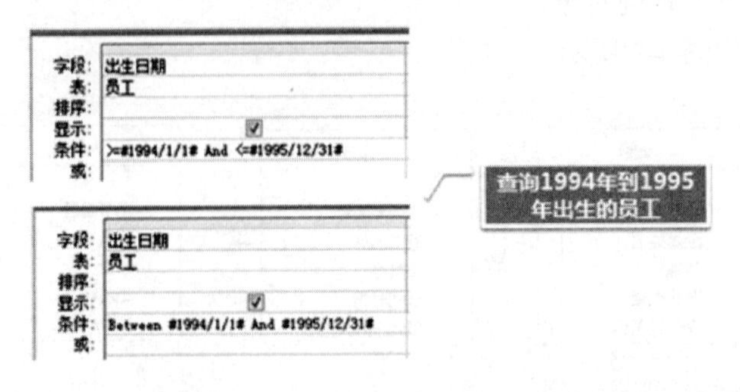

图 4-11　“某字段为一个范围内取值的查询”的查询设计视图

(3) 某字段为几个枚举值的查询

如查询书名为《无人生还》《哈利波特与魔法石》《故宫》的图书。多个枚举值之间可以使用 OR 连接，设计视图如图 4-12 左所示；可以将条件中的取值写在不同行上，省去 OR，设计视图如图 4-12 右所示；还可以使用 In，如“In(“无人生还”, “哈利波特与魔法石”, “故宫”)”，设计视图如图 4-13 所示。

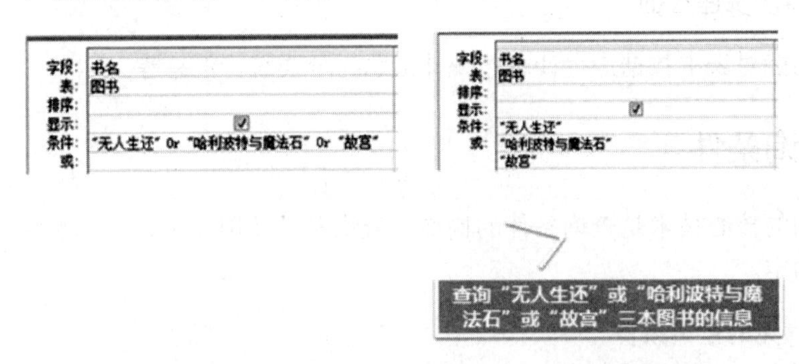

图 4-12　“字段为几个枚举值的查询”的查询设计视图

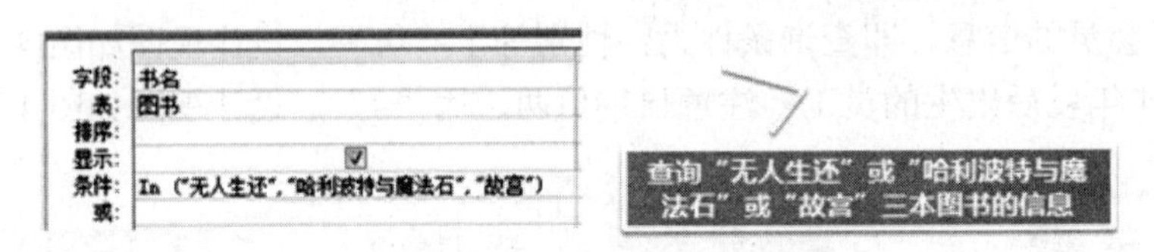

图 4-13　使用 In 的查询设计视图

(4)　并且条件的查询

即两个条件与的关系，需要将两个条件取值写在一行上，如查询彩色工具书，设计视图如图 4-14 所示。

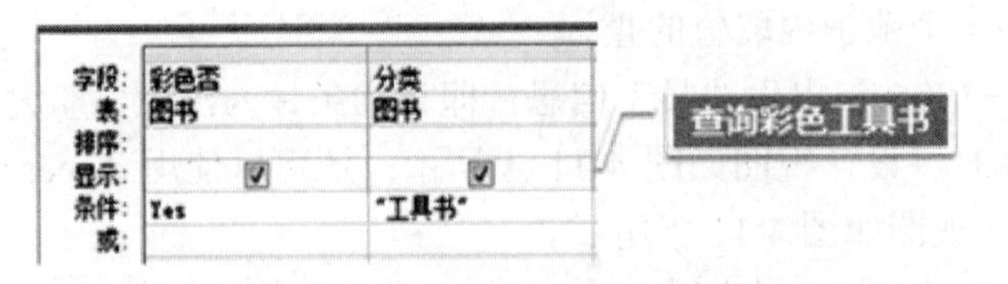

图 4-14　“并且条件的查询”的查询设计视图

(5) 模糊查询

即查询条件中的取值不是确定值，而是一个大概的样式。

如查询姓周的会员，即确切姓名不知，而只知道姓名第一个字为周。此时需要使用 Like 运算符和一对双引号括起的模糊匹配串，该串中需要使用通配符，设计视图如图 4-15 所示。

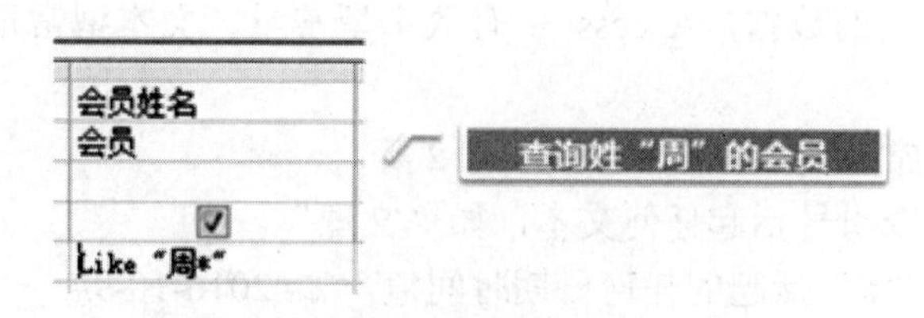

图 4-15　“模糊查询”的查询设计视图

常用的通配符有*、?、#、[]和!，其作用如图 4-16 所示。

- *：通配 0 到多个字符或汉字。如要查询姓周的会员信息，姓名的条件可以写成 Like “周*”。
- ?：通配任意一个字符，如姓名 Like “周?”，表示姓周，姓名两个字。
- #：通配一个数字字符，如邮箱 Like “*@###.*”，表示查询邮箱@后是 3 个数字的提供者。
- []：通配方括号内的任意字符，如身份证号码 Like “*[1-3]”，表示身份证号码最后 1 位为 1、2、3。
- !：通配方括号内字符以外的任意字符，如身份证号码 Like “*[!1-3]”，表示身份证号码最后 1 位不为 1、2、3。

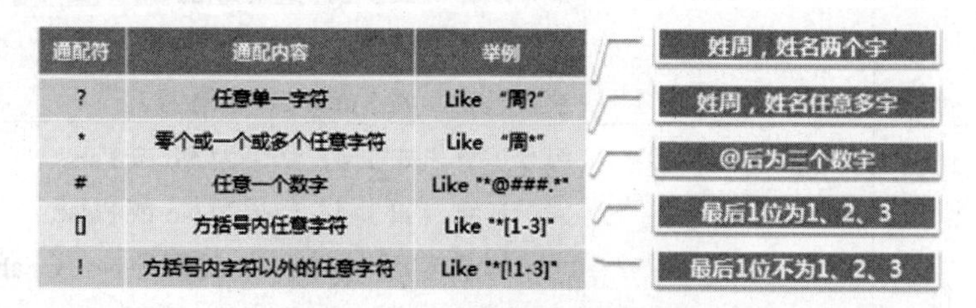

通配符	通配内容	举例
?	任意单一字符	Like "周?"
*	零个或一个或多个任意字符	Like "周*"
#	任意一个数字	Like "*@###.*"
[]	方括号内任意字符	Like "*[1-3]"
!	方括号内字符以外的任意字符	Like "*[!1-3]"

图 4-16　模糊查询的通配符

Like 前还可以加 Not，即 Not Like，表示不匹配这个模式的串。

(6) 找有缺项记录的查询

如查询无联系电话的提供者，则在【提供者】表中查询联系电话为空的记录，可使用 Is Null 查询，设计视图如图 4-17 所示。也可以使用 Is Not Null，找不“空”项。

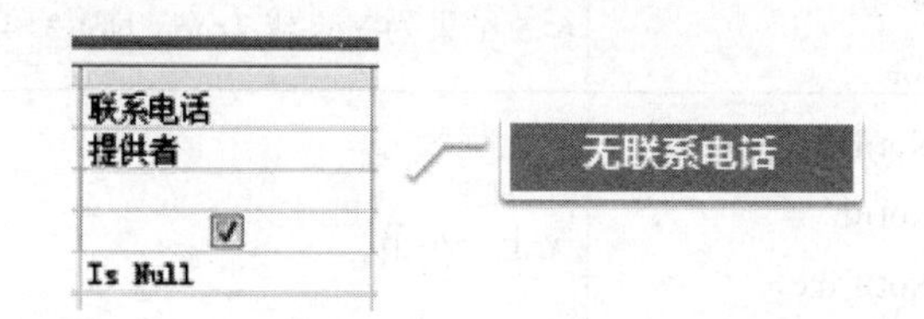

图 4-17　“找有缺项记录的查询”的查询设计视图

2. 查询条件的组成

查询条件使用一个表达式来表达，表达式中包含运算数和运算符两部分。其中，运算数可以是常量、函数、字段名，字段名需用中括号括起来。

(1) 常量

常量为值固定不变的数据，Access 中有数字型常量、文本型常量、日期型常量和是/否型常量。

数字型常量：即常数，如 123、123.45、-2 等。

文本型常量：以双引号括起任何文本，如“文理”。

日期型常量：用“#”括起的任何日期时间值，如#2016-10-9#。

是/否型常量：Yes/True 表示“是”，No/False 表示“否”。

(2) Access 中的常用运算符

Access 中常用运算符有算术运算符(又称数学运算符)、连接运算符、关系运算符(又称比较运算符)、逻辑运算符和特殊运算符，如表 4-3 所示。

表 4-3 Access 中的运算符

序号	运算符类型	运算符	功能/举例
1	算术运算符	+	加法运算，如 5+2，结果为 7
		-	减法运算，如 5-2，结果为 3
		*	乘法运算，如 5*2，结果为 10
		/	除法运算，如 5/2，结果为 2.5
		^	乘方运算，如 5^2，结果为 25
		\	整除运算，如 5\2，结果为 2
		mod	求余运算，如 5 mod 2，结果为 1
2	关系运算符	=	等于运算，如 3=4，结果为 No 或 False
		>	大于运算，如 3>4，结果为 No 或 False
		>=	大于等于运算，如 3>=4，结果为 No 或 False
		<	小于运算，如 3<4，结果为 Yes 或 True
		<=	小于等于运算，如 3<=4，结果为 Yes 或 True
		<>	不等于运算，如 3<>4，结果为 Yes 或 True
3	连接运算符	&	两个文本串连串，如“文理”&“学院”，结果为“文理学院”
4	逻辑运算符	And Or Not	进行逻辑运算，运算结果为是/否或真/假值，如 3>4 And 6>5 结果为 Yes 或 True，Not(3>4)结果为 True
5	特殊运算符	(Not)Between and (Not)In (Not)Like Is(Not)Null	见上一小节

【注】① 关系和逻辑运算的结果只有“是/否(Yes/No)”或“真/假(True/False)”两种取值。

② <>运算符的<号与>号之间无空格。

③ And 和 Or 是双目运算符，运算数有两个；而 Not 为单目运算符，运算数只有一个。

(3) 运算符的优先级

在一个表达式中同时出现多个运算时，需要注意运算的优先级问题，按照优先级规则计算。这就像我们小学学习加减乘除运算时，在一个数学式中既出现加减又出现乘除，我们知道先做乘除，后做加减，其实就是因为乘除的优先级高于加减。

在 Access 的查询条件中按照优先级规则计算，其中，算术运算优先级最高，逻辑运算优先级最低。而算术运算中不同运算的优先级也不同，如求负最高，加减最低，如表 4-4 所示。当然可以用圆括号()改变优先级，如将加减运算用圆括号括起使之优先级提高，(6+4)/2 的结果为 5，而不是 8。

表 4-4 Access 中的运算符优先级

优先级	序 号	运算符类型	运算符
高	①	算术运算	求负
↓			指数
			乘除
			整除
			求余
			加减
	②	连接运算	
	③	比较运算	
	④	逻辑运算	Not
			And
低			Or

(4) 函数

条件中的另一种运算数，可以使用 Access 中的内部函数，包括数值函数、字符函数、日期/时间函数等，如 Date()函数。Access 中的常用内部函数见附录 4.2。

【注】条件中不能包含聚合函数。

(5) 表达式生成器

查询条件中的表达式可以使用表达式生成器生成，在设计窗格的条件中单击右键，选择【生成器】命令，如图 4-18 所示。打开表达式生成器，如图 4-19 所示。

3. 创建带条件的选择查询

【例 4-4】查询在某个出版时间段，如 2015 年到 2016 年的图书编号、书名、作者、出版社和出版时间。

(1) 分析查询需求

- 数据源——【图书】表。

- 结果字段——图书编号、书名、作者、出版社和出版时间。
- 查询条件——出版时间 Between #2015-1-1# And #2016-12-31#。

图 4-18　选择【生成器】命令

图 4-19　表达式生成器

(2) 创建查询步骤

① 使用查询设计视图，添加数据源表为【图书】。

② 把【图书】表的图书编号、书名、作者、出版社和出版时间添加到设计窗格的字段行中。

③ 在【出版时间】列的条件行中输入 Between #2015-1-1# And #2016-12-31#。

④ 确认在查询结果中显示的列为图书编号、书名、作者、出版社和出版时间，执行查询，查看结果，保存查询为“2015 年到 2016 年出版的图书”。

查询设计视图如图 4-20 所示，查询结果如图 4-21 所示。

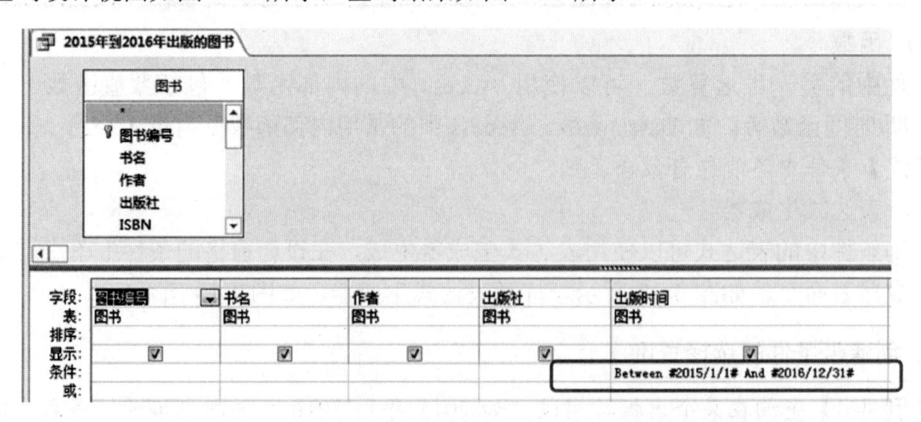

图 4-20　“查询在某个出版时间段的图书”的查询设计视图

2015年到2016年出版的图书

图书编号	书名	作者	出版社	出版时间
B00002	无人生还	阿加莎·克里斯蒂	新星出版社	2016年8月1日
B00011	幼儿睡前故事绘本	罗自国，等	文化发展出版社	2016年9月1日
B00012	幼儿睡前故事绘本	罗自国，等	文化发展出版社	2016年9月1日
B00016	从零起步：素描基础教程	张玉红	人民邮电出版社	2015年9月1日
B00019	红色家书	《红色家书》编写组	党建读物出版社	2016年10月1日
B00020	二战尖端武器鉴赏指南（珍藏版）（第2版）	《深度军事》编委会	清华大学出版社	2016年11月1日

图 4-21 “查询在某个出版时间段的图书”的查询结果

下面在这个查询的基础上加入一个条件：新书。

【例 4-5】 查询 2015 年到 2016 年出版的新书，显示图书编号、书名、作者、出版社和出版时间。

(1) 分析查询需求

- 数据源——【图书】表。
- 结果字段——图书编号、书名、作者、出版社和出版时间。
- 查询条件——出版时间 Between #2015-1-1# And #2016-12-31# 并且【新书否】为 Yes。

(2) 创建查询步骤

① 数据源和查询字段不变。

② 查询条件变为：出版时间 Between #2015-1-1# And #2016-12-31# 并且【新书否】为 Yes。在【新书否】列的条件行中输入 Yes，注意不要加双引号，它不是文本常量。

③ 确认在查询结果中显示的列为图书编号、书名、作者、出版社和出版时间，将新书否的显示勾选取消。执行查询，查看结果，保存查询为“2015 年到 2016 年出版的新书”。

查询设计视图如图 4-22 所示，查询结果如图 4-23 所示。

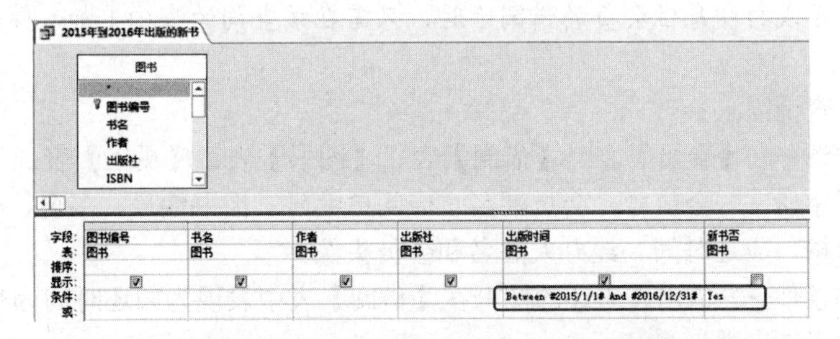

图 4-22 “查询在某个出版时间段的新书”的查询设计视图

2015年到2016年出版的新书

图书编	书名	作者	出版社	出版时间
B00002	无人生还	阿加莎·克里斯蒂	新星出版社	2016年8月1日
B00011	幼儿睡前故事绘本	罗自国，等	文化发展出版社	2016年9月1日
B00016	从零起步：素描基础教程	张玉红	人民邮电出版社	2015年9月1日
B00019	红色家书	《红色家书》编写组	党建读物出版社	2016年10月1日
B00020	二战尖端武器鉴赏指南（珍藏版）（第2版）	《深度军事》编委会	清华大学出版社	2016年11月1日

图 4-23 “查询在某个出版时间段的新书”的查询结果

以上为单表查询的例子，我们再来看一个多表查询的例子。

【例 4-6】出一份图书借阅卡列表。

图书借阅卡是每位会员目前借书(还未归还)情况的卡片，如图 4-24 所示，在第 6 章中将介绍如何将其中的信息按照这张卡片上的格式打印出来。这里先来了解如何从数据库中获取这张卡片上的信息。

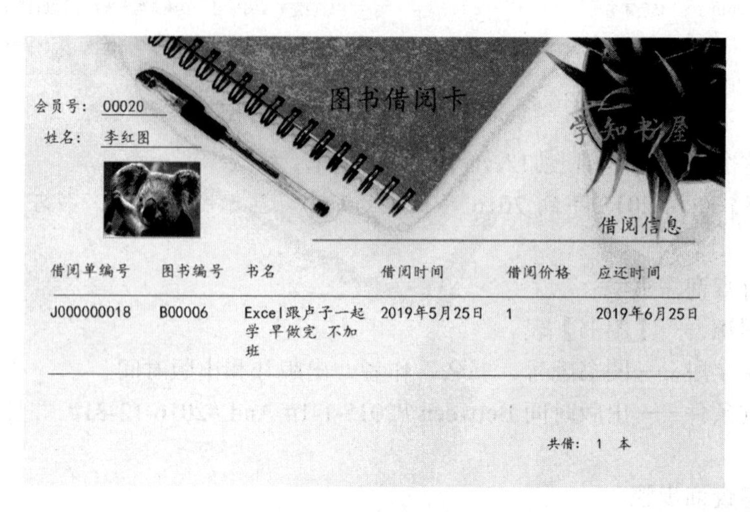

图 4-24　图书借阅卡

卡片中包含的信息有会员号、会员姓名、借阅单编号、图书编号、书名、借阅时间、借阅价格、应还时间、经办人姓名和会员头像。这些信息涉及多张表，会员号、姓名和头像来自【会员】表，借阅单编号、借阅时间、借阅价格和应还时间来自【借阅】表，图书编号和书名来自【图书】表，经办人姓名来自【员工】表。

【注】设计创建查询“图书借阅卡列表”，将所有会员的图书借阅卡信息全部查询出来，今后在显示或打印每位会员的借阅卡时，只需在该查询的基础上加入筛选条件为该会员即可。

(1) 分析查询需求

- 数据源——【会员】表、【借阅】表、【图书】表、【员工】表。
- 结果字段——会员号、会员姓名、借阅单编号、图书编号、书名、借阅时间、借阅价格、应还时间、经办人姓名和会员头像。
- 查询条件——借出还未还的图书在【借阅】表中表现为归还时间为空。

(2) 创建查询步骤

① 使用查询设计视图，添加数据源表为【会员】表、【借阅】表、【图书】表、【员工】表。

② 选择 4 张表中的 10 个字段，拖到设计窗格的字段中。同时添加【归还时间】字段作为条件，取消【显示】勾选。

③ 确认 4 个表之间的关系已经建好。同时，因要找未还书的借阅情况，所以为避免【借阅】表中归还经办人编号为空而导致的查询结果为空，需删除归还经办人编号与【员工】表的员工号之间的关系。

④ 执行查询，查看结果，可以看到目前所有借书未还的情况，保存查询为“图书借阅卡列表”。

查询设计视图如图 4-25 所示，查询结果如图 4-26 所示。

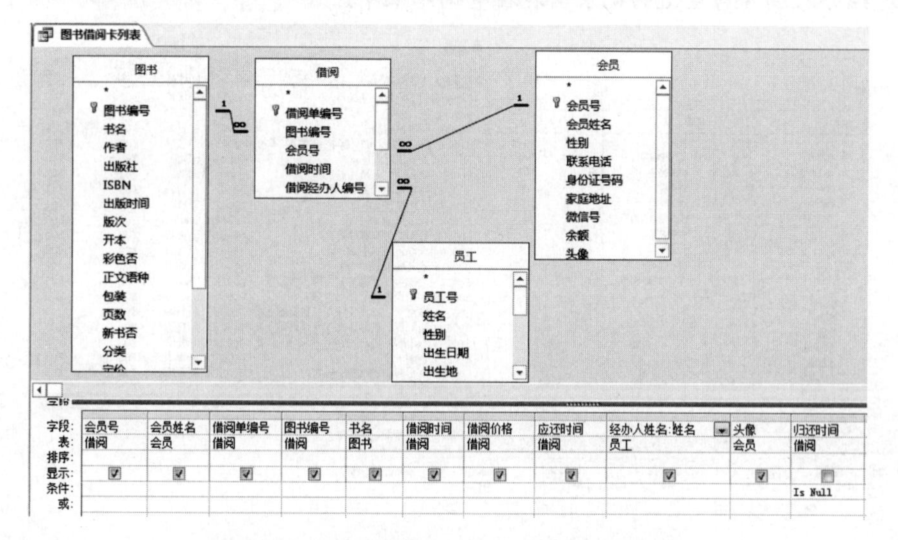

图 4-25 “图书借阅卡列表”的查询设计视图

会员号	会员姓名	借阅单编号	图书编号	书名	借阅时间	借阅价格	应还时间	经办人姓名	头像
C00006	lezima	J000000016	B00009	喻知识：机器认知如何颠覆商业和社会	2019年5月24日	1	2019年6月24日	张小娴	Bitmap Image
C00020	李红图	J000000018	B00006	Excel跟卢子一起学 早做完 不加班	2019年5月25日	1	2019年6月25日	廖青	Bitmap Image
C00003	张波罗	J000000023	B00003	哈利波特与魔法石	2019年5月26日	1	2019年6月26日	张小娴	Bitmap Image
C00009	cc2018	J000000024	B00011	幼儿睡前故事绘本	2019年6月27日	1	2019年7月26日	廖青	Bitmap Image

图 4-26 “图书借阅卡列表”的查询结果

【思考】为什么要删除【借阅】表的归还经办人编号与【员工】表员工号之间的关系？

(1) 首先观察图 4-27 的查询结果

图 4-27 是未删除【员工】表的员工号与【借阅】表的归还经办人编号之间关系的情况，归还经办人编号为空值的记录未出现在查询结果中。

图书编号	书名	会员号	会员姓名	借阅经办人	归还经办人
B00006	Excel跟卢子一起学 早做完 不加	C00004	宋加莎	E02	E02
B00005	数据库系统概论(第5版)	C00006	lezima	E02	E02
B00002	无人生还	C00007	乔林	E02	E02
B00003	哈利波特与魔法石	C00001	李博特	E02	E02
B00004	大学计算机基础	C00009	cc2018	E02	E02
B00011	幼儿睡前故事绘本	C00002	马普尔	E02	E02
B00018	手机摄影从小白到大师	C00010	shuang11	E02	E02
B00002	无人生还	C00001	李博特	E03	E03
B00002	无人生还	C00004	宋加莎	E03	E03
B00003	哈利波特与魔法石	C00004	宋加莎	E03	E03
B00009	喻知识：机器认知如何颠覆商业和	C00020	李红图	E03	E03
B00007	向前一步	C00017	张青山	E03	E03
B00016	从零起步:素描基础教程	C00017	张青山	E03	E03

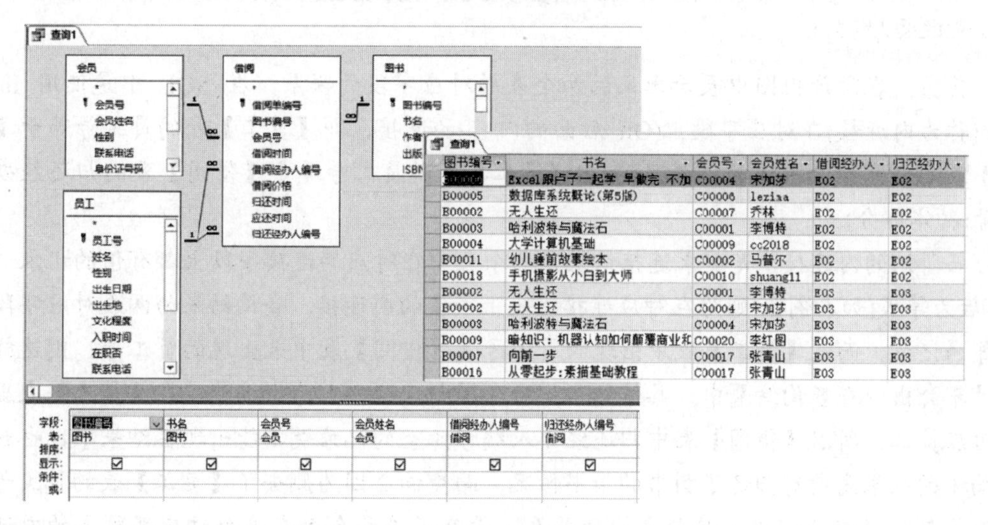

图 4-27 未删除【员工】表的员工号与【借阅】表的归还经办人编号之间关系的查询设计与结果

(2) 再来观察图 4-28 的查询结果

图 4-28 是删除了【员工】表的员工号与【借阅】表的归还经办人编号之间关系的情况，归还经办人编号为空值的记录出现在查询结果中。

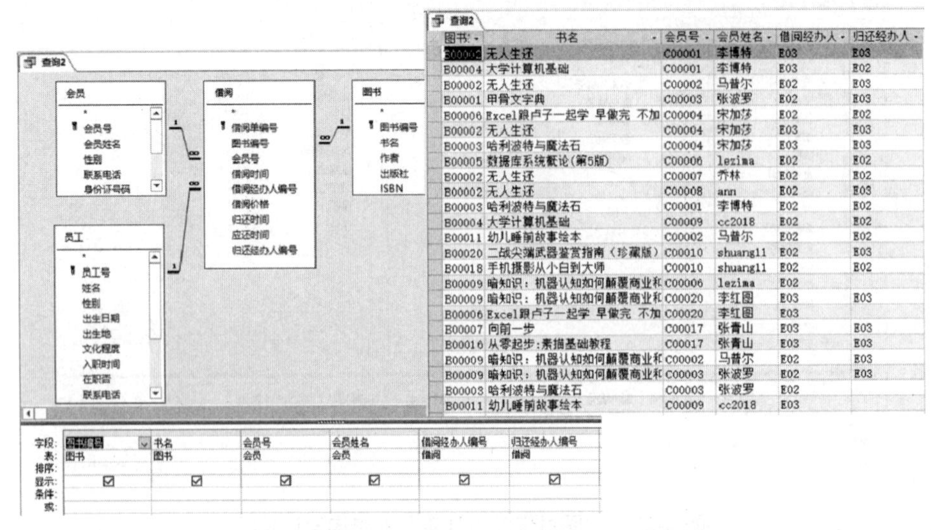

图书	书名	会员号	会员姓名	借阅经办人	归还经办人
B00002	无人生还	C00001	李博特	E03	E03
B00004	大学计算机基础	C00001	李博特	E03	E02
B00002	无人生还	C00002	马普尔	E02	E03
B00001	甲骨文字典	C00003	张波罗	E02	E03
B00006	Excel跟卢子一起学 早做完 不加	C00004	宋加莎	E02	E02
B00002	无人生还	C00004	宋加莎	E03	E03
B00003	哈利波特与魔法石	C00004	宋加莎	E03	E03
B00005	数据库系统概论(第5版)	C00006	lezima	E02	E02
B00002	无人生还	C00007	乔林	E02	E02
B00002	无人生还	C00008	ann	E02	E03
B00003	哈利波特与魔法石	C00001	李博特	E02	E02
B00004	大学计算机基础	C00009	cc2018	E02	E02
B00011	幼儿睡前故事绘本	C00002	马普尔	E02	E02
B00020	二战尖端武器鉴赏指南（珍藏版）	C00010	shuang11	E02	E03
B00018	手机摄影从小白到大师	C00010	shuang11	E02	E02
B00009	喻知识：机器认知如何颠覆商业和	C00006	lezima	E02	
B00009	喻知识：机器认知如何颠覆商业和	C00020	李红图	E03	E03
B00006	Excel跟卢子一起学 早做完 不加	C00020	李红图	E03	
B00007	向前一步	C00017	张青山	E03	E03
B00016	从零起步:素描基础教程	C00017	张青山	E03	E03
B00009	喻知识：机器认知如何颠覆商业和	C00002	马普尔	E02	E03
B00009	喻知识：机器认知如何颠覆商业和	C00003	张波罗	E02	E03
B00003	哈利波特与魔法石	C00003	张波罗	E02	
B00011	幼儿睡前故事绘本	C00009	cc2018	E03	

图 4-28 删除了【员工】表的员工号与【借阅】表的归还经办人编号之间关系的查询设计与结果

同样是将图书编号、书名、会员号、会员姓名、借阅经办人编号和归还经办人编号这 6 个字段添加到设计窗格的字段行上，希望查询出会员的借书情况以及其借还书时分别由谁经办的信息。查询 1 只查出了归还经办人不为空的借书情况，而查询 2 将所有借书情况全部查出来了，为何查询结果不同呢？

再将查询 1 的 SQL 视图打开，可以看到如下 SQL 语句：

```
SELECT 图书.图书编号, 图书.书名, 会员.会员号, 会员.会员姓名, 借阅.借阅经办人编号, 借阅.归还经办人编号
FROM 员工 INNER JOIN (图书 INNER JOIN (会员 INNER JOIN 借阅 ON 会员.会员号 = 借阅.会员号)
ON 图书.图书编号 = 借阅.图书编号) ON (员工.员工号 = 借阅.归还经办人编号) AND (员工.员工号 = 借阅.
借阅经办人编号);
```

其实，在设计视图中表示出来的两个表的对应字段的联系，在 SQL 中是使用 Inner Join(称为内连接)在对应字段上(On 后面的内容)的连接，即【员工】表的员工号等于【借阅】表的借阅经办人编号，并且(And)【员工】表的员工号等于【借阅】表的归还经办人编号(斜体部分)。

而所谓的内连接，是要求连接结果是两个表中在对应的连接字段上都有值的记录，若 On 后为等式(如本例)，则为在对应连接字段上等值的内连接，查询结果为两表对应字段值相等的记录，而在【员工】表中出现的员工号是【借阅】表中未出现的员工号，则这样的记录不会出现在查询结果中。具体到本例中，因归还经办人为空编号，在【员工】表里没有对应员工，所以【借阅】表中归还经办人编号为空的记录就不能出现在结果中，也就是查询 1 的结果是所有归还了图书的借书情况。而查询 2 因为删去了【员工】表的员工号与【借阅】表的归还经办人编号之间的关系，没有了这两个表在这个对应字段上的内连接

(SQL 查询语句如下)，归还经办人编号为空的记录才能出现在查询结果中。查询 2 的 SQL 语句如下：

```
SELECT 图书.图书编号, 图书.书名, 会员.会员号, 会员.会员姓名, 借阅.借阅经办人编号, 借阅.归还经办人编号
FROM 员工 INNER JOIN (图书 INNER JOIN (会员 INNER JOIN 借阅 ON 会员.会员号 = 借阅.会员号)
ON 图书.图书编号 = 借阅.图书编号) ON 员工.员工号 = 借阅.借阅经办人编号;
```

(3) 回到原来的问题上来

为何要删去【员工】表与【借阅】表在归还经办人上的关系？因为只有删去这个关系，才能避免“在这个字段上的内连接造成【借阅】表中归还经办人编号为空的记录不能出现在查询结果中”这种情况的发生，“归还经办人编号 is null”的查询才有意义，才能最终只查询出归还经办人为空的借阅记录。

4.3.3 使用查询向导创建选择查询

查询向导能够更为快速地创建选择查询，然而它能够创建的选择查询很有限，仅包括简单查询、交叉表查询、查找重复项查询和查找不匹配项查询 4 种。

其中，简单查询只能实现单表无条件查询，操作非常简单。交叉表查询将在 4.5.1 节介绍。下面来看看另外两种可以使用向导创建的选择查询——查找重复项查询和查找不匹配项查询，这两种查询使用向导非常方便，建议用向导实现。

1. 查找重复项查询

它一般用于检查某列是否有重复项，查询结果仅显示那些有重复项的记录，且该列相同值的记录放在一起。

查找重复项查询向导如图 4-29 所示。

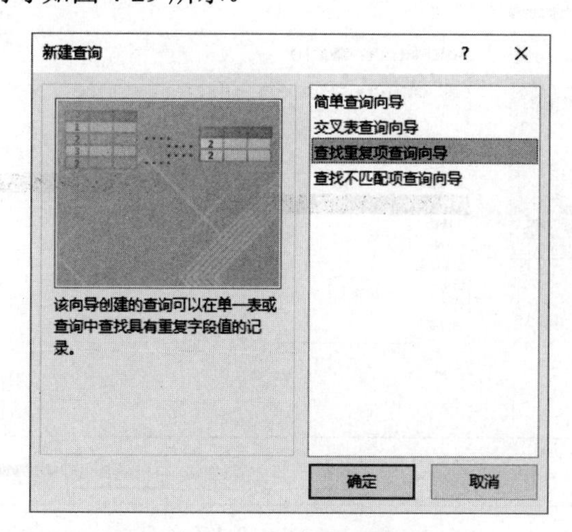

图 4-29 查找重复项查询向导

【例 4-7】查询有重名的图书。

(1) 分析查询需求

- 数据源——【图书】表。
- 结果字段——书名、图书编号、作者、出版社、新书否。

- 查询条件——无。
- 查询途径——查找重复项查询向导。
- 查询名——有重名的图书。

(2) 创建查询步骤

① 选择【查找重复项查询向导】，如图 4-29 所示。

② 选择数据源表为【图书】表，如图 4-30 所示，单击【下一步】按钮。

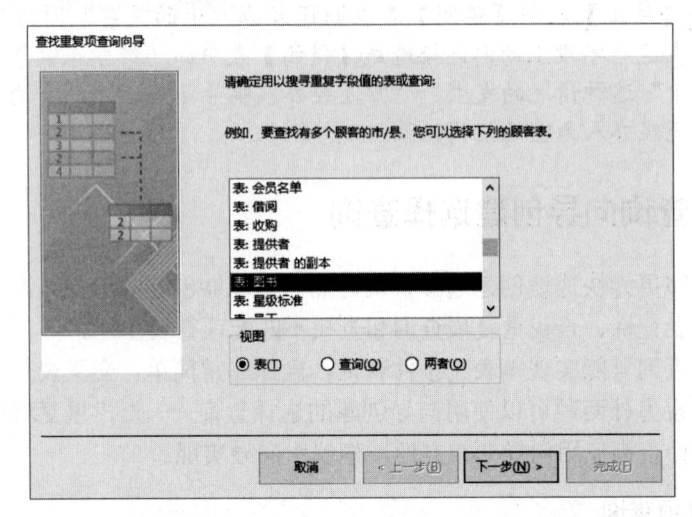

图 4-30　查找重复项查询向导——步骤 1：选择数据源为【图书】表

③ 选择要检查是否有重复项的字段名，如图 4-31 所示，本例选择“书名”。

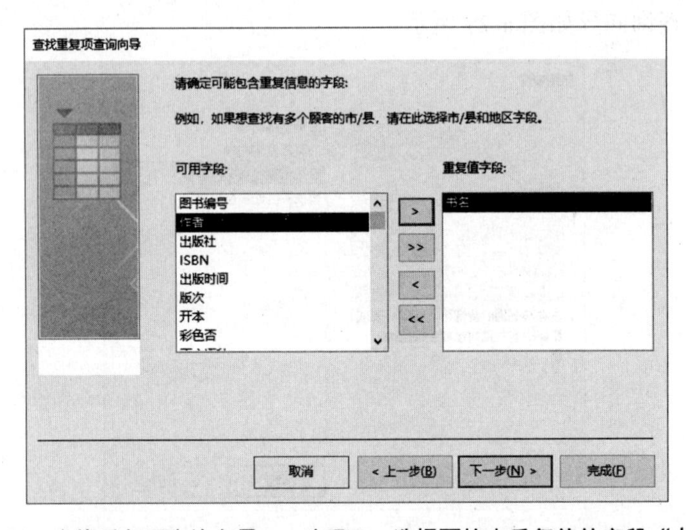

图 4-31　查找重复项查询向导——步骤 2：选择要检查重复值的字段“书名”

④ 选择除了要查看重复项的那列之外的其他需要显示在结果中的字段。本例中选择图书编号、作者、出版社、新书否，如图 4-32 所示。

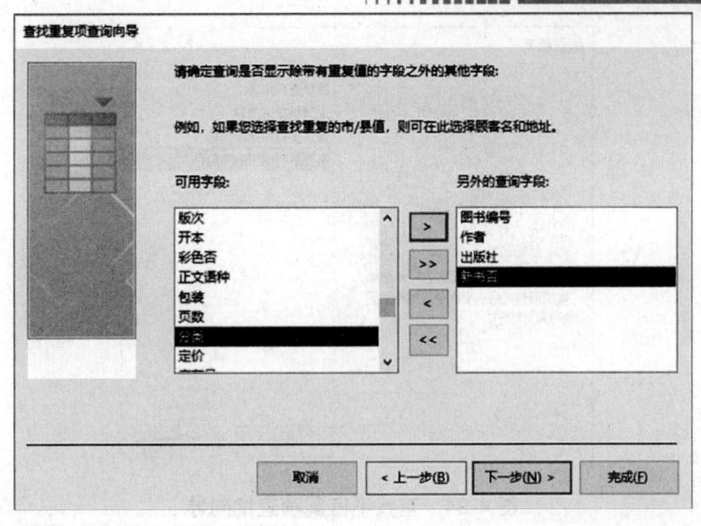

图 4-32　查找重复项查询向导——步骤 3：选择其他出现在结果中的字段

⑤　指定查询名为“有重名的图书”，保存查询，执行查询，查看结果，如图 4-33 所示。

书名	图书编	作者	出版社	新书
向前一步	B00008	谢丽尔·桑德伯格	中信出版社	☐
向前一步	B00007	谢丽尔·桑德伯格	中信出版社	☑
幼儿睡前故事绘本	B00012	罗自国，等	文化发展出版社	☐
幼儿睡前故事绘本	B00011	罗自国，等	文化发展出版社	☑

图 4-33　查找重名图书的查询结果

2. 查找不匹配项查询

它一般用于检查在一个表中出现，而在另一表中未出现的某列，即一个表中(假设称 A 表)的列在另一个表(假设称 B 表)中无匹配项的查询。查询结果仅显示那些在 A 表中出现而在 B 表中不出现的 A 表中的记录。

【例 4-8】查找没有借过书的会员。

要查找没有借过书的会员，可以使用查询向导的查找不匹配项查询。即该会员是【会员】表中的会员，若未借过书的话则不会在【借阅】表中出现。这里的【会员】表为 A 表，【借阅】表为 B 表，则查询的要求为在 A 表中找出那些在 B 表中未出现的记录。

(1)　分析查询需求

- 数据源——【会员】表(A 表)、【借阅】表(B 表)。
- 结果字段——会员号、会员姓名、性别和联系电话。
- 查询条件——无。
- 查询名——未借过书的会员。

(2)　创建查询步骤

①　选择【查找不匹配项查询向导】，如图 4-34 所示。

②　选择【会员】表，其为 A 表，如图 4-35 所示，单击【下一步】按钮。

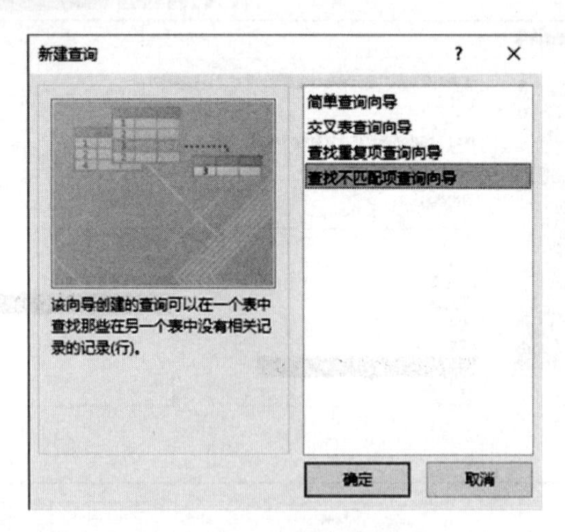

图 4-34　查找不匹配项查询向导

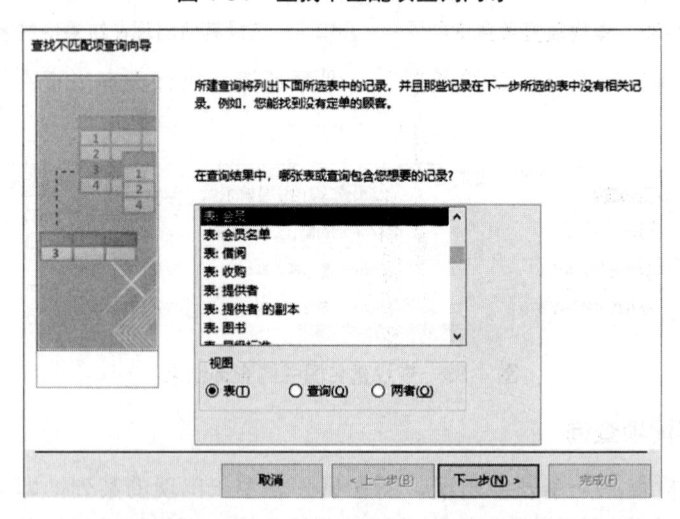

图 4-35　查找不匹配项查询向导——步骤 1：选择数据源为【会员】表(A 表)

③　选择【借阅】表，如图 4-36 所示、其为 B 表。

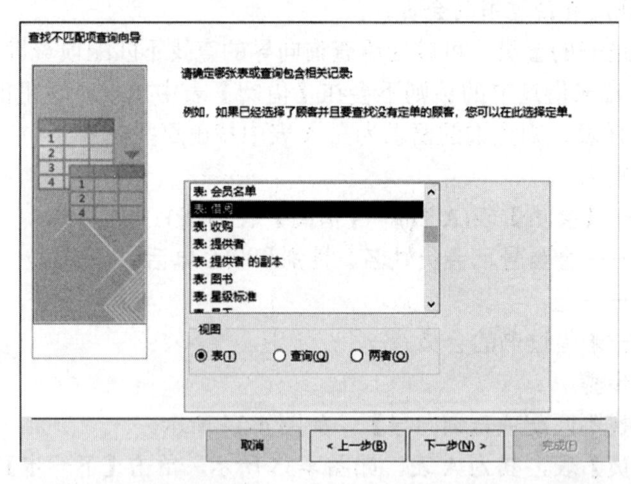

图 4-36　查找不匹配项查询向导——步骤 2：选择数据源为【借阅】表(B 表)

④ 在两个表中选择要检查是否匹配的字段，这里选择【会员】表中的会员号字段和【借阅】表中的会员号字段，如图 4-37 所示，单击【下一步】按钮。

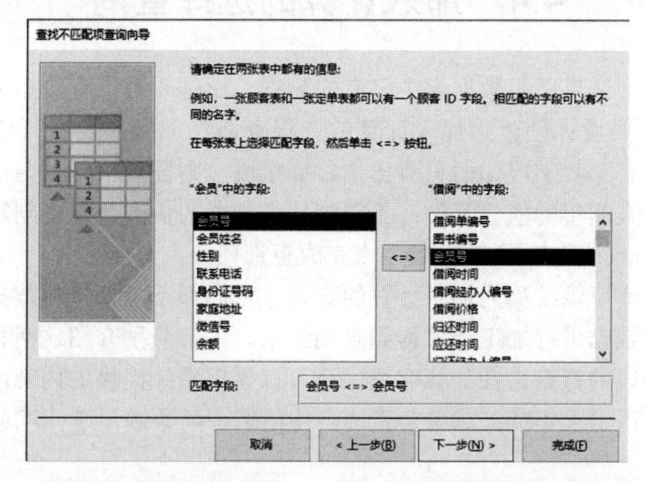

图 4-37　查找不匹配项查询向导——步骤 3：选择两表匹配字段“会员号”

⑤ 选择查询结果中要出现的字段。这里选择会员号、会员姓名、性别和联系电话，如图 4-38 所示。

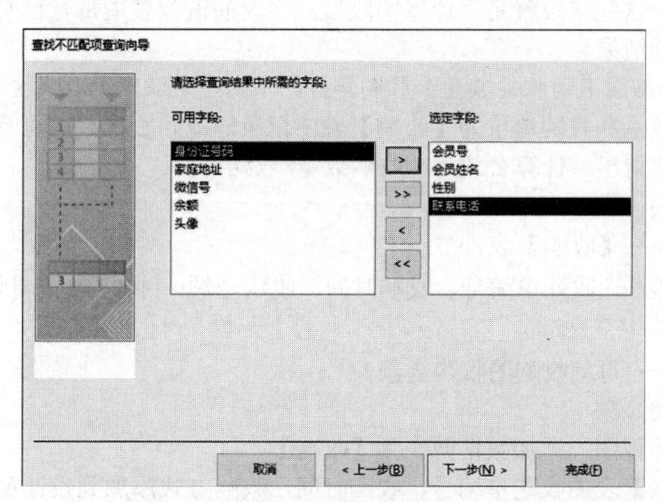

图 4-38　查找不匹配项查询向导——步骤 4 选择出现在结果中的其他字段

⑥ 指定查询名为“未借过书的会员”，保存查询，执行查询，查看结果，如图 4-39 所示。

【例 4-08】未借过书的会员

会员号	会员姓名	性别	联系电话
C00005	赵德	男	13090087388
C00011	钱风	男	16809234910
C00012	孙不二	男	13012911102
C00013	周立	男	13608945667
C00014	李玉	女	18973492013
C00015	周自力	男	16298274757
C00016	顺溜	男	13611107621
C00018	宁采臣	男	18230009888
C00019	冠路飞	男	18189818127

图 4-39　查找不匹配项查询结果

4.4　加入计算的选择查询

当所需要的查询结果不是数据库中已有的数据，而是要对已有数据进行加工计算后得到的结果，此时需要设计创建“加入计算的选择查询”。如：要查每位员工的年龄值，【员工】表中并没有年龄字段，而只有出生日期字段，则需要根据每名员工的出生日期，经过计算得到每个人的年龄值。又如：希望统计每种书的借阅数量，则需要使用系统提供的统计函数(这些函数被称为聚合函数)，来完成查询任务。

以上这两种查询可以统称为加入计算的查询，它们都不是直接从数据表中找存在的数据，而是要对已有数据进行加工计算得到查询结果。本节分别介绍这两种加入计算的选择查询：①带计算字段的查询，在计算字段中还可以使用系统提供的内部函数，不包括聚合函数，此类查询适用于求年龄；②聚合查询，使用聚合函数进行统计汇总。

4.4.1　带计算字段的查询

当需要的查询结果不仅仅是原始数据，而有要对每一行的记录进行加工计算得到一个或多个新的字段，这些字段就是“计算字段”，字段的值为表中每行已有字段的值，按照一个表达式计算的结果。

【例 4-9】根据图书的收购数量和收购单价，求出每笔收购的收购金额。

图书的收购数量和收购单价为【收购】表中记录的原始数据，而每笔收购的收购金额需要通过两者计算得出，计算公式为：收购数量×收购单价。

(1)　分析查询需求

- 数据源——【收购】表。
- 结果字段——收购单编号、收购时间、收购金额：[收购数量]×[收购单价]。
- 查询条件——无。
- 查询名——每笔收购的收购金额。

(2)　创建查询步骤

①　使用设计视图，添加数据源表为【收购】。

②　将【收购】表的收购单编号、收购时间，收购方式添加到设计窗格的字段中。

③　添加计算字段：在字段行中输入“[收购数量]*[收购单价]”，如图 4-40 所示。所有的标点符号都是英文半角符号，要特别注意圆括号和冒号。

④　执行查询，查看结果，保存查询为“每笔收购的收购金额”，如图 4-41 所示。

显示收购金额一列的列名，系统自动赋予“表达式 1”的名字，如图 4-41 所示，它不能表达该列值的含义，所以需要给该列起个见名知意的别名“收购金额”。

返回到设计视图，在计算字段列的最前面输入“收购金额：”，如图 4-42 所示，注意冒号为英文冒号。执行查询，再次查看结果，如图 4-43 所示。

【注】在查询设计视图中给计算字段设置别名只对本查询有效，它不会真正修改表中的列名。

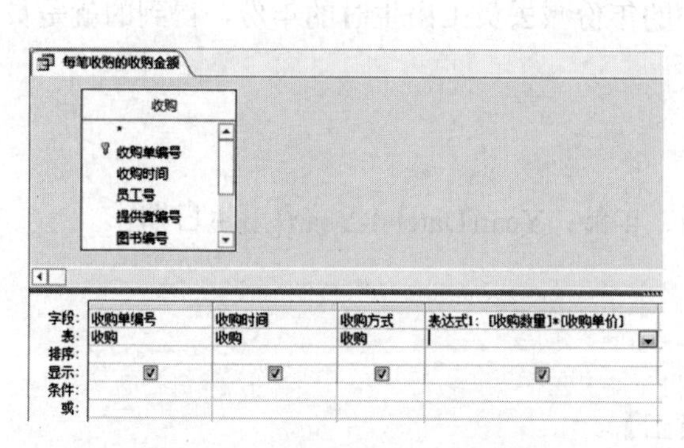

图 4-40 求每笔收购的收购金额

每笔收购的收购金额

收购单编号	收购时间	收购方式	表达式1
M000000001	2018年10月3日	捐赠	0
M000000002	2018年11月2日	购买	300
M000000003	2018年11月2日	购买	304
M000000004	2018年12月24日	购买	96
M000000005	2018年12月24日	购买	126
M000000006	2018年12月26日	购买	102
M000000007	2018年12月26日	购买	50
M000000008	2018年12月26日	购买	40
M000000009	2019年1月5日	购买	800
M000000010	2019年1月5日	购买	240
M000000011	2019年1月5日	购买	55
M000000012	2019年1月19日	购买	385
M000000013	2019年1月21日	捐赠	0
M000000014	2019年1月21日	捐赠	0
M000000015	2019年2月1日	购买	8
M000000016	2019年2月2日	捐赠	0
M000000017	2019年2月2日	捐赠	0
M000000018	2019年2月28日	购买	380
M000000019	2019年2月28日	购买	208
M000000020	2019年3月1日	购买	84
M000000021	2019年3月1日	购买	160
M000000022	2019年3月1日	购买	150
M000000023	2019年3月1日	购买	600
M000000024	2019年3月1日	购买	570
M000000025	2019年3月1日	购买	474
M000000026	2019年3月8日	购买	300

记录: 第 1 项(共 30 项 无筛选器 搜索

图 4-41 计算字段的默认列名

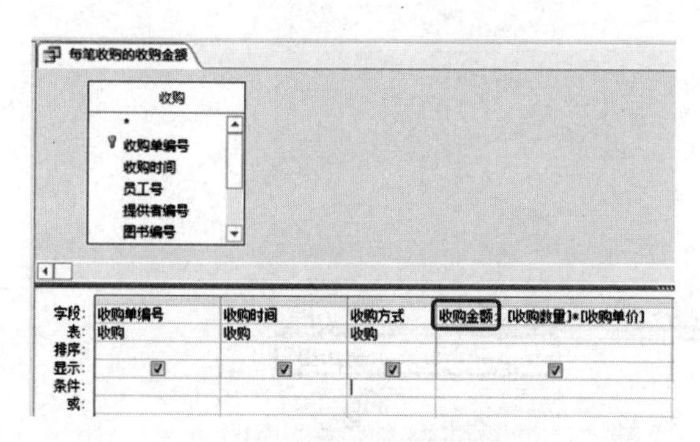

图 4-42 给计算字段设置别名

每笔收购的收购金额

收购单编号	收购时间	收购方式	收购金额
M000000001	2018年10月3日	捐赠	0
M000000002	2018年11月2日	购买	300
M000000003	2018年11月2日	购买	304
M000000004	2018年12月24日	购买	96
M000000005	2018年12月24日	购买	126
M000000006	2018年12月26日	购买	102
M000000007	2018年12月26日	购买	50
M000000008	2018年12月26日	购买	40
M000000009	2019年1月5日	购买	800
M000000010	2019年1月5日	购买	240
M000000011	2019年1月5日	购买	55
M000000012	2019年1月19日	购买	385
M000000013	2019年1月21日	捐赠	0
M000000014	2019年1月21日	捐赠	0
M000000015	2019年2月1日	购买	8
M000000016	2019年2月2日	捐赠	0
M000000017	2019年2月2日	捐赠	0
M000000018	2019年2月28日	购买	380
M000000019	2019年2月28日	购买	208
M000000020	2019年3月1日	购买	84
M000000021	2019年3月1日	购买	160
M000000022	2019年3月1日	购买	150
M000000023	2019年3月1日	购买	600
M000000024	2019年3月1日	购买	570
M000000025	2019年3月1日	购买	474
M000000026	2019年3月8日	购买	300

记录: 第 1 项(共 30 项 无筛选器 搜索

图 4-43 设置了别名的计算字段

4.4.2 带函数的计算字段

有些情况下，需要在计算字段的表达式中使用附录 4.2 所示的系统提供的内部函数。

【例 4-10】求员工的年龄。

【员工】表中并没有年龄字段，需要通过出生日期求出年龄，此时可以使用简化的方式，即求今年这名员工多大岁数，忽略他是否已经过了生日。用今年的年份减去员工出生时的年份可以得到年龄，公式为：Year(Date())-Year([出生日期])。

Year 和 Date 都是内部函数。Year 函数的参数是一个日期值，有年月日，Year 函数的

作用是获取这个参数的年部分的值，如 Year(#2008-1-10#)，结果为 2008。

Date 函数无参数，它的作用是获取当前系统日期，如今天是 2019 年 7 月 7 日，则函数值为 2019-7-7。

将 Date 函数的值作为 Year 函数的参数，就获取了当前日期中的年部分的值，即 2019。而 Year([出生日期])是将每名员工的出生日期作为 Year 函数的参数，即用 Year 获取每位员工出生的年份，用当前系统日期中的年份减去员工出生时的年份，得到的就是员工到今年的年龄。

(1) 分析查询需求

- 数据源——【员工】表。
- 结果字段——员工号、姓名、性别、年龄：Year(Date())-Year([出生日期])。
- 查询条件——无。
- 查询名——员工年龄。

(2) 创建查询步骤

① 使用查询设计，添加数据源为【员工】。

② 选择【员工】表的员工号、姓名、性别字段。

③ 添加计算字段，在字段行中输入“年龄:Year(Date())-Year([出生日期])”，如图 4-44 所示。

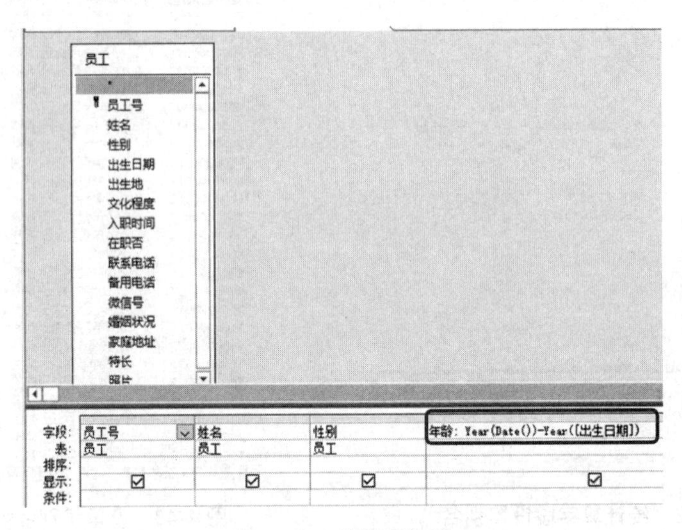

图 4-44　求员工年龄

④ 执行查询，查看结果，如图 4-45，保存查询为“员工年龄”。

员工年龄

员工号	姓名	性别	年龄
E01	阿顺	男	23
E02	张小娴	女	26
E03	廖青	男	26
E04	孙晓晓	女	25
*			

图 4-45　求员工年龄的查询结果

Year 和 Date 函数都不是聚合函数，下面来看看带有聚合函数的查询。

4.4.3 聚合查询

使用聚合函数对表中一列或多列进行汇总计算，称为聚合查询。它也是在表中添加计算字段，只是这个(些)计算字段的值为表中原有字段或已有计算字段的汇总结果。汇总前可分类(如求每种书的借阅数量)，也可不分类(如求被借阅总量)。

在 Access 中，聚合函数主要有合计(Sum)、求平均值(Avg)、求最小值(Min)、求最大值(Max)、计数(Count)等。

分类汇总就是将某个(些)字段的值相同的分为一组，这个(些)字段被称为分类字段。在每一组中应用聚合函数在某字段上进行统计计算，该字段被称为汇总字段。

使用设计视图进行分类汇总的基本方法为：在设计视图中单击【设计】选项卡【显示/隐藏】组中的【Σ汇总】按钮，如图 4-46 所示。此时在设计窗格中出现总计行，在分类字段下的总计行中选择 Group By，在汇总字段下的总计行上选择某聚合函数，如“计数”“合计”等。

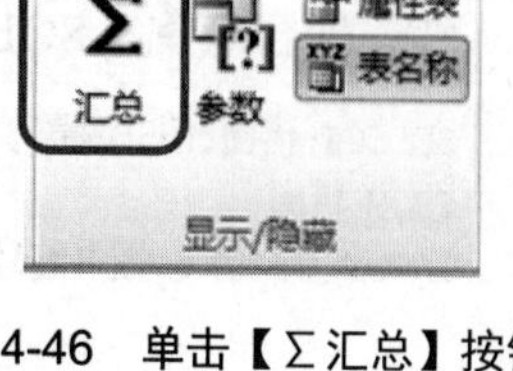

图 4-46　单击【Σ汇总】按钮

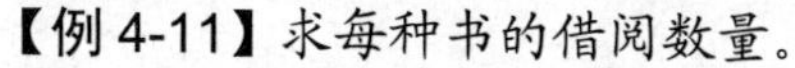
【例 4-11】求每种书的借阅数量。

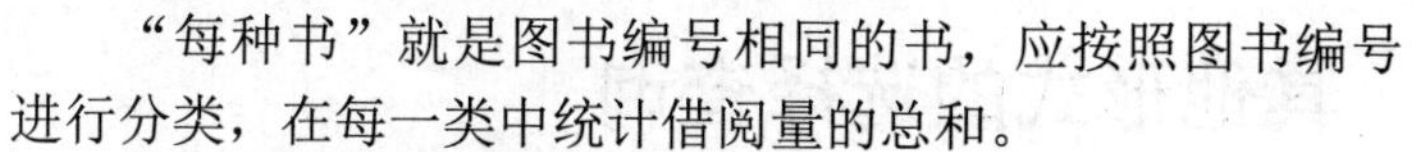
“每种书”就是图书编号相同的书，应按照图书编号进行分类，在每一类中统计借阅量的总和。

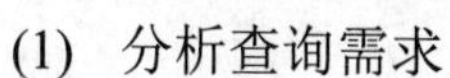
(1) 分析查询需求

- 数据源——【借阅】表。
- 结果字段——图书编号、借阅数量：Count([借书单编号])。
- 查询条件——无。
- 查询名——每种图书借阅数量。

(2) 创建查询步骤

① 使用查询设计，数据源表为【借阅】。

② 选择【借阅】表的图书编号和借阅单编号字段。

③ 单击【设计】选项卡中的【Σ汇总】按钮，在设计窗格中总计行的【图书编号】列下选择 Group by，在【借阅单编号】列选择计数，还可以给计数列起别名“借阅数量”，如图 4-47 所示。

④ 执行查询，保存查询为“每种图书借阅数量”，如图 4-48 所示。

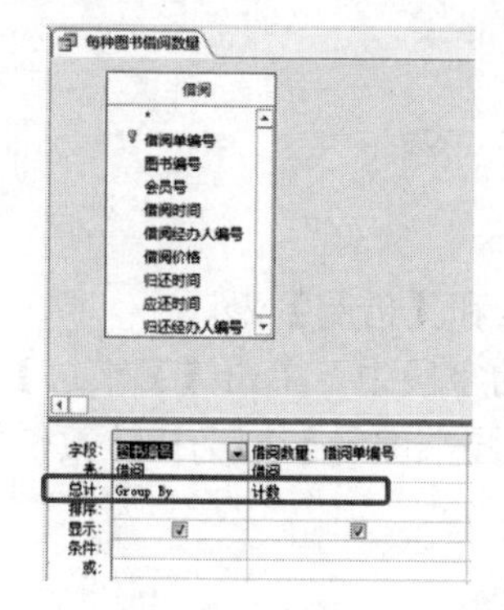

图 4-47　加入总计行的查询设计视图

每种图书借阅数量

图书编号	借阅数量
B00001	1
B00002	5
B00003	3
B00004	2
B00005	1
B00006	2
B00007	1
B00009	4
B00011	2
B00016	1
B00018	1
B00020	1

图 4-48　分类汇总的查询结果

【注】可以打开 SQL 视图查看带计算字段的选择查询、计算字段中带函数(非聚合函数)的选择查询和聚合查询 3 种查询的异同，它们实际上都是在 SELECT 子句后面、本来放字段名的地方放入一个表达式(关于 SQL 查询语句详情参见 4.7 节)，只是这个表达式不同而已。

(1) 带计算字段的选择查询，SQL 语句如下：

```
SELECT 收购.收购单编号, 收购.收购时间, 收购.收购方式, [收购数量]*[收购单价] AS 收购金额
FROM 收购;
```

(2) 计算字段中带函数(非聚合函数)，SQL 语句如下：

```
SELECT 员工.员工号, 员工.姓名, 员工.性别, Year(Date())-Year([出生日期]) AS 年龄
FROM 员工;
```

(3) 聚合查询，SQL 语句如下：

```
SELECT 借阅.图书编号, Count(借阅.借阅单编号) AS 借阅数量
FROM 借阅
GROUP BY 借阅.图书编号;
```

4.5 其他形式的选择查询

4.5.1 交叉表查询

1. 什么是交叉表

当希望以更直观的形式查看具有两个分类的汇总结果时，可以考虑使用“交叉表查询”。我们来看一个应用需求。

【例 4-12】查询各类图书的借阅数量。

图书分类信息在【图书】表中，而借阅情况在【借阅】表中，所以数据源为【图书】表和【借阅】表，分类字段为【图书】表中的分类，汇总字段为图书编号，对其进行计数。

(1) 分析查询需求

- 数据源——【图书】表、【借阅】表。
- 结果字段——分类、图书编号。
- 查询条件——无。
- 查询名——暂无。

(2) 创建查询步骤

① 使用查询设计视图，选择数据源为【图书】表和【借阅】表。

② 选择分类和图书编号并将其拖曳进设计窗格的字段中，单击【Σ汇总】按钮，在出现的【总计】行中，【分类】列选择 Group by，【图书编号】列选择计数，如图 4-49 所示。

③ 执行查询，查看结果，如图 4-50 所示。

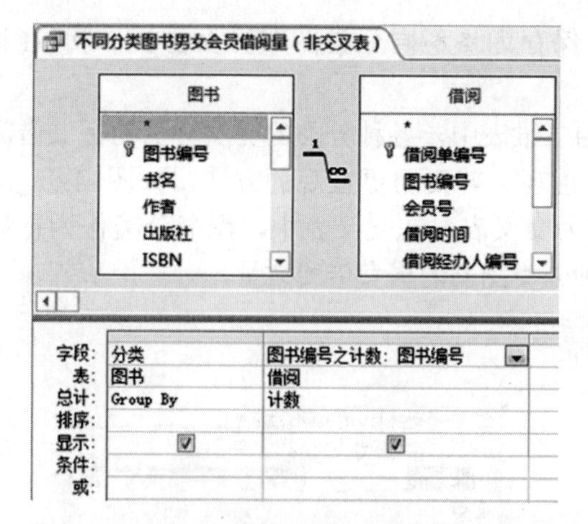

不同分类图书男女会员借阅量（非交叉表）

分类	图书编号之计数
儿童读物	2
工具书	1
进口原版	3
其它	6
摄影绘画集	1
小说	5
专业书	6

图 4-49　“查询各类图书的借阅数量”查询设计视图　图 4-50　“查询各类图书的借阅数量”查询结果

更进一步，若查询要求改为：男女会员借阅的不同分类图书的数量。分析查询要求：因会员性别信息保存在【会员】表中，所以数据源增加了一个【会员】表，分类字段从原来的一个字段——【图书】表中的分类字段，变为两个字段，增加了一个会员的【性别】字段，汇总字段仍为图书编号，对其进行计数。

【例 4-13】查询男女会员借阅的不同分类图书的数量。

(1) 分析查询需求

- 数据源——【图书】表、【会员】表、【借阅】表。
- 结果字段——分类、性别、图书编号。
- 查询条件——无。
- 查询名——不同分类图书男女会员借阅量(非交叉表)。

(2) 创建查询步骤

① 使用设计视图创建查询，添加【图书】表、【会员】表和【借阅】表为数据源表。

② 选择分类、性别和图书编号，拖曳进设计窗格的字段中，单击【Σ汇总】按钮，在出现的【总计】行中【分类】和【性别】列选择 Group by，【图书编号】列选择计数，如图 4-51 所示。

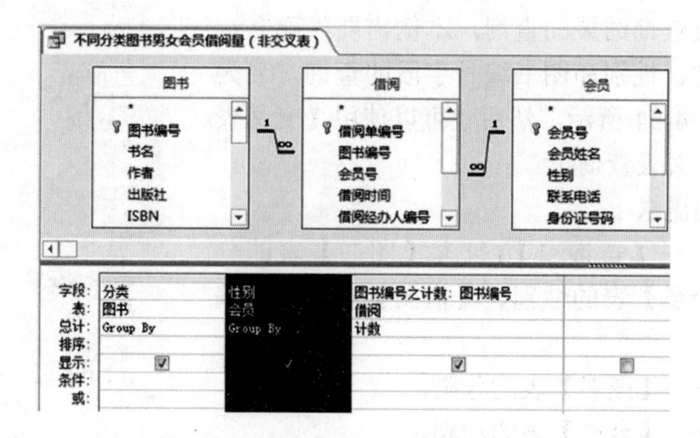

图 4-51　“查询男女会员借阅的不同分类图书的数量”查询设计视图

③ 执行查询，结果如图 4-52 所示，保存为“不同分类图书男女会员借阅量(非交叉表)”。

观察图 4-52 的查询结果，发现在一般的二维表中，各种分类的男女会员的图书借阅数量分别显示在不同行上，这样查看数据不直观。若要用更直观的方法，如图 4-53 所示，可将查询结果的形式从一般的二维表变为交叉表。在交叉表中，图书分类作为行标题，性别作为列标题，行列交叉的地方为各种分类图书的男女借阅数量。

不同分类图书男女会员借阅量(非交叉表)

分类	性别	图书编号之计数
儿童读物	女	2
工具书	男	1
进口原版	男	2
进口原版	女	1
其它	男	2
其它	女	4
摄影绘画集	男	1
小说	男	2
小说	女	3
专业书	男	1
专业书	女	5

图 4-52 “查询男女会员借阅的不同分类图书的数量”非交叉表形式查询结果

不同分类图书男女会员借阅量(交叉表)

图书分类	男	女
儿童读物		2
工具书	1	
进口原版	2	1
其它	2	4
摄影绘画集	1	
小说	2	3
专业书	1	5

图 4-53 “查询男女会员借阅的不同分类图书的数量”交叉表形式查询结果

那么，什么是交叉表呢？交叉表是二维表的变形。

什么是交叉表查询呢？使用“列标题”“行标题”和行列交叉处的“值”来表示选择查询结果的查询。一般的，行列交叉处的值为分类汇总的结果。

在 Access 中，创建交叉表查询可以通过向导和设计视图两种途径。不论通过哪种途径创建交叉表，都应该事先确定数据源、行列标题和交叉点字段及对该字段进行的汇总计算。

2. 使用【交叉表查询向导】创建交叉表查询

【例 4-14】使用交叉表显示男女会员借阅的不同分类图书的数量。

使用交叉表查询向导建立交叉表时，只能选择一张基本表或查询作为数据源，若数据源为多张表，则需要事先建立一个多表查询结果的查询，本例需要先建立一个包含三表中分类、性别和图书编号字段的查询，名为【查询 1】，如图 4-54 所示。然后就可以使用【交叉表查询向导】建立交叉表查询了。

查询1

分类	性别	图书编号
小说	男	B00002
专业书	男	B00004
小说	女	B00002
工具书	男	B00001
专业书	女	B00006
小说	女	B00002
进口原版	女	B00003
专业书	女	B00005
小说	男	B00002
小说	女	B00002
进口原版	男	B00003
专业书	女	B00004
儿童读物	女	B00011
其它	女	B00020
专业书	女	B00018
其它	女	B00009
其它	女	B00009
专业书	女	B00006
其它	男	B00007
摄影绘画集	男	B00016
其它	女	B00009
其它	男	B00009
进口原版	男	B00003
儿童读物	女	B00011
*		

图 4-54 【查询 1】数据源

(1) 分析查询需求

- 数据源——【查询 1】(包含【图书】表的分类、【会员】表的性别、【借阅】表的图书编号字段)。
- 行标题——【图书】表的分类。
- 列标题——【会员】表的性别。
- 交叉点字段——【借阅】表的图书编号。

- 汇总计算(交叉点函数)——Count(计数)。
- 查询条件——无。
- 查询名——不同分类图书男女会员借阅量(交叉表)。

(2) 创建查询步骤

① 使用向导创建交叉表，新建查询后选择【交叉表查询向导】，如图 4-55 左所示。单击【确定】按钮，选择数据源为【查询 1】，如图 4-55 右所示。

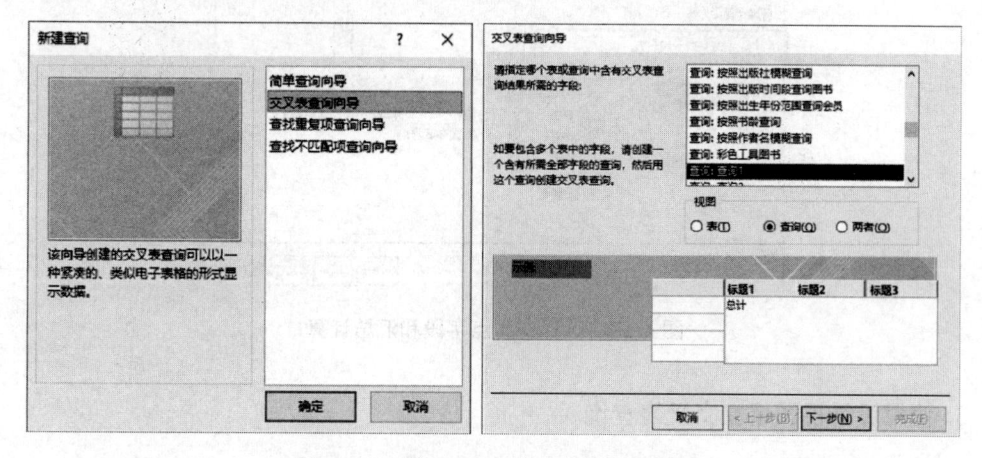

图 4-55 选择交叉表查询向导和数据源

② 选择行标题字段为分类，如图 4-56 左所示；列标题字段为性别，如图 4-56 右所示。

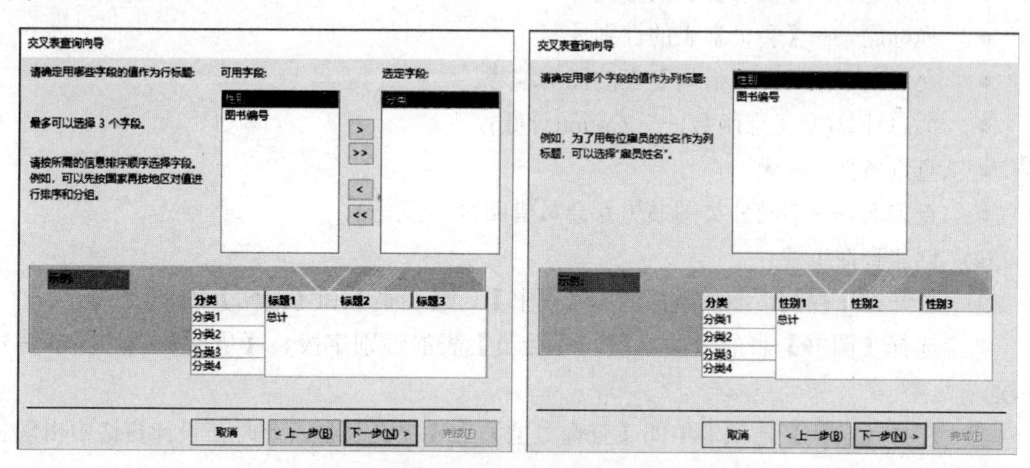

图 4-56 选择行列标题字段

③ 选择交叉点字段为图书编号，并选择函数为 Count(计数)。注意，这里有一个是否显示各行小计的复选框，若勾选，结果中每行出现一个小计，否则没有。这里不勾选，如图 4-57 所示。

④ 指定查询名称为“不同分类图书男女会员借阅量(交叉表)”，保存交叉表查询，查看结果如图 4-53 所示。

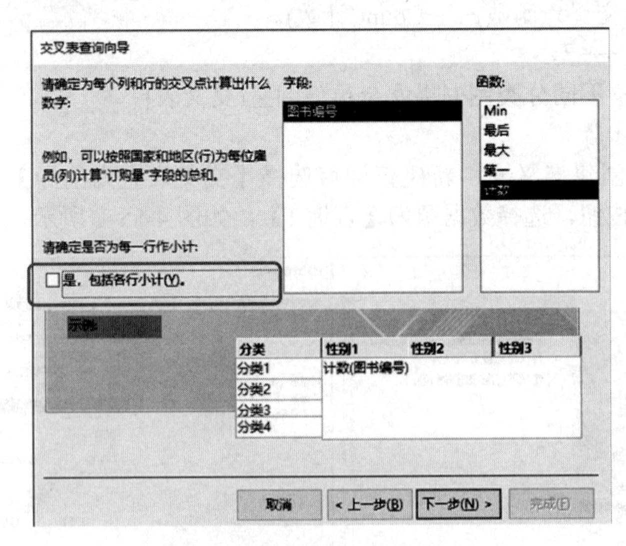

图 4-57　选择交叉点字段和汇总计算

3. 使用设计视图建立交叉表查询

(1)　分析查询需求

- 数据源——【图书】表、【会员】表、【借阅】表。
- 行标题——【图书】表的分类。
- 列标题——【会员】表的性别。
- 交叉点字段——【借阅】表的图书编号。
- 汇总计算(交叉点函数)——Count(计数)。
- 查询条件——无。
- 查询名——不同分类图书男女会员借阅量(交叉表)。

(2)　创建查询步骤

①　打开设计视图，添加数据源为【图书】、【会员】和【借阅】表。

②　选择【图书】表的分类字段、【会员】表的性别字段、【借阅】表的图书编号字段。

③　选择【设计】选项卡中的【查询类型】为【交叉表】，此时在设计窗格中出现总计和交叉表两个新行。

④　在总计行的分类和性别列中选择 Group by，在图书编号列中选择计数。

⑤　在交叉表行的分类列中选择行标题，在性别列中选择列标题，在图书编号列中选择值，如图 4-58 所示。

⑥　执行查询，查看结果，保存查询。

选择行标题字段为分类，如图 4-54 左所示；列标题字段为性别，如图 4-54 右所示。

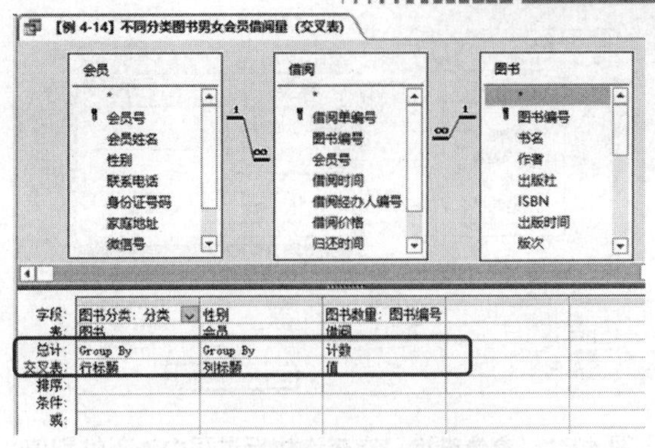

图 4-58　使用查询设计视图设计交叉表

4.5.2　参数查询

Access 中的另外一种其他形式的选择查询是参数查询。

前面创建带条件的选择查询时，都是在设计视图中输入查询条件，如：性别为“男”。然而有些查询条件值在设计时不能确定，需要等到执行查询时才能确定。当需要在执行查询过程中输入查询条件值时，可以考虑使用参数查询，其为用户提供参与查询过程的机会。

在执行查询的时候，参数查询为用户提供输入对话框，提示用户输入查询条件值。如：在百度的输入框中输入查询条件值，根据用户输入的值执行查询并给出查询结果，如图 4-59 所示。

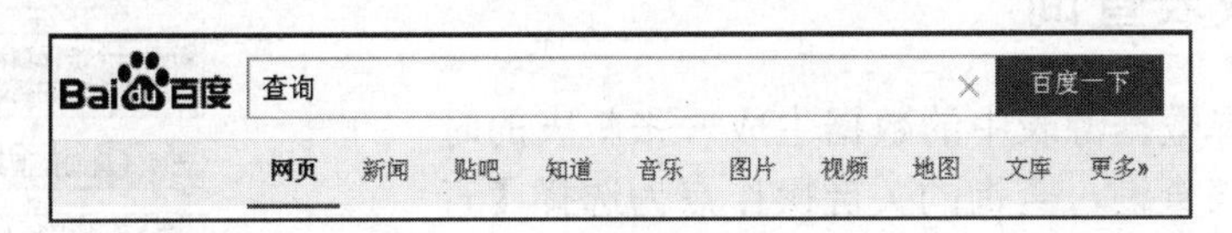

图 4-59　生活中的参数查询

【例 4-15】出一份会员名单，按照性别查询会员的会员号、姓名、性别和联系电话。

在一般的选择查询中，条件值是个确定的值，如“男”，在设计视图的性别字段条件中已经给出具体值，如图 4-60 所示。而参数查询的条件值是一个用[]括起的提示文本，其提示系统在执行查询时弹出一个输入框，供用户在此输入参数值“男”或“女”之后，提示文本将被这个输入值替换，最终执行带条件的一般选择查询，如图 4-61 所示。

字段:	会员号	会员姓名	性别	联系电话
表:	会员	会员	会员	会员
排序:				
显示:	☑	☑	☑	☑
条件:			"男"	
或:				

会员号	会员姓名	性别	联系电话
C00001	李博特	男	13601234567
C00003	张波罗	男	18912319080
C00005	赵德	男	13090087388
C00007	乔林	男	18911119012
C00011	钱风	男	16809234910
C00012	孙不二	男	13012911102
C00013	周立	男	13608945667
C00015	周自力	男	16298274757
C00016	顺溜	男	13611107621
C00017	张青山	男	16201927464
C00018	宁采臣	男	18230009888
C00019	冠路飞	男	18189818127

图 4-60　在设计视图中输入性别值

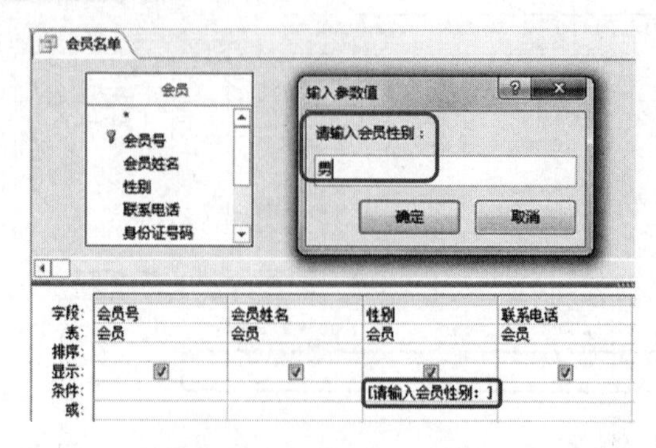

图 4-61　参数查询：在查询执行过程中输入性别值

4.6　操 作 查 询

当查询不是要从数据库中获取有用信息，而是对数据库中数据进行批量操作，如增记录、删记录、改数据、使用已有表中的数据生成新表，可以考虑使用操作查询。

操作查询是 Access 中对数据进行更新、追加、删除和创建新表的查询，故它有生成表查询、追加查询、删除查询和更新查询 4 种类型。与选择查询不同，操作查询的结果不是一张虚拟表，而是对数据源表执行了某个数据操作，在查看查询结果时，不是直接执行查询命令，而是需要打开数据源表或新生成表查看结果。

4.6.1　生成表查询

当需要选择数据源表中的数据生成一张新表的时候，使用生成表查询，查询的关键操作点为选择【查询类型】为“生成表”。

首先以数据源表为基础建立一个选择查询，再选择【查询类型】为“生成表”，在系统提示下输入新表的名称，保存查询，执行查询，打开新表查看生成结果。建立生成表查询的一般过程如图 4-62 所示。

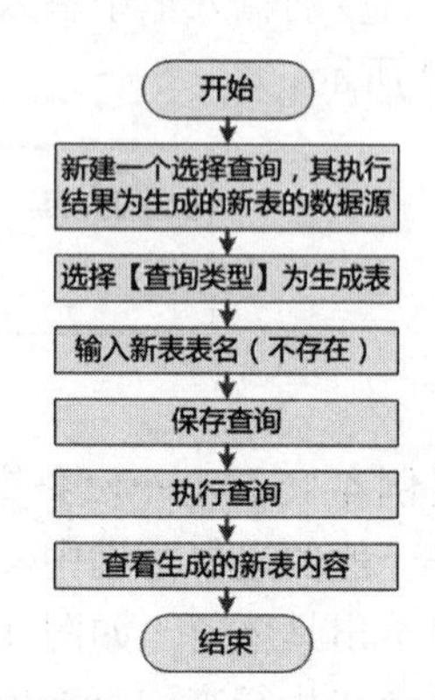

图 4-62　建立生成表查询的一般过程

【例 4-16】生成一张会员名单，包括会员号、会员姓名、性别和联系电话，数据来自于【会员】表。

(1) 分析查询需求

- 数据源——【会员】表。
- 结果字段——会员号、会员姓名、性别、联系电话。
- 查询条件——无。
- 生成的表名——会员名单。
- 查询类型——生成表查询。
- 查询名——生成会员名单。

(2) 创建查询步骤

① 使用设计视图，选择数据源为【会员】表。

② 在【会员】表中选择会员号、会员姓名、性别、联系电话字段，到此与选择查询操作完全一样，可先执行查询查看选择查询的结果。

③ 选择【设计】选项卡中的【查询类型】为“生成表”，在出现的【生成表】对话框中输入生成的新表的名称“会员名单”，如图 4-63 所示，单击【确定】按钮。

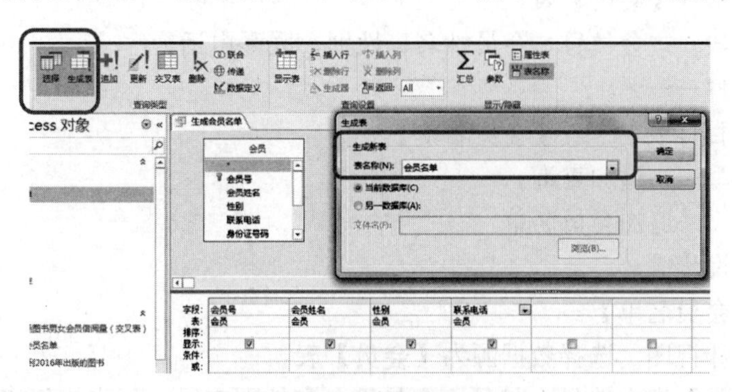

图 4-63 生成表查询设计

④ 正常执行查询，出现消息框提示“您正准备向新表粘贴××行”，单击【是】按钮，如图 4-64 左所示。

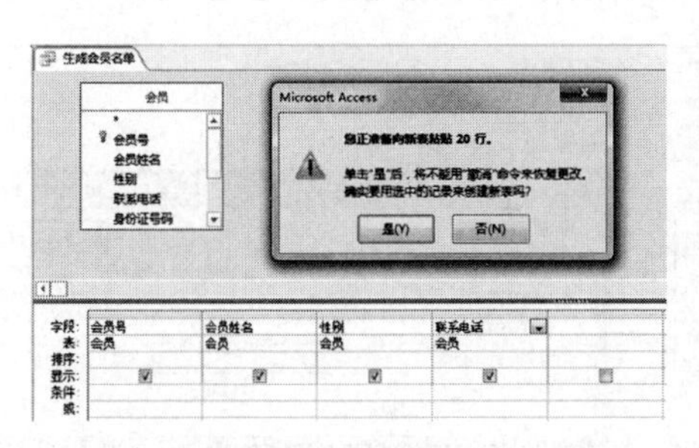

会员号	会员姓名	性别	联系电话
00001	李博特	男	13601234567
00002	马普尔	女	13801196745
00003	张波罗	男	18912319080
00004	宋加莎	女	13011519475
00005	赵德	男	13090087388
00006	lezima	女	13813452157
00007	乔林	男	18911119012
00008	ann	女	13623890123
00009	cc2018	女	18702098231
00010	shuangli	女	13109300078
00011	钱风	男	16809234910
00012	孙不二	男	13012911102
00013	周立	男	13608945667
00014	李玉	女	18973492013
00015	周自力	男	16298274757
00016	滕濯	男	13611107621
00017	张青山	男	16201927464
00018	宁采臣	男	18230009888
00019	冠鹏飞	男	18189818127
00020	李红图	女	13498293754

图 4-64 生成表

⑤ 此时，在 Access 对象窗格中会出现会员名单表，双击会员名单可查看这个新表的结果，如图 4-64 右所示。

⑥ 保存生成表查询为“生成会员名单”，今后可重复使用这个查询生成会员名单。

4.6.2 追加查询

当需要选择数据源表中的数据追加到一张已经存在的表中的时候，可使用追加查询，查询的关键操作点为选择【查询类型】为“追加”。

首先以数据源表为基础建立一个选择查询，查询的结果为要追加的记录行，再选择【查询类型】为“追加”，在系统提示下输入作为目标表的已有表的表名，保存查询，执行查询，打开目标表查看追加结果。建立追加查询的一般过程如图 4-65 所示。

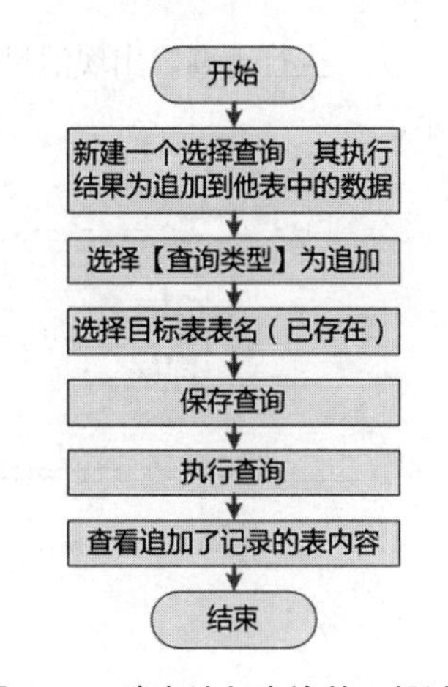

图 4-65 建立追加查询的一般过程

【例 4-17】将刚刚生成的【会员名单】表清空，将【会员】表中所有会员的编号、姓名和性别 3 列数据追加到【会员名单】表中。

(1) 分析查询需求

- 数据源——【会员】表。
- 结果字段——会员号、会员姓名、性别、联系电话。
- 查询条件——无。
- 追加的目标表名——【会员名单】。
- 查询类型——追加查询。
- 查询名——追加会员名单。

(2) 创建查询步骤

① 清空【会员名单】。

② 使用设计视图，选择数据源为【会员】表。

③ 在【会员】表中选择会员号、会员姓名和性别字段，可先执行查询查看选择查询的结果。

④ 选择【设计】选项卡中的【查询类型】为“追加”，在出现的提示对话框中选择目标表的名称为“会员名单”，如图 4-66 所示，单击【确定】按钮。

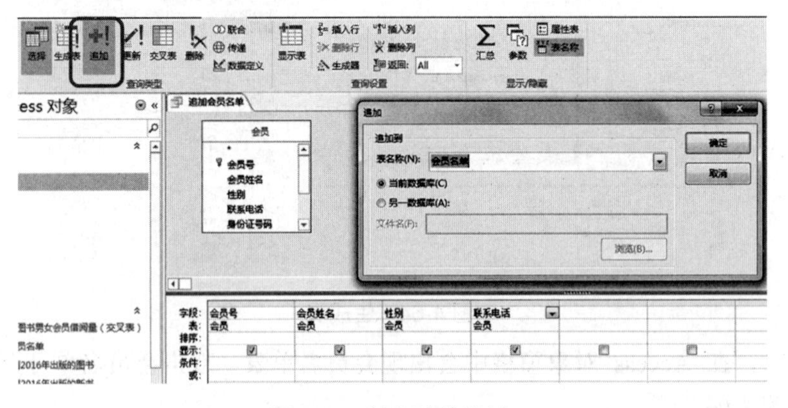

图 4-66 追加查询设计

⑤ 执行查询，出现消息框提示“您正准备追加××行”，单击【是】按钮，如图 4-67 左所示。

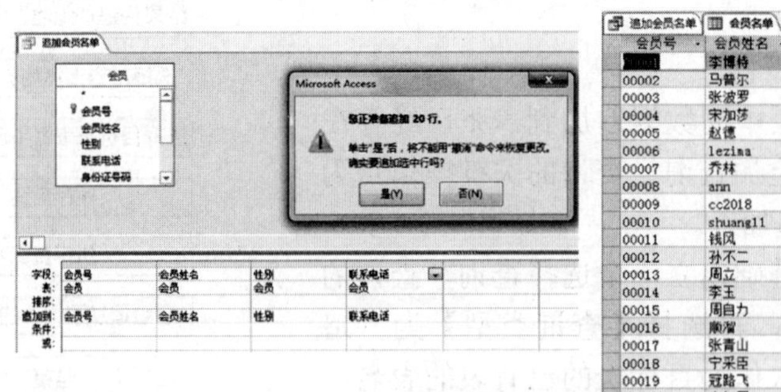

会员号	会员姓名	性别	联系电话
00001	李博特	男	13601234567
00002	马普尔	女	13801196745
00003	张波罗	男	18912319080
00004	宋加莎	女	13011519475
00005	赵德	男	13090087388
00006	lezima	女	13813452157
00007	乔林	男	18911119012
00008	ann	女	13623890123
00009	cc2018	女	18702098231
00010	shuang11	女	13109300078
00011	钱风	男	16809234910
00012	孙不二	男	13012911102
00013	周立	男	13608945667
00014	李玉	女	18973492013
00015	周自力	男	16298274757
00016	顺溜	男	13611107621
00017	张青山	男	16201927464
00018	宁采臣	男	18230009888
00019	冠路飞	男	18189818127
00020	李红图	女	13498293754

图 4-67 追加查询

⑥ 双击【会员名单】表查看追加的结果，保存追加查询名为“追加会员名单”，如图 4-67 右所示。

4.6.3 删除查询

当需要删除数据源表中数据的时候，特别是批量删除时，可使用删除查询，查询的关键操作点为选择【查询类型】为“删除”，注意删除的数据只能是整条记录。

首先以数据源表为基础建立一个选择查询，选择的字段仅为删除条件涉及的列，再选择【查询类型】为“删除”，保存查询，执行查询，打开数据源表查看删除结果。建立删除查询的一般过程如图 4-68 所示。

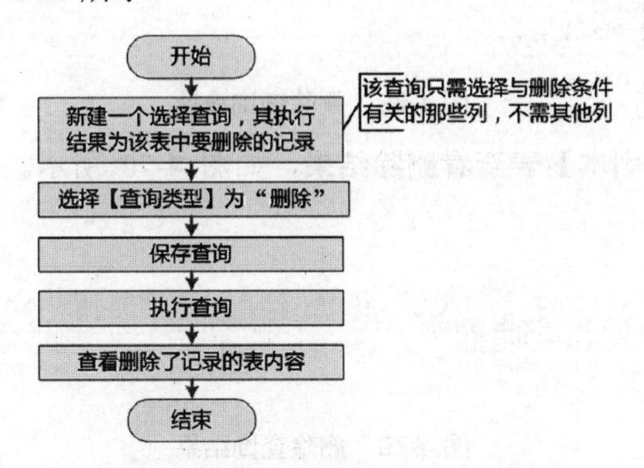

图 4-68　建立删除查询的一般过程

【例 4-18】删除【员工】表中已离职的员工信息。

要删除【员工】表中已离职的员工信息，在记录少的情况下手工删除就可以，但记录较多时，使用删除查询进行满足条件的批量删除就更为合适了。

(1) 分析查询需求

- 数据源——【员工】表(可复制一个练习用表)。
- 加入设计窗格的字段——在职否。
- 查询条件——在职否为 No 或 False。
- 查询类型——删除查询。
- 查询名——删除离职员工。

(2) 创建查询步骤

① 为了练习用，可复制一份员工表，名为“员工的副本”。

② 使用设计视图，添加数据源表为【员工的副本】。

③ 在【员工的副本】表中选择与删除条件相关的列：在职否，其值为假，则表示该员工已经离职，所以需要在该字段下输入条件 No 或 False。可以先执行查询查看选择查询的结果是不是已离职的员工。

④ 选择【设计】选项卡中的【查询类型】为“删除”。

⑤ 执行查询，出现消息框提示“您正准备从指定表删除××行”，如图 4-69 所示，单击【是】按钮。

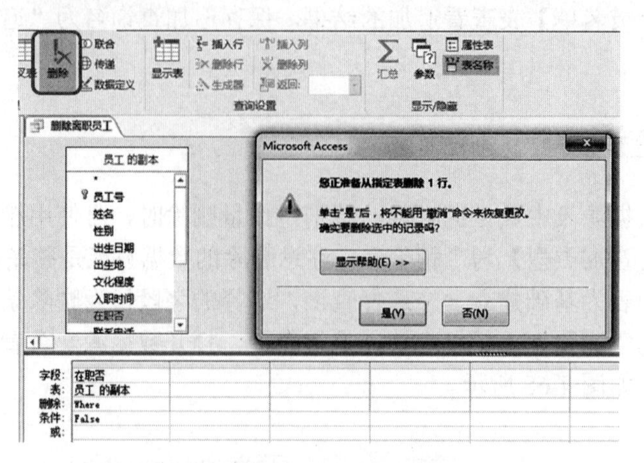

图 4-69　删除查询设计

⑥　双击【员工的副本】表查看删除结果，如图 4-70 所示。保存删除查询为“删除离职员工”。

员工号	姓名	性别	出生日期	出生地	文化程度	入职时间	在职否	联系电话	备用电话	微信号	婚
E01	阿顺	男	1996年2月1日	河南新乡	大学	2018年2月10日	☑	13651123344		13651123344	保密
E02	张小娴	女	1993年1月1日	北京	大学	2018年1月1日	☑	13801179821	18901896723	xiaoxian11	保密
E03	廖青	男	1993年10月7日	北京	大学	2018年1月1日	☑	13421991001		13421991001	未婚
*							☑				保密

图 4-70　删除查询结果

4.6.4　更新查询

当需要更新数据源表中的数据时，特别是批量更新时，可使用更新查询，查询的关键操作点是选择【查询类型】为“更新”，注意更新的数据可以是一个或多个字段，不必是整条记录。

首先以数据源表为基础建立一个选择查询，查询的结果仅为更新条件涉及的列和要更新的列，再选择【查询类型】为“更新”，保存查询，执行查询，打开数据源表查看更新结果。建立更新查询的一般过程如图 4-71 所示。

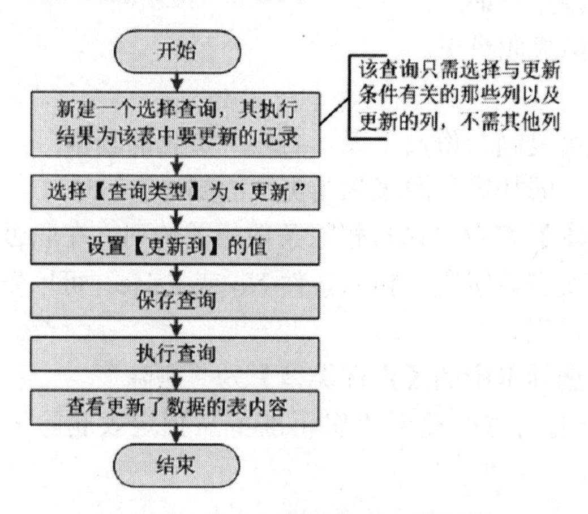

图 4-71　建立更新查询的一般过程

【例 4-19】将【提供者】表中的企业提供者的星级改为 1 级。

要将【提供者】表中的企业提供者的星级改为 1 级，在记录少的情况下使用手工更新还可行，但记录较多时，使用更新查询进行满足条件的批量更新应更为合适。

(1) 分析查询需求

- 数据源——【提供者】表(可复制一个练习用表)。
- 加入设计窗格的字段——个人/企业、星级。
- 查询条件——【个人/企业】为“企业”。
- 查询类型——更新查询。
- 查询名——更新企业星级为 1。

(2) 创建查询步骤

① 为了练习用可复制一份提供者表，名为“提供者的副本”。

② 使用设计视图，选择数据源为【提供者的副本】。

③ 在【提供者的副本】表中选择与更新条件和更新字段相关的列，这里的更新条件涉及的字段为【个人/企业】，要更新的字段为【星级】，将这两个字段添加到设计窗格中。

④ 将【个人/企业】字段的条件设置为“企业”，可先执行查询查看选择查询的结果，结果就是要更新的记录。

⑤ 选择【设计】选项卡上的【查询类型】为“更新”，此时设计窗格中出现“更新到，在星级列的更新到一行中输入 1”。

⑥ 执行查询，出现消息框提示“您正准备更新 10 行”，如图 4-72 所示，单击【是】按钮。

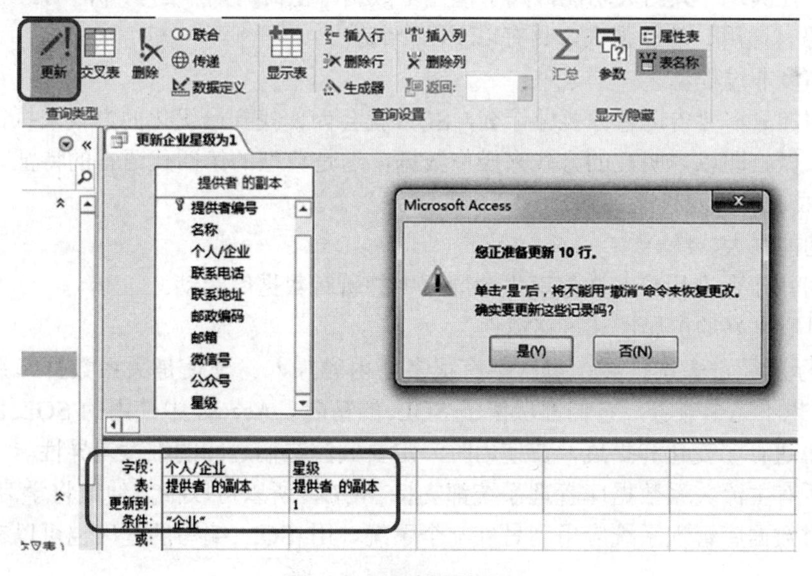

图 4-72　更新查询设计

⑦ 双击【提供者的副本】表查看更新结果，如图 4-73 所示，保存更新查询，名为“更新企业星级为 1”。

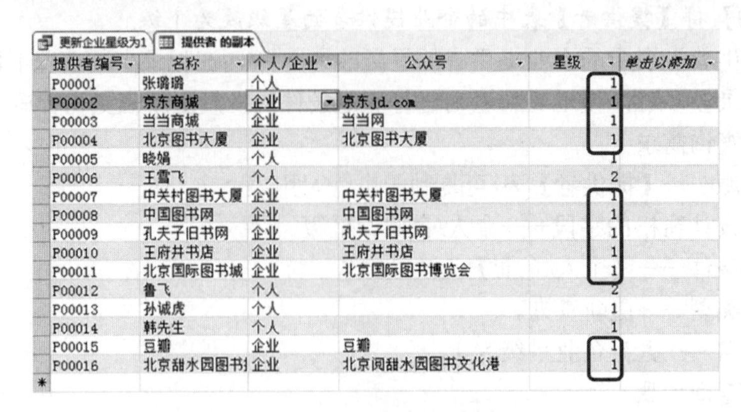

提供者编号	名称	个人/企业	公众号	星级	单击以添加
P00001	张璐璐	个人		1	
P00002	京东商城	企业	京东jd.com	1	
P00003	当当商城	企业	当当网	1	
P00004	北京图书大厦	企业	北京图书大厦	1	
P00005	晓娟	个人		1	
P00006	王雪飞	个人		2	
P00007	中关村图书大厦	企业	中关村图书大厦	1	
P00008	中国图书网	企业	中国图书网	1	
P00009	孔夫子旧书网	企业	孔夫子旧书网	1	
P00010	王府井书店	企业	王府井书店	1	
P00011	北京国际图书城	企业	北京国际图书博览会	1	
P00012	鲁飞	个人		2	
P00013	孙诚虎	个人		1	
P00014	韩先生	个人		1	
P00015	豆瓣	企业	豆瓣	1	
P00016	北京甜水园图书	企业	北京阅甜水园图书文化港	1	

图 4-73　更新查询结果

【注】此例的查询要求并不合理，仅为举例说明。

4.7　SQL 查询

4.7.1　什么是 SQL

SQL(structured query language，结构化查询语言)是 IBM 于 20 世纪 70 年代开发的关系数据库语言。它早已成为工业标准，是关系数据库的标准语言，被众多商用 DBMS 产品所采用，成为关系数据库领域中一个主流语言。它不仅包含数据查询功能，还包括定义、操纵、控制，一共四大功能，几乎覆盖了数据库生命周期中的全部活动。

SQL 语言通用、功能强大，具有以下四个特点。

(1) 高度非过程化

即所谓的只需要告诉它你要做什么，SQL 就会为你找到最优化的方式来执行；不需要告诉它怎么做，即以声明性的方式来操作数据，这是典型的第四代语言的特征。事实上，SQL 是最成功的第四代语言。

(2) 功能强大、统一

SQL 可用于所有用户在数据库生命周期中的所有数据库活动。

(3) 具有良好的扩展性和可移植性

SQL 标准经过多次扩展，每次都有很多新内容加入。即使是关系数据库系统使用的传统 SQL 也不完全兼容，它们都保留了 SQL 的精髓。Access 中使用的 SQL 也是在标准 SQL 基础上进行了变化和扩展，在使用时一定要关注它们之间的细微差异性。

由于所有主流关系数据库管理系统都支持 SQL，所以可以很方便地将学习到的 SQL 技能从一个数据库管理系统应用到另外一个系统，用 SQL 编写的程序也可以在系统之间移植。

(4) 简单易学

SQL 简洁、易学易用，基本的 SQL 命令类似于英语自然语言，简捷实用，初学者比较容易掌握。

SQL 完成核心操作使用的动词只有 9 个，如表 4-5 所示。

表 4-5　SQL 的 9 个核心动词

SQL功能	动词
数据库查询	Select
数据定义	Create、Drop、Alter
数据操纵	Insert、Update、Delete
数据控制	Grant、Revoke

SQL 诞生以来的近五十年当中，很多数据库来了又去。目前的 NoSQL 运动浪潮正在冲击着 SQL，看似 SQL 数据库即将死掉。然而，SQL 强大的扩展性使得它似乎能够坦然面对。

4.7.2　SQL 中的查询

尽管 SQL 具有四大数据库操作功能，但我们仅聚焦于其查询功能。其查询功能使用动词 SELECT 来实现，从此处我们也能看出选择查询的名字由来。

1. SELECT 语句的基本结构

```
SELECT <字段名 1>,<字段名 2>,<字段名 3>...
FROM   <表名>
```

SELECT 语句由 SELECT 子句和 FROM 子句作为基本构成，可在此基础上加入其他子句以扩充其功能。SELECT 子句后有多个字段名或计算字段的表达式，它们为出现在查询结果中的列。FROM 子句后为一个或多个表名，它们为查询的数据源表。

【例 4-20】查询会员的基本信息，包括会员号、姓名和性别。

SQL 语句如下：

```
SELECT  会员号,会员姓名,性别
FROM   会员
```

图 4-74 为 Access 的 SQL 视图中的 SQL 语句。

```
SELECT 会员.会员号, 会员.会员姓名, 会员.性别
FROM 会员;
```

在 SQL 视图中，Access会自动给字段名前加表名前缀

图 4-74　查询会员基本信息的 SQL 视图

【例 4-21】查询会员全部信息。

如果要查询会员全部信息，还可以用*代替所有字段名，语句为：

```
SELECT *
FROM   会员
```

2. 加入条件的查询

在 SELECT 语句中，除了必需的 FROM 子句之外，还可以通过 WHERE 子句加入查询条件。

```
SELECT <字段名 1>,<字段名 2>,<字段名 3>...
FROM   <表名>
WHERE 查询条件
```

【例 4-22】查询男会员的会员号、姓名。

SQL 语句如下：

```
SELECT    会员号,会员姓名
FROM      会员
WHERE     性别="男"
```

【注】“男”为文本常量，需要使用英文“”括起。

3. 使用 LIKE 的模糊查询

在 WHERE 子句中可以使用多种运算符书写查询条件，与 4.3.2 节提到的查询条件的书写方式相同。其中，同样可以使用 LIKE 运算符实现模糊查询。

【例 4-23】查询姓名为三个字的会员号、姓名和性别，查询结果如图 4-75 所示。

```
SELECT    会员号,会员姓名，性别
FROM      会员
WHERE     会员姓名 LIKE "???"
```

会员号	会员姓名	性别
C00001	李博特	男
C00002	马普尔	女
C00003	张波罗	男
C00004	宋加莎	女
C00008	ann	女
C00012	孙不二	男
C00015	周自力	男
C00017	张青山	男
C00018	宁采臣	男
C00019	冠路飞	男
C00020	李红图	女

图 4-75　查询结果

4. 查询结果去掉重复行的查询

在 SELECT 语句中使用 DISTINCT，能够去掉查询结果中的重复行。

【例 4-24】查询借过书的会员编号，如图 4-76 右所示。

```
SELECT  DISTINCT  会员号
 FROM   借阅
```

若不使用 DISTINCT，则会出现图 4-76 左的查询结果，因为一名会员可能会借阅多本书，所以他的会员号就会在【借阅】表中重复出现。而右图为使用了 DISTINCT 的查询结果，去掉了左图结果中的重复行。

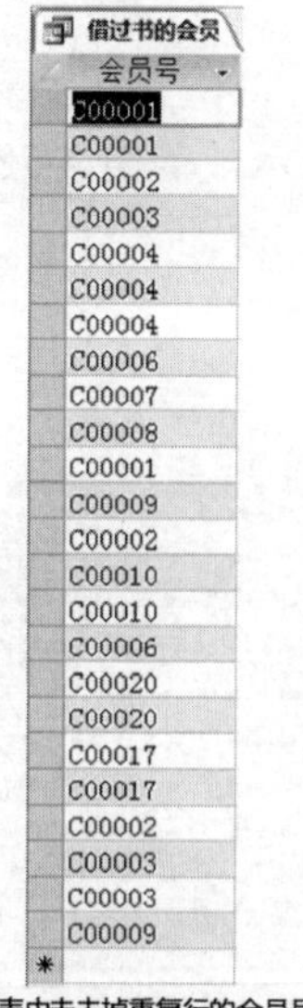

借过书的会员

会员号
C00001
C00001
C00002
C00003
C00004
C00004
C00004
C00006
C00007
C00008
C00001
C00009
C00002
C00010
C00010
C00006
C00020
C00020
C00017
C00017
C00002
C00003
C00003
C00009

【借阅】表中未去掉重复行的会员号

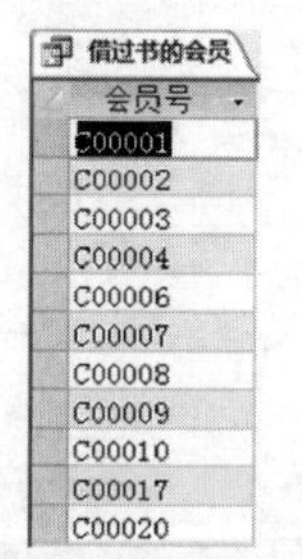

借过书的会员

会员号
C00001
C00002
C00003
C00004
C00006
C00007
C00008
C00009
C00010
C00017
C00020

【借阅】表中去掉重复行的会员号

图 4-76 未去掉重复行和去掉重复行的【借阅】表中的会员号

5. 分组查询

在分类汇总时，需要使用分组查询，即使用 GROUP BY 子句的查询。

```
SELECT <字段名1>,<字段名2>,<字段名3>…
FROM   <表名>
GROUP BY <分组字段名1>,<分组字段名2>…
```

【例 4-25】查询新旧书库存。

查询新旧书库存，则需要按照图书新旧来分组。在分组查询中，聚合函数的汇总范围为每一组，所以新旧书组各有一个统计出的库存量。

SQL 语句为：

```
SELECT 新书否,Sum(库存量)
FROM 图书
GROUP BY 新书否
```

查询结果列还可以使用 AS 来添加别名，提高可读性。

【例 4-26】查询新旧书库存，带别名，如图 4-77 所示。

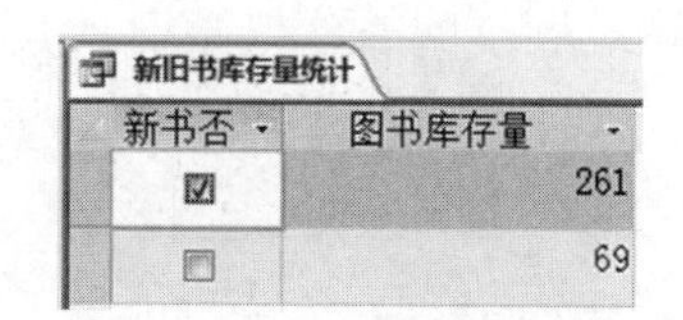

新旧书库存量统计

新书否	图书库存量
☑	261
☐	69

图 4-77 加列别名的查询

```
SELECT 新书否,Sum(库存量) AS 图书库存量
FROM 图书
GROUP BY 新书否
```

6. 查询结果排序

对查询结果中的记录按照某个或某些字段有序排列，这个(些)字段被称为排序字段，在 SQL 中使用 ORDER BY 子句。

```
SELECT   <字段名1>,<字段名2>,<字段名3>…
FROM     <表名>
```

```
ORDER BY  <排序字段名 1>,<排序字段名 2>…
```

【例 4-27】将图书按照库存量从大到小排序显示，如图 4-78 所示。

```
SELECT *
FROM 图书
ORDER BY 库存量 DESC
```

图书库存量排序

图书编	书名	作者	分类	定价	库存量	封面	目录	内容简介	推荐理由
B00011	幼儿睡前故事绘本	罗白国，等	儿童读物	120	60	Bitmap Image		全套图书精心编辑6大类经典故事，包括很好	大字注音，图文并茂
B00012	幼儿睡前故事绘本	罗白国，等	儿童读物	120	40	Bitmap Image		全套图书精心编辑6大类经典故事，包括很好	大字注音，图文并茂
B00006	Excel跟卢子一起学 早做完 不加班	陈锡卢	专业书	44	20	Bitmap Image	Bitmap Image	教你快乐运用和享受Excel，跟着书中的卢	享受Excel
B00005	数据库系统概论（第5版）	王珊，萨师煊	专业书	42	18	Bitmap Image	Bitmap Image	《数据库系统概论》第1版于1983年出版，	数据库经典之作
B00004	大学计算机基础	戴红，等	专业书	49	15	Bitmap Image	Bitmap Image	《大学计算机基础》为大学计算机通识教育入	
B00010	邦臣小红花·我的第一套启蒙认知贴纸书	北京小红花图书工作室	儿童读物	56	15	Bitmap Image			
B00014	故宫	纪录片《故宫》节目组	其它	78	15	Bitmap Image	Bitmap Image	本书从不同角度解读故宫，分十二章节从故宫	2019年，大型经典纪录片《故宫》出，因其巨大反响，本书脱胎于此纪
B00015	单车骑行去西藏	梅里，TT	其它	49.8	15	Bitmap Image	Bitmap Image	西藏是青藏高原的南部，由东向西，分布着一条	人在竭尽全力之后依然可以继续挑战极限，你会发现，你比自己想象的更加
B00018	手机摄影从小白到大师	王娟娟，叶明	专业书	88	15	Bitmap Image	Bitmap Image	主要由两部分构成：前期怎么拍与后期怎么	手机摄影是这个世界送给每个生活者礼，它让我们可以随时随地记录下身
B00013	中级会计职称2019教材 经济法	财政部会计资格评价中心	专业书	56	13	Bitmap Image	Bitmap Image	2019年会考中级辅导教材之一，向读者介绍了	备战会计考试，质量好
B00016	从零起步：素描基础教程	张玉红	摄影绘画集	39.8	13	Bitmap Image	Bitmap Image	写给绘画爱好者的素描必备基础书，全面覆盖	60个有针对性的案例，为你展现素描脉络！细分门类，深入讲解，助你
B00003	哈利波特与魔法石	J.K.罗琳	进口原版	42	13	Bitmap Image		Not all monsters look like	
B00002	无人生还	阿加莎·克里斯蒂	小说	35	13	Bitmap Image		十个相互陌生、身份各异的人受邀前往德文郡	《卫报》书评：来势汹汹的恐惧惊下重重悬念，封闭的场景、目不暇接
B00020	二战尖端武器鉴赏指南（珍藏版）（第2版）	《深度军事》编委会	其它	59	12	Bitmap Image	Bitmap Image	在第1版的基础上增加了更多二战时期的尖端	二战不仅是一场战争，也是一次军备是一次高科技的对决，了解历史，请
B00017	Wonder 奇迹男孩	R.J. Palacio	进口原版	62.3	12	Bitmap Image		拔乎，尽管成长的路异常艰辛，谢谢你从未放	同名电影原音读书，豆瓣高分推荐，鼓舞人心！
B00019	红色家书	《红色家书》编写组	其它	45	12	Bitmap Image	Bitmap Image	家书是家庭的情感纽	你可以看到史料，看到人物传记，看

记录：第 15 项(共 20 项)　无筛选器　搜索

图 4-78　查询结果按照库存量由大到小排列

其中的 DESC 为降序排列，默认为升序排序，或使用 ASC。

7. 查询排在前几行的记录

使用 SELECT TOP 或 SELECT TOP PERCENT 可以只显示查询结果中的前几行。

【例 4-28】查询最贵的图书，如图 4-79 所示。

```
SELECT TOP 1 *
FROM 图书
ORDER BY 定价 DESC
```

就是将按照定价降序排列的图书中排在第一的图书查询出来。

图书	书名	作者	分类	定价	库存	封面	目录	内容简介	推荐理由
B00001	甲骨文字典	徐中舒	工具书	300	1	Bitmap Image		徐中舒先生是我国著名的历史学家和古文字学家，《甲骨文字典》	权威经典，实用性强，可从中领略古文字的风采——京东商城

图 4-79　最贵图书

【例 4-29】查询定价排在前 10%的图书，如图 4-80 所示。

```
SELECT TOP 10 PERCENT *
FROM 图书
ORDER BY 定价 DESC
```

图书定价前百分之十

图书编	书名	作者	出版社	新书	分类	定价	库存量	封面	目录	内容简介	推荐理由
B00001	甲骨文字典	徐中舒	四川辞书出版社	☑	工具书	300	1	Bitmap Image		徐中舒先生是我国著名的历史学家和古文字学	权威经采——
B00011	幼儿睡前故事绘本	罗白国，等	文化发展出版社	☑	儿童读物	120	60	Bitmap Image		全套图书精心编辑6大类经典故事，包括很好	大字注
B00012	幼儿睡前故事绘本	罗白国，等	文化发展出版社	☐	儿童读物	120	40	Bitmap Image		全套图书精心编辑6大类经典故事，包括很好	大字注

图 4-80　定价排在前 10%的图书

4.7.3 Access 中的 SQL

在 Access 中使用设计视图创建查询的同时，Access 会自动创建一个等价的 SQL 语句，这条语句可以在 SQL 视图中查看，还可以修改。修改的结果也可以同步反映在设计视图中。还可以在打开设计视图后，直接切换到【SQL 视图】窗口编写 SQL 语句，并执行。

【注】在 Access SQL 视图中，SQL 语句都以分号(;)结束。

既然有了查询设计视图，那为什么还要使用 SQL 视图呢？当然除了学习的作用外，主要的作用有两点。

(1) 一些查询要求在设计视图中不能完全实现，需要使用 SQL 语句来实现。

【例 4-30】查询借阅量 TOP 3 的图书，如图 4-81 所示。

图书编号	书名	作者	出版时间	库存量	借阅量
B00002	无人生还	阿加莎·克里斯蒂	2016年8月1日	13	5
B00009	暗知识：机器认知如何颠覆商业和社会	王维嘉	2019年4月1日	11	4
B00003	哈利波特与魔法石	J.K.罗琳	2014年9月1日	13	3

图 4-81 借阅量 TOP 3 的图书查询结果

使用设计视图可以求出借阅量，并按照借阅量由大到小排序；但是若只显示前 3 条记录，就无法实现了，而需要使用 SELECT TOP 语句来实现。故这类查询，可以先用设计视图完成它可以完成的工作，不能完成的交给 SQL。

(2) Access 提供了一些 SQL 特定查询，如联合查询、传递查询、定义查询，实现在设计视图中完全不能实现的查询。

【例 4-31】合并会员和员工信息。

书屋要举办年底联欢会，邀请会员与员工一起开展活动，需要一张包括员工信息和会员信息的联系表，表中包括员工和会员的编号、姓名、性别、联系电话，如图 4-82 所示。

员工和会员名单

员工或会员号	姓名	性别	联系电话
00001	李博特	男	13601234567
00002	马普尔	女	13801196745
00003	张波罗	男	18912319080
00004	宋加莎	女	13011519475
00005	赵德	男	13090087388
00006	lezima	女	13813452157
00007	乔林	男	18911119012
00008	ann	女	13623890123
00009	cc2018	女	18702098231
00010	shuang11	女	13109300078
00011	钱风	男	16809234910
00012	孙不二	男	13012911102
00013	周立	男	13608945667
00014	李玉	女	18973492013
00015	周自力	男	16298274757
00016	顺溜	男	13611107621
00017	张青山	男	16201927464
00018	宁采臣	男	18230009888
00019	冠路飞	男	18189818127
00020	李红图	女	13498293754
01	阿顺	男	13651123344
02	张小娴	女	13801179821
03	廖青	男	13421991001
04	孙晓晓	女	13691902221

图 4-82 合并查询结果

实际上，该查询要求是分别在【员工】和【会员】表中查询出这 4 列的数据，合并为一张表。这里可以使用联合查询进行数据集的合并。

首先查询员工信息：

```
SELECT 员工号,姓名,性别,联系电话
FROM 员工
```

再查询会员信息：

```
SELECT 会员号,会员姓名,性别,联系电话
FROM 会员
```

两个数据集使用 UNION 运算符合并，这就是联合查询，此处还可以用 AS 起别名。

```
SELECT 员工号 AS 员工或会员号,姓名,性别,联系电话
FROM 员工
UNION
SELECT 会员号,会员姓名,性别,联系电话
FROM 会员
```

4.8 本章小结

使用 Access 中的选择查询从数据库中找需要的数据，同时，还可以使用操作查询批量增、删、改数据和生成新数据表。本章介绍了两大类查询：选择查询和操作查询。

(1) 选择查询的核心技术在于查询条件的构造，其中用到多种常量、字段名、函数和运算符。

选择查询不仅仅可以找表中已有的数据，还可以对这些数据进行计算，得到结果。包括使用表达式计算所得的字段——计算字段和聚合函数进行统计汇总，其中还可以进行分类汇总。

选择查询有两种其他形式：交叉表查询和参数查询。交叉表查询用行、列两个标题及交叉点值的形式组织查询结果，适合用于两级分类汇总；参数查询是希望在执行查询的过程中用户可以参与输入查询参数，是一种提高查询交互性的手段。

(2) 操作查询注意要在创建选择查询后，选择四种操作查询类型之一。查询执行的结果是对数据源中的数据进行更改或生成新表，所以查看查询执行的结果需要打开数据源。

以上查询的设计和创建一般在设计视图下完成，除此之外，还可以使用【查询向导】实现查询，不过它只能实现单表无条件的简单查询，而一般使用向导来创建的是交叉表查询和两种非常适合用向导完成的选择查询——查找重复项和不匹配项的查询。

SQL 查询是在 SQL 视图下使用 SQL 语句实现的查询，在 Access 中使用 SQL 实现查询是因为部分查询用设计视图不能完全实现或实现困难，还因为一些查询，如联合查询只能使用 SQL 命令来实现。

当然，SQL 作为关系数据库的标准语言，得到几乎所有主流的关系数据库管理系统的支持，尽管在不同的系统中内容有所差异，但核心基本一致。所以学好 SQL 对于适应不同关系数据库的应用场景都是很有益的。而 Access 恰恰在使用设计视图创建查询时自动

创建了一个等价的 SQL 语句，为学习 SQL 提供了一个很好的途径。

本章内容导图如图 4-83 所示。

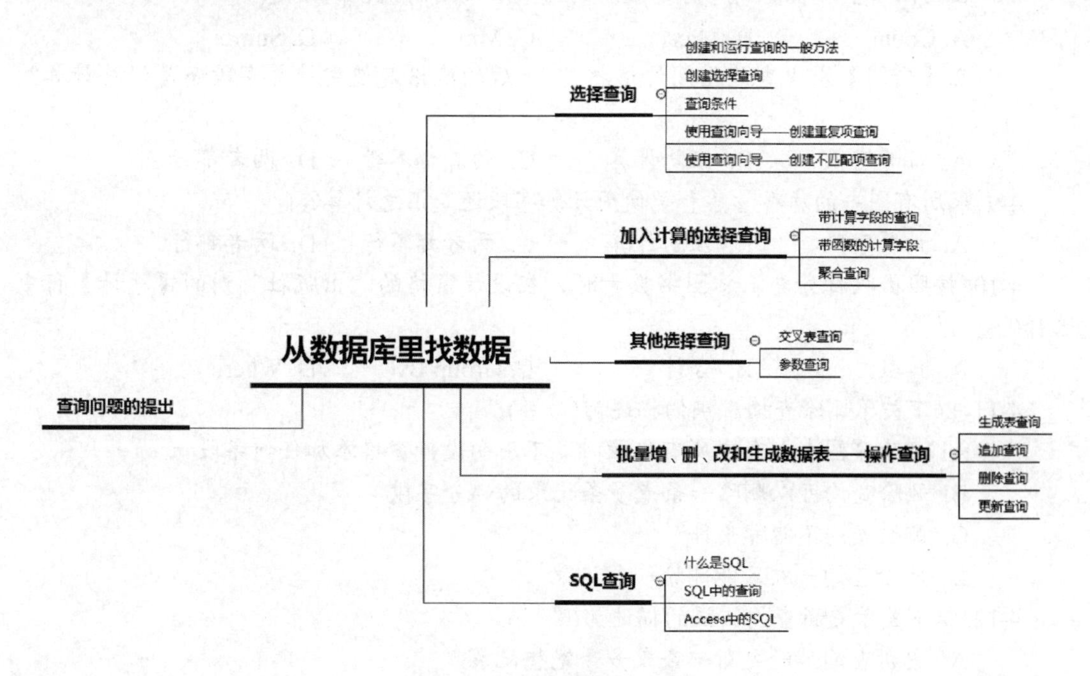

图 4-83　第 4 章内容导图

4.9 练 习 题

【选择题】

4-1 在【图书】表中查询新书的条件是(　　)。

A. 新书否=是　　B. 新书否=“是”　　C. 新书否=Yes　　D. 新书否= “Yes”

4-2 在【图书】表中查询不是进口原版图书的条件是(　　)。

A. 分类不是“进口原版”　　B. 分类<>“进口原版”

C. 分类 Not in “进口原版”　　D. 分类不是进口原版

4-3 在【图书】表中查询书名的第二个字是“车” 的条件是(　　)。

A. 书名 =“车”　　B. 书名 LIKE “车”

C. 书名 LIKE “车*”　　D. 书名 LIKE “?车*”

4-4 在【员工】表中查询没有备用电话的条件是(　　)。

A. 备用电话 is Null　　B. 备用电话 = Null

C. 备用电话 =“”　　D. 备用电话 is “”

4-5 在【借阅】表中查询应还时间还未到期的条件是(　　)。

A. 应还时间 >#2021-10-10#　　B. 应还时间 >“2021-10-10”

C. 应还时间 >date()　　D. 应还时间 >今天

4-6 求【员工】表中员工记录数的聚合函数是(　　)。

A. Count　　B. Max　　C. Min　　D. Sum

4-7 在【图书】表中查询库存量最多的图书所使用的聚合函数是(　　)。

A. Count　　B. Max　　C. Min　　D. Sum

4-8 在【借阅】表中查询借阅价格打 7 折后的价格是使用计算字段还是汇总计算？(　　)

A. 计算字段　　B. 汇总计算　　C. 两者都不行　　D. 两者都行

4-9 求所有图书的库存量总和是使用计算字段还是汇总计算？(　　)

A. 计算字段　　B. 汇总计算　　C. 两者都不行　　D. 两者都行

4-10 按照出版社分类汇总图书数量时，在设计窗格的“出版社”列的【总计】行中选择(　　)。

A. 计数　　B. 合计　　C. Group By　　D. Where

4-11 以下关于删除查询正确的描述为(　　)。

A. 删除【图书】表中所有记录时，不用向设计窗格添加任何字段

B. 删除查询可以删除一条或多条记录的部分字段

C. 删除查询不能带条件

D. 删除查询一次只能删除一条记录

4-12 以下关于更新查询错误的描述为(　　)。

A. 更新查询只能更新一条或多条完整记录

B. 更新查询可以更新一条或多条记录的部分字段

C. 更新查询可以带条件

D. 更新查询可以在选择查询基础上通过选择查询类型来实现

4-13 以下关于追加查询错误的描述为(　　)。

A. 追加查询可以建立一张新表，并将选择查询的结果添加进新表

B. 追加查询可以添加一条或多条记录的部分字段

C. 追加查询只能向已有表中追加记录

D. 追加查询是将选择查询的结果追加到他表中

4-14 以下关于生成表查询错误的描述为(　　)。

A. 生成表查询可以新建一张表

B. 生成表查询是用选择查询的结果建立一张新的基本表

C. 生成表查询是用选择查询的结果建立一张新的虚拟表

D. 生成表查询可以向一张新表中添加记录

4-15 以下关于操作查询正确的是(　　)。

A. 操作查询不会更改数据表中的数据

B. 操作查询的执行结果是一张虚拟表

C. 操作查询的执行结果是一张基本表

D. 操作查询可能更改数据表中的数据或生成新表

【实验题】

4-16 在【学生与系】数据库中创建以下查询。

(1) XX 系(如档案系)学生的学号、姓名和性别，查询保存为“XX 系学生名单”。

(2) 同年同月同日生的学生的学号、姓名和性别，查询保存为“同年同月同日生的学生”。

(3) 求每名学生的学号、姓名和年龄，查询保存为“学生年龄”。

(4) 求各系学生人数，查询保存为“各系学生人数”。

(5) 按照性别和所在系名统计学生人数，查询保存为“各系男女生人数”。

(6) 输入性别参数，查询不同性别的学生学号、姓名和性别，查询保存为“按照性别查询学生信息”。

(7) 生成学生名单表，包含学生学号、姓名和性别，查询保存为“生成学生名单”。

(8) 创建一张学生空表，名为“男学生”。创建查询，将学生表中的男同学记录添加到该表中，查询保存为“添加男学生信息”。

(9) 复制一份学生表副本，创建查询，删除该表中出生日期在 2001 年 8 月 31 日之前的学生记录，查询保存为“删除特定日期前出生的学生”(可使用参数查询)。

(10) 复制一份学生表副本，创建查询，将其中“张三”的所在系编号改为 02，查询保存为“修改特定学生的所在系编号”(可使用参数查询)。

(11) 求学生人数最多的系的系号和系名，查询保存为“人数最多系”。

附录 4.1　查询清单

【例 4-1】无条件单表选择查询——张小娴需要一份会员名单，包括会员号、姓名、性别和联系电话。

【例 4-2】带条件单表选择查询——张小娴希望得到一份女会员的名单。

【例 4-3】多表选择查询——出一份图书借阅表，包括会员号、会员姓名、图书编号、书名、借阅时间。

【例 4-4】带条件的选择查询——查询在某个出版时间段，如 2015 年到 2016 年的图书编号、书名、作者、出版社和出版时间。

【例 4-5】带条件的选择查询——查询 2015 年到 2016 年出版的新书，显示图书编号、书名、作者、出版社和出版时间。

【例 4-6】带条件的选择查询——出一份图书借阅卡列表。

【例 4-7】重复项查询——查询有重名的图书。

【例 4-8】不匹配项查询——查找没有借过书的会员。

【例 4-9】带计算字段的查询——根据图书的收购数量和收购单价，求出每笔收购的收购金额。

【例 4-10】计算字段带函数的查询——求员工的年龄。

【例 4-11】分类统计——求每种书的借阅数量。

【例 4-12】分类统计——查询各类图书的借阅数量。

【例 4-13】两分类字段的分类统计——查询男女会员借阅的不同分类图书的数量。

【例 4-14】交叉表查询——使用交叉表显示男女会员借阅的不同分类图书的数量。

【例 4-15】参数查询——出一份会员名单，按照性别查询会员的会员号、姓名、性别和联系电话。

【例 4-16】生成表查询——生成一张会员名单，包括会员号、会员姓名、性别和联系电话，数据来自于【会员】表。

【例 4-17】追加查询——将【会员】表中所有会员的编号、姓名、性别和联系电话 4 列数据追加到【会员名单】表中。

【例 4-18】删除查询——删除【员工】表中已离职的员工信息。

【例 4-19】更新查询——将企业提供者的星级改为 1 级。

【例 4-20】SQL 查询——查询会员的基本信息，包括会员号、姓名和性别。

【例 4-21】SQL 查询——查询会员全部信息。

【例 4-22】SQL 查询——查询男会员的会员号、姓名。

【例 4-23】SQL 查询——查询姓名为三个字的会员号、姓名和性别。

【例 4-24】SQL 查询——查询借过书的会员编号。

【例 4-25】SQL 查询——查询新旧书库存。

【例 4-26】SQL 查询——查询新旧书库存，带别名。

【例 4-27】SQL 查询——将图书按照库存量从大到小排序显示。

【例 4-28】SQL 查询——查询最贵的图书。

【例 4-29】SQL 查询——查询定价排在前 10%的图书。

【例 4-30】SQL 查询——查询借阅量 TOP 3 的图书。

【例 4-31】SQL 查询——合并会员和员工信息。

附录 4.2 Access 中常用内部函数

序号	函数类型	函数名	功能/举例
1	算术	Abs(数字)	返回数字的绝对值，如 Abs(-7)返回 7
2		Atn(数字)	返回数字的余切值
3		Cos(数字)	返回数字的余弦值
4		Exp(数字)	返回 e 的给定次幂，如 Exp(2) 返回 7.389
5		Fix(数字)	返回数字的整数部分，如 Fix(36.7)返回 36
6		Int(数字)	将数字向下取整到最接近的整数，等价于 Fix。如 Int(36.7)返回 36
7		Log(数字)	返回以 e 为底的对数值，如 Log(1)返回 0
8		Rnd()	返回一个 0 到 1 之间的随机数值
9		Sgn(数字)	返回数字的正负符号，正数返回 1，负数返回-1，0 值返回 0
10		Sin(数字)	返回数字的正弦值
11		Sqr(数字)	返回数字的平方根值，如 Sqr(4)返回 2
12		Tan(数字)	返回数字的正切值
13	文本	Asc(字符串)	返回字符串第一个字母的 ASCII 码值，如 Asc("A")返回 65
14		Chr(ASCII 码值)	将 ASCII 码值转换到字符，如 Chr(65)返回"A"

续表

序号	函数类型	函数名	功能/举例
15	文本	Format(表达式,格式)	格式化表达式，如 Format(now(),'yyyy-mm-dd')返回 2019-11-26，Format(2/3,"0.000")返回 0.667
16		InStr(字符串,子串)	返回子串在字符串中首次出现的位置，若未出现，返回 0。如 InStr("abc","b")返回 2，InStr("abc","x")返回 0
17		LCase(字符串)	返回字符串的小写形式，如 LCase("ABC")返回 abc
18		Left(字符串,长度)	左截取字符串，如 Left("abcd", 3)返回 abc
19		Len(字符串)	返回字符串长度
20		LTrim(字符串)	去掉字符串前导空格，如 LTrim("　Hello")返回 Hello
21		Mid(字符串,开始位置,长度)	从中间位置截取字符串，如 Mid("abcde",2,3)返回 bcd
22		Right(字符串,长度)	右截取字符串，如 Right("abcd", 3)返回 bcd
23		RTrim(字符串)	去掉字符串后续空格，如 RTrim("Hello　")返回 Hello
24		Space(数字)	产生空格，如 Space(2)返回 2 个空格
25		StrComp(字符串 1,字符串 2)	返回两个字符串的比较结果(不区分大小写)，若相等返回 0；不等，根据对应位置字符的 ASCII 值的大小，字符串 1 大，则返回 1，否则返回-1。如 StrComp("abc","ABC")返回 0，StrComp("abc", "acd")返回-1，StrComp("axc","acd")返回 1
26		Trim(字符串)	去掉字符串两头的空格，如 Trim(" Hello ")返回 Hello
27		UCase(字符串)	返回字符串的大写形式，如 Ucase("abc")返回 ABC
28	日期/时间	CDate(表达式)	将表达式强制转换为日期值，如 CDate("July 10, 2019")，结果为#2019/7/10#
29		Date()	返回当前系统日期，如 Date()，结果为今天的日期
30		DateAdd(时间间隔,时间间隔数,日期)	返回加上某个时间间隔数的日期，如 DateAdd ("d",10,Date())，返回将当前日期加上 10 天的日期。其中，时间间隔可以是年月日 yyyy、m、d 或时分秒 h、n、s 等
31		DateDiff(时间间隔,日期 1,日期 2)	返回两个日期之间的时间间隔，如 DateDiff ("d","2019/10/1","2019/11/1")返回 31，其中时间间隔可以是年月日 yyyy、m、d 或时分秒 h、n、s 等
32		DatePart(时间间隔,日期)	返回日期的某个部分，如 DatePart("d","2019/10/1")返回 1，即 1 号，其中时间间隔可以是年月日 yyyy、m、d

续表

序号	函数类型	函数名	功能/举例
33	日期/时间	Day(日期)	返回日期中的“日”，如 Day("2019-10-1")返回值为 1
34		Hour(时间)	返回时间中的“时”，如 Hour("12:34:08")返回值为 12
35		IsDate(表达式)	判断表达式是否可以转换为日期，是则返回-1，不是则返回 0。其中返回值为-1 和 0 分别表示“真”和“假”的布尔值
36		Minute(时间)	返回时间中的“分”，如 Minute("12:34:08")返回值为 34
37		Month(日期)	返回日期中的“月”，如 Month("2019-10-1")返回值为 10
38		Now()	返回当前系统完整时间，包括年月日时分秒
39		Second(时间)	返回时间中的“秒”，如 Second("12:34:08")返回值为 8
40	日期/时间	Time()	返回当前系统时间中的“时分秒”
41		Weekday(日期,[一周中的第一天])	返回某个日期是一周的第几天，可以指定一周的第一天为哪天，默认为星期天，如今天是 2019 年 11 月 26 日，则 Weekday(now())返回 3
42		Year(日期)	返回日期中的“年”，如 Year("2019-10-1")返回值为 2019
43	检查	IsEmpty(表达式)	检查表达式是否已经初始化
44		IsNull(表达式)	检查表达式是否为 Null 值，是返回-1，不是返回 0。如 IsNull(null)返回-1。其中返回值为-1 和 0 分别表示“真”和“假”的布尔值
45		IsNumeric(表达式)	检查表达式是否为数字，是返回-1，否则返回 0。如 IsNumeric("a3")返回 0
46	程序流程	Choose(序号,选项 1[,选项 2,选项 3,…])	根据序号，返回选项 1、选项 2……的值，如 Choose(1,"a","b","c")返回 a，Choose(3,"a","b","c")返回 c
47		IIf(表达式 1,表达式 2,表达式 3)	表达式 1 的值为真，则返回表达式 2 的值，否则返回表达式 3 的值，如 IIf("2>3","Yes","No")返回 No
48	SQL 聚合函数	Avg	求字段平均值
49		Count	统计记录个数
50		Max	求字段最大值
51		Min	求字段最小值
52		StDev	返回样本的标准差估计值，忽略样本中的逻辑值和文本值
53		StDevP	返回整个样本总体的标准差，忽略逻辑值和文本值

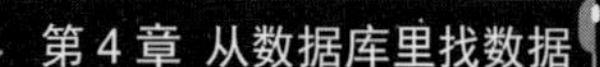

续表

序号	函数类型	函数名	功能/举例
54	SQL 聚合函数	Sum	求字段的和
55		Var	返回样本方差的估计值，忽略样本中的逻辑值和文本值
56		VarP	返回整个样本总体的方差估计值，忽略逻辑值和文本值

第5章 数据库与用户

目前，我们已经以数据模型为依据，使用 Access 数据库管理系统，完成了建库、建表、建关系、数据入库、建查询等任务，实现了数据库，现实世界中的事物及其联系被表达和存储起来了。然而，数据库在实际使用中，若直接交付给用户，即各种用户若直接通过 Access 数据库管理系统使用数据库，会存在诸多问题。设计开发数据库应用程序是解决这些问题的重要手段。应用程序将提供统一的用户界面，各种用户通过该界面访问和管理数据库中的数据。在 Access 中，用户界面包括窗体和报表两类对象，本章介绍的是窗体。

窗体是 Access 中用来与用户交互的数据库对象，用户可以通过窗体完成功能的业务流程，配合报表和宏，让整个应用程序功能更加强大。

本章将详细介绍如何使用窗体实现用户界面的设计。其中，5.1 节介绍了为什么需要窗体。5.2 节认识了窗体的基本概念及明确功能需求。5.3 节介绍了如何创建各类窗体。5.4 节介绍了如何对窗体进行优化。

5.1 问题的提出

5.1.1 为什么要设计与使用应用程序

将数据库中的表和查询直接交给各类用户在 Access 数据库管理系统环境下使用，可能会带来诸多问题。如：作为管理者的员工在借助数据库完成借书登记业务时，需要牢记操作流程(如图 5-1 所示)，规范操作，否则会造成数据库中数据的错误、无效，甚至丢失。

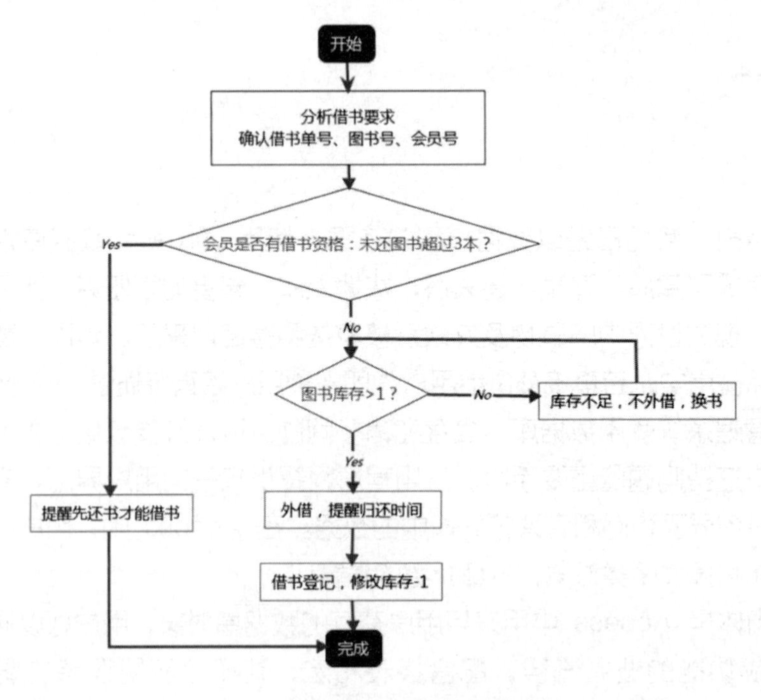

图 5-1　学知书屋借书登记操作流程

而作为会员或读者这样的一般用户，在 Access 数据库管理系统环境下直接使用数据库时，将面对大量表和查询对象，要想快速找到自己想要的对象并正确地打开查看结果，比较困难。

最后，尽管 Access 数据库管理系统作为桌面个人数据库系统，其安全性的要求不是重点，但是数据库中的全部数据、全部对象直接开放给各类用户，要做到数据安全根本无法实现。

所以，此时需要在 Access 数据库管理系统的支持下，设计开发数据库应用程序来解决这些问题。这个应用程序应该具备以下特征：

(1) 有易用、美观、能充分交互的界面。

(2) 有集成的、方便使用的功能。

(3) 能够自动处理一些复杂的业务。

(4) 能够方便地对数据库施加安全保护。

其中，用户与数据库之间交互的界面是设计开发应用程序的关键，实际上，应用程序的全部功能都集成在这个交互界面上，用户与数据库建立关系的唯一接口就是这个界面，这个界面被称为用户界面。

5.1.2 用户界面

用户界面(user interface，UI)指的是用户与计算机和其他机器设备(如移动通信设备)，以及软件和网站等的接口界面，是用户使用这些机器设备、软件和网站所提供的功能与服务的唯一途径，这个界面注重用户体验与交互，注重帮助用户简单、快捷、高效地使用机器设备、软件和网站。

用户界面设计分为 3 个部分：用户研究(研究人)、交互设计(研究人与界面)、界面设计(研究界面)。用户研究要注重用户体验，检验一个界面的标准是最终用户的使用感受；界面设计是机器设备、软件产品和网站的“外形”设计；而交互设计侧重设计操作流程、操作规范等。

在 Access 中，数据库应用程序的用户界面通常使用窗体和报表两类对象来实现，而窗体因其具备的交互功能而成为最常用的图形化界面。

本章我们将聚焦于窗体，利用窗体实现具备上述 4 大特征的用户界面，并在用户界面上集成应用程序的部分功能，待后文介绍了宏之后，将在宏的配合下，实现应用程序的全部功能。

5.2 认识窗体

1. 定义

窗体是 Access 数据库中的对象，用于为数据库应用程序创建用户界面。窗体的英文是 Form，在其他的场景中也被翻译成表单。

2. 特点

窗体有这样几个特点：①有易用美观、交互合理的界面；②提供高效率的方便使用的功能；③与宏或 VBA 代码配合，实现特定功能；④能够区分用户权限对数据库进行操作，以保护数据安全。

3. 功能

窗体有两大功能：①访问数据；②系统控制操作应用程序。

通常情况下，我们用窗体而不是表访问数据，是因为这样做好处很多：使用窗体可以提高效率、提高数据的安全，让用户使用一个易用美观的界面来操作数据库。窗体的数据源有两种：表或查询。

4. 组成

窗体分成 5 个节：主体、窗体页眉、窗体页脚、页面页眉、页面页脚。

其中主体节是必选项，其他 4 个节是可选项。对于窗体来说，通常情况页面页眉、页

面页脚是用不到的，因为这两个节仅出现在打印视图下。而在 Access 中，报表是专门处理打印输出的。所以，多数情况在窗体中只用到窗体页眉、主体、窗体页脚这 3 个节。

5. 分类

按照功能来分类，有访问数据窗体、系统控制窗体。

按照集成窗体的数目来分类，有单个窗体、主子窗体、导航窗体。

按文档窗口来分类，有重叠窗口、选项卡式文档等。

6. 创建方法

窗体有 6 种创建途径，分别是窗体、窗体向导、设计视图、导航、空白窗体、其他窗体等。

7. 常用视图

窗体有 3 种常用视图，分别是设计视图、窗体视图和布局视图，使用较多的视图是设计视图和窗体视图。设计视图用来创建、设计、修改窗体；窗体视图也就是用户界面，用户可以访问数据，使用应用程序的功能；布局视图可以用来检查和调整界面的外观布局。

在创建窗体之前，首先要明确一个问题，就是我们准备用【学知书屋】数据库来做什么，具体来说就是：谁要用？用这个数据库做什么？

根据第 2 章学习的内容，我们知道当前数据库有 3 种用户：员工、会员、读者。他们的需求分别是什么？

要对这 3 种用户做需求分析，大致梳理出不同用户使用数据库的需求。

- 员工——借书、收购图书、会员信息管理、图书信息管理、收购信息管理、借书信息管理、星级标准管理。
- 会员——注册、查询图书信息，查询、修改会员信息。
- 读者——查询图书信息。

在第 1 章的课程里，我们给出了【学知书屋】数据库的需求分析，如图 5-2 所示。

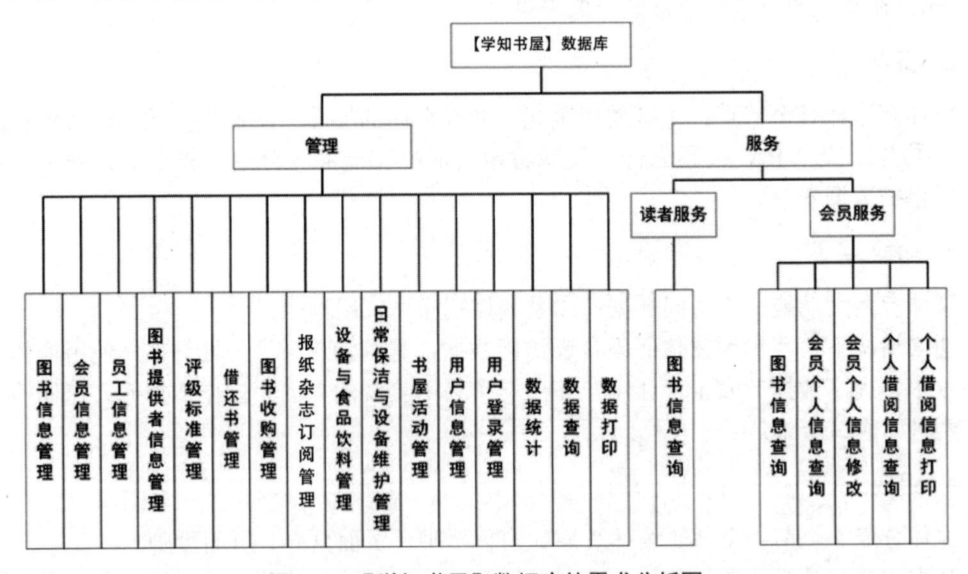

图 5-2 【学知书屋】数据库的需求分析图

但为面向教学，用更少的示例来说明问题，在设计教学案例时，简化了数据模型，也期望同学在学习完当前部分及后面课程之后，能够根据自己的想法来改造和完善现有数据库。根据目前数据库的已有数据，按角色不同，梳理出数据库界面结构图，如图 5-3 所示，应用程序的使用流程如图 5-4 所示。

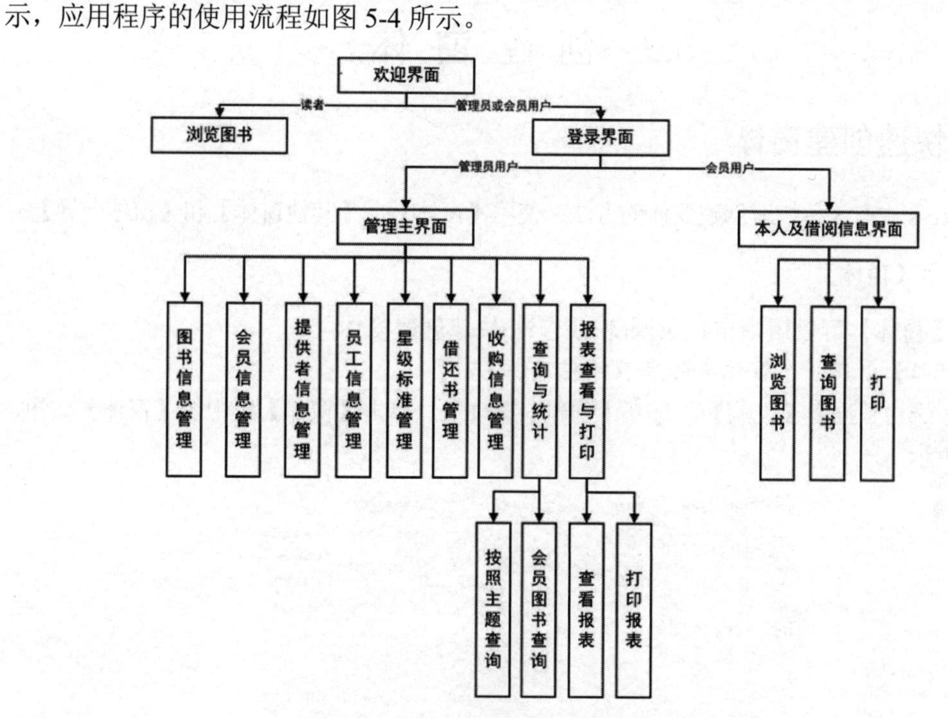

图 5-3 【学知书屋】数据库窗体

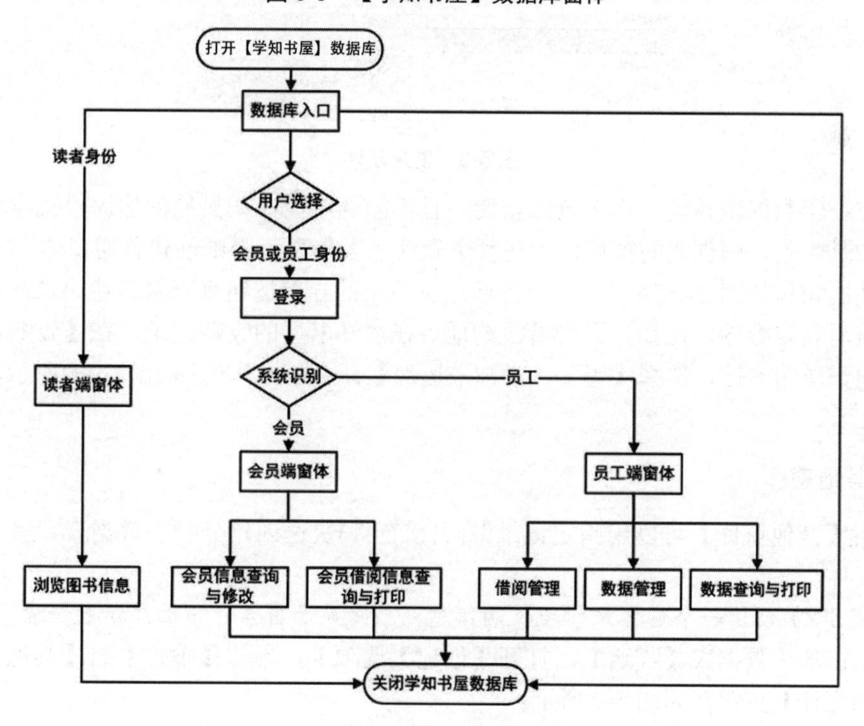

图 5-4 【学知书屋】应用程序使用流程

明确了功能需求，就可以按照需求来创建窗体了。在接下来的内容中，会抽取部分需求作为案例，为大家讲解如何创建窗体、优化窗体。

5.3 创 建 窗 体

5.3.1 快速创建窗体

在 Access 中有 3 种快速创建窗体的方法：使用【窗体】、【其他窗体】和【窗体向导】。

1. 使用【窗体】

使用【窗体】可以用指定记录源(表或查询)快速创建窗体。

【例 5-1】创建一个窗体来管理收购信息。

方法：选中数据表【收购】，打开【创建】选项卡，单击【窗体】组中的【窗体】按钮，如图 5-5 所示。

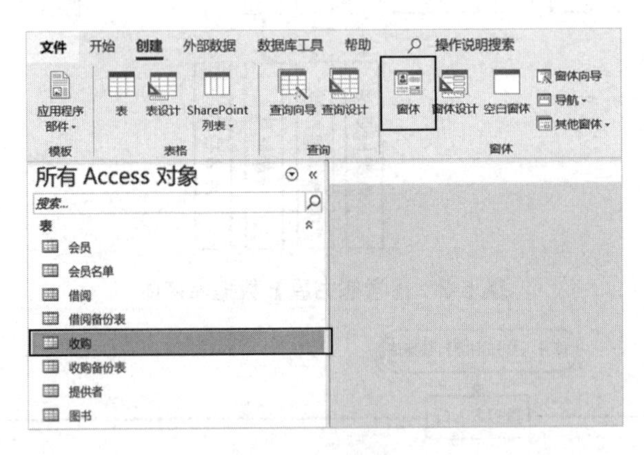

图 5-5 创建窗体

特点：①数据源只能为单个表或查询，且不能选字段；②只能创建纵栏式窗体；③如果选中的是主表，则创建的窗体自动包含主表和子表信息，否则创建普通窗体。

创建的窗体如图 5-6 所示。用户可通过左下角的导航按钮来查看其他记录，也可以通过筛选查看特定数据，比如，只查看收购地点在学知书屋的收购记录，在【收购地点】右侧的框内，单击右键，选择【等于“学知书屋”】命令，操作过程如图 5-7 所示，结果如图 5-8 所示。

2. 其他窗体

使用【其他窗体】可以用指定记录源(表或查询)快速创建分割、数据表、多个项目等类型的窗体。

【例 5-2】创建一个窗体来管理收购信息，上面显示窗体，下面显示数据表。

方法：选中数据表【收购】，打开【创建】选项卡，单击【窗体】组【其他窗体】中的【分割窗体】按钮，如图 5-9 所示。

图 5-6　收购信息窗体

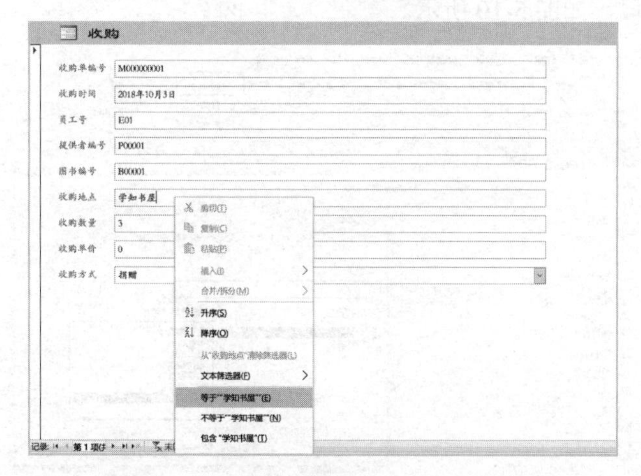

图 5-7　在收购信息窗体中筛选数据过程

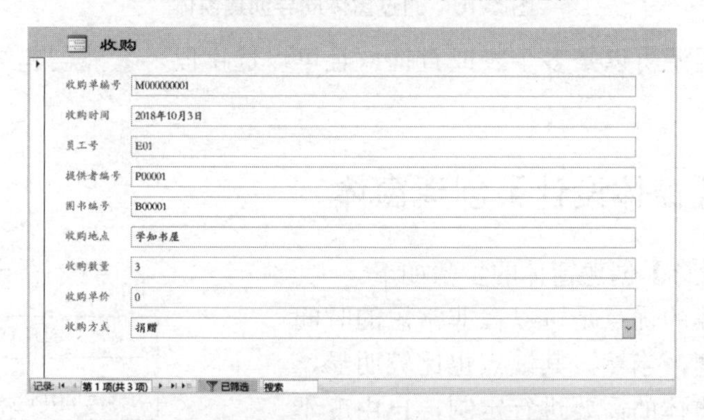

图 5-8　在收购信息窗体中筛选数据结果

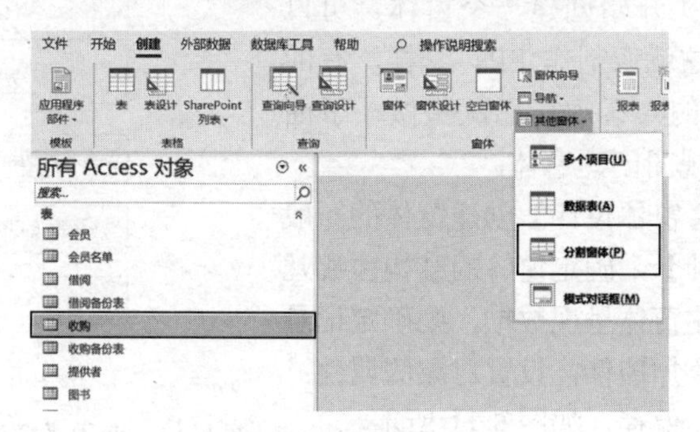

图 5-9　创建其他窗体

特点：①数据源只能为单个表或查询，且不能选字段。②可以根据需求的不同，创建分割窗体、数据表窗体、多项目窗体、对话框等。

3. 窗体向导

使用【窗体向导】可以按向导一步一步地完成窗体的设计。

【例 5-3】创建窗体，呈现收购单编号、收购时间、图书编号、收购地点、收购数量、收购单价、收购方式等信息。

方法：打开【创建】选项卡，单击【窗体】组中的【窗体向导】按钮，选择表【收购】表中的指定字段，如图 5-10 所示。

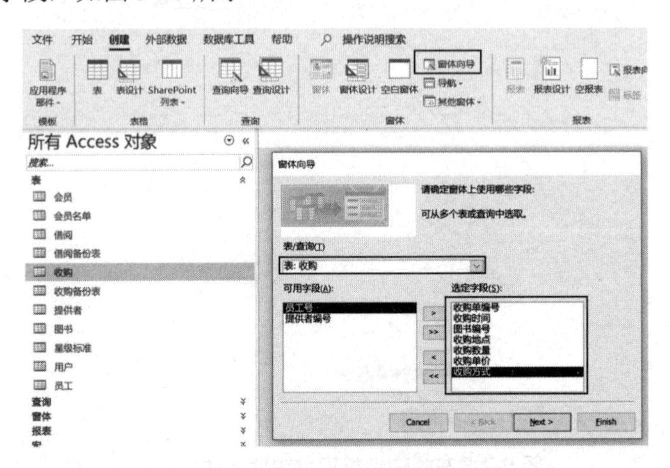

图 5-10　通过窗体向导创建窗体

特点：①数据源可以是多个表或查询，且可以选字段。②能创建纵栏式、表格式窗体、主子窗体等。

5.3.2　使用【窗体设计】创建窗体

使用【窗体设计】创建窗体的步骤如下。

快速创建窗体的优点是可以在非常短的时间内完成窗体的搭建，当然，其缺点也比较明显，即无法根据不同窗体的需要进行定制，自由度不高。所以，如果想从头开始创建一个窗体，可以使用【窗体设计】。这就像制作 PPT 一样，有的人喜欢套模板，但有的人喜欢自己从头做。下面一起来看如何用设计视图创建窗体。

首先，来看使用【窗体设计】创建窗体的一般步骤：打开【窗体设计】，确定窗体的结构由哪几个节组成，如果需要用窗体呈现数据，则确定记录源；接下来在窗体上添加控件，设置对象的属性；最后查看窗体的效果，保存，如图 5-11 所示。

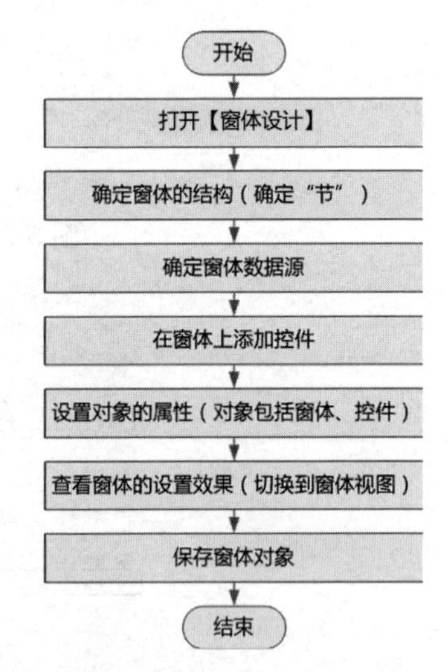

图 5-11　使用【窗体设计】创建窗体的一般步骤

(1) 打开【窗体设计】

打开【创建】选项卡，单击【窗体】组中的【窗体设计】按钮，如图 5-12 所示，出现窗体设计视图界面(界面中的窗体选定器、节选定器及属性表)，如图 5-13 所示。

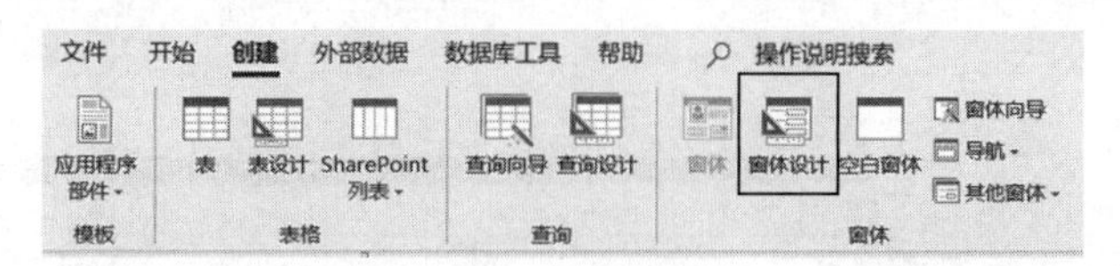

图 5-12 单击【窗体设计】按钮

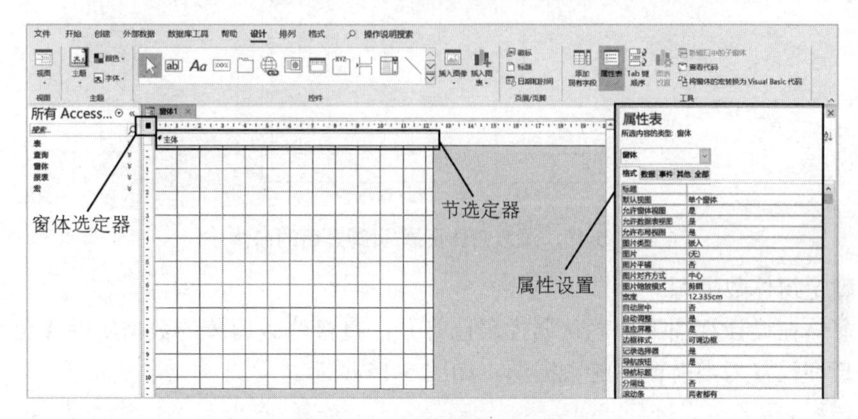

图 5-13 窗体的设计视图

(2) 确定窗体的结构

一个完整的窗体结构可以包括 5 个节：窗体页眉、窗体页脚、主体、页面页眉、页面页脚。但是，页面页眉和页面页脚仅在打印视图可见，而窗体的最终呈现通常都是在非打印视图下，所以，窗体的结构通常只由窗体页眉、窗体页脚、主体 3 个节组成。

默认情况，使用【窗体设计】创建窗体时，只显示主体节；如果想添加窗体页眉和窗体页脚节，可在主体空白位置右击，选择【窗体页眉/页脚】命令，如图 5-14 所示。此时在设计视图中除了【主体】节之外，还出现了【窗体页眉】和【窗体页脚】两个节，如图 5-15 所示。

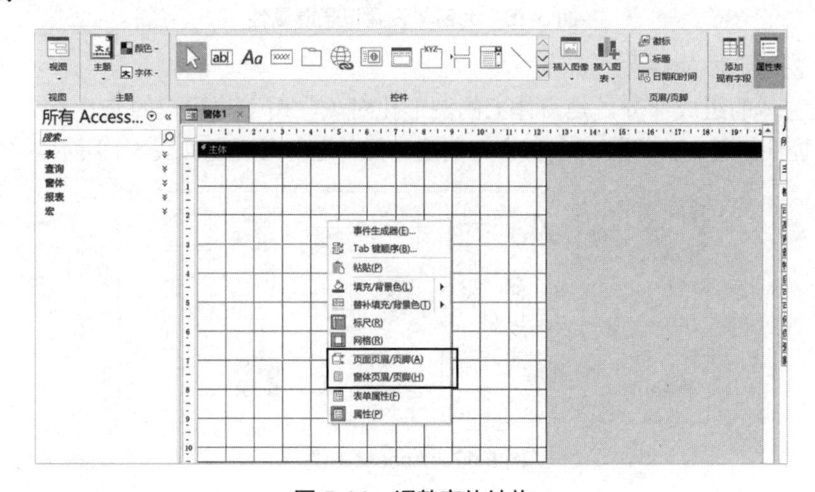

图 5-14 调整窗体结构

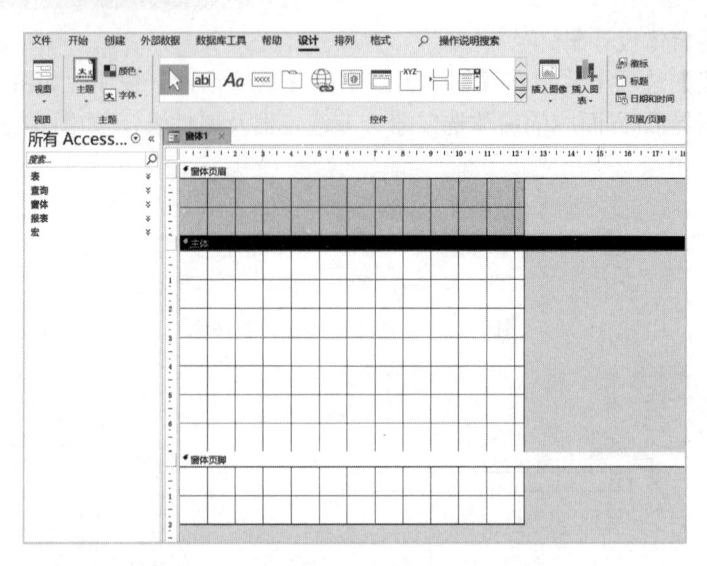

图 5-15　添加窗体页眉/页脚之后的窗体

(3)　确定窗体数据源

确认窗体在设计视图下，确认属性表已打开，直接修改窗体的数据属性【记录源】，可将表或查询设置为当前窗体的数据源，如图 5-16 所示。

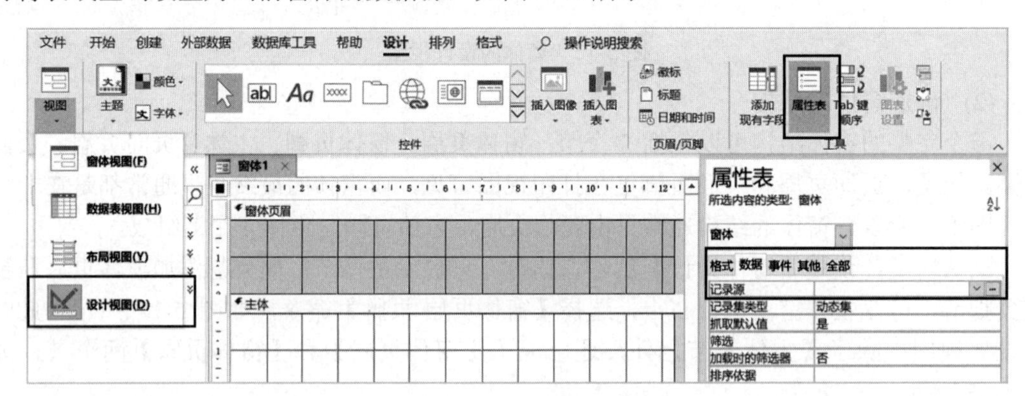

图 5-16　为窗体设置记录源属性

(4)　在窗体上添加控件

控件是窗体的组成部分，是窗体上的图形化对象，用于与用户的交互。

常见的控件如图 5-17 所示，与其一一对应的控件名称及功能如表 5-1 所示。

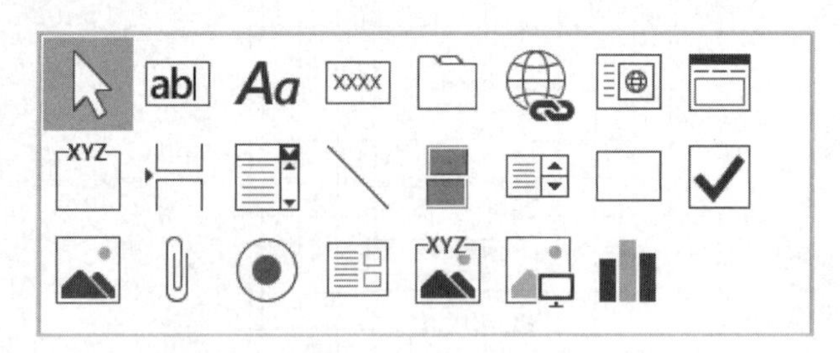

图 5-17　Access 控件

表 5-1　Access 常用控件名称及功能

控件名称	功　能
选择	可用来选择控件对象或文本区域，用户通过单击它即可在不同对象之间进行切换
文本框	可用来显示、编辑或输入字段内容，也可显示表达式结果。有两种用法，一种是将文本框与表或查询中的字段绑定，用于输入、显示或编辑数据；另一种是用文本框显示表达式(非数据库中的表或查询数据)的计算结果
标签	显示固定文本的控件，不能显示字段或表达式的值。可以使用此控件创建独立的标签，默认情况下，个别显示数据的控件(如文本框、组合框等)具有自动附加的标签控件，用于显示该控件标题
按钮	可以使用按钮控件执行单个操作或多个操作，操作的实现方式有两种：宏或 VBA。呈现形式有两种：文本按钮或图片按钮
选项卡	可以使用选项卡控件在窗体上创建一系列选项卡页，每个页面都可以包含用于显示信息的许多其他控件。用户只需要单击选项卡标签，就可以在一个窗体上完成多页面之间的快速切换
链接	可以使用【链接/超链接控件】选项将标签控件中的超链接添加到窗体设计网格。此超链接可以包含一个统一资源定位器(URL)，该定位点指向 Internet、本地 Intranet 或本地驱动器上的某个位置。它还可以使用通用命名约定 (UNC) 文件名指向局域网 (LAN) 上或本地计算机驱动器上的服务器文件。该链接可能指向一个文件，该文件是网页，或者是当前数据库中的其他对象。在功能区上的【控件】组中单击此按钮，将打开【插入超链接】对话框
Web 浏览器	可以使用 Web 浏览器控件直接在窗体内显示网页的内容。可以使用 Web 浏览器控件来显示，例如，存储在表中的地址的地图，可以使用控件的【控件来源】属性将 Web 浏览器控件绑定到窗体记录源中的字段。注意，不能在连续窗体的详细信息部分使用绑定的 Web 浏览器控件
导航	使用导航控件提供一种在数据库中导航到不同窗体和报表的简单方法。导航控件提供的界面类似于在网站上看到的内容，其中包含用于导航网站的按钮和选项卡。请注意，连续窗体的详细信息部分不能有导航控件。
选项组	可以使用选项组控件包含一个或多个切换按钮、选项按钮或复选框，可以为组中包含的每个按钮或复选框分配一个单独的数值。如果组中有多个按钮或复选框，则每次只能选择一个按钮或复选框，并且分配给该按钮或复选框的值将成为选项组的值。如果为多个按钮或复选框错误分配了相同的值，单击其中任何一个按钮时，将突出显示所有具有相同值的按钮或复选框。可以选择组中的一个按钮或复选框作为组的默认值。如果将选项组绑定到表或查询中的字段，则可以通过单击组中的按钮或选择复选框来在字段中设置新值
分页符	使用分页符分隔多页窗体的页面
组合框	提高用户输入信息的效率，可录入，也可以直接选择。可以使用组合框控件来包含控件的潜在值列表和可编辑文本框。若要创建列表，可以为组合框的【行来源】属性输入值，还可以将表或查询指定为列表中的值的来源。Access 将在文本框中显示当前选定的值。单击组合框右侧的箭头时，Access 将显示列表中的值。在列表中选择一个新值可以重置控件中的值。如果将组合框绑定到基础表或查询中的字段，则可以通过在列表中选择新值来更改字段中的值。如果将组合框绑定到多值字段，Access 将显示带有复选框的列表，以允许用户选择多个值。可以将多个列绑定到列表，并且可以通过将列的宽度设置为 0 来隐藏列表中的一个或多个列，可以将控件中的实际值绑定到此类隐藏列。当多列列表关闭时，Access 将显示第一列中宽度大于 0 的值。Access 将在打开列表时显示所有非零宽度的列

续表

控件名称	功　能
直线	使用直线控件将直线添加到窗体或报表，以突出显示重要信息，或者将窗体页面分割成不同的部分
切换按钮	使用切换按钮控件保存开/关、真/假或是/否值。单击切换按钮时，其值将变为-1(表示“开”“真”或“是”)，并且按钮显示为按下状态。再次单击该按钮，其值将变为0(表示 off、false 或“否”)，并且按钮将恢复为“正常”。可以在选项组中包含一个切换按钮，并为该按钮分配一个唯一的数值。如果创建了一个具有多个控件的组，选择新的切换按钮将清除该组中以前选定的任何切换按钮、选项按钮或复选框(除非组中的其他按钮或复选框也具有相同的值)。如果将切换按钮绑定到基础表或查询中的字段，则可以通过单击切换按钮来切换字段值
列表框	提高用户输入信息的效率，可以直接选择，确保输入信息的正确性。可以使用列表框控件包含控件的潜在值的列表。若要创建列表，可以在列表框的【行来源】属性中输入值，还可以将表或查询指定为列表中的值的来源。列表框始终处于打开状态，Access 会突出显示列表框中当前所选的值。在列表中选择一个新值可以重置控件中的值。如果将列表框绑定到基础表或查询中的字段，则可以通过在列表中选择新值来更改字段中的值。如果将列表框绑定到多值字段，Access 将显示带有复选框的列表，以允许用户选择多个值。可以将多个列绑定到列表，并且可以通过将列的宽度设置为 0 来隐藏列表中的一个或多个列。可以将控件中的实际值绑定到此类隐藏列。Access 将显示所有非零宽度的列，这些列符合控件的定义宽度。如果列表框控件未绑定，则允许用户选择列表中的多个值(也称为多选列表框)
矩形	使用矩形控件向窗体添加填充或空矩形，以突出显示重要数据或作为页面设计背景使用。例如，可以使用此控件以直观方式将不同的控件组合在一起
复选框	使用复选框控件保存开/关、真/假或是/否值。选中复选框后，其值将变为-1(表示“开”“真”或“是”)，并且框中将显示复选标记。再次选择该复选框，其值将变为 0(表示 off、false 或“否”)，并且复选标记从框中消失。可以在选项组中包含复选框，并为该复选框分配一个唯一的数值。如果创建了一个具有多个控件的组，选中新复选框将清除该组中的任何以前选中的切换按钮、选项按钮或复选框(除非组中的其他按钮或复选框也具有相同的值)。如果将复选框绑定到基础表或查询中的字段，则可以通过单击复选框来切换字段值
未绑定对象框	使用未绑定对象框从支持对象链接和嵌入(OLE)的其他应用程序中添加对象。对象将成为窗体的一部分，而不是基础表或查询中的部分数据。可以添加图片、声音、图表或幻灯片来增强表单。当对象是图表时，可以将查询指定为图表的数据源，并且可以通过一个或多个字段值将图表显示链接到表单中的当前记录
附件	可以使用附件控件将其绑定到基础数据中的附件字段。例如，可以使用此控件来显示图片或附加其他文件。在窗体视图中，此控件显示【管理附件】对话框，可以在该对话框中附加、删除和查看基础字段中存储的多个附件文件
选项按钮	使用选项按钮控件(有时称为单选按钮控件)来保存开/关、真/假或是/否值。选择某个选项按钮时，其值将变为-1(表示“开”“真”或“是”)，并且在按钮的中心显示一个实心圆。再次选择该按钮，其值将变为 0(表示 off、false 或“否”)，并且填充的圆形消失。可以在选项组中包含一个选项按钮，并为该按钮分配一个唯一的数字值。如果创建具有多个控件的组，选择新选项按钮将清除该组中以前选定的任何切换按钮、选项按钮或复选框(除非组中的其他按钮或复选框也具有相同的值)。如果将选项按钮绑定到基础表或查询中的字段，则可以通过单击【选项】按钮来切换字段值

续表

控件名称	功　能
子窗体/子报表	使用子窗体/子报表控件在当前窗体中嵌入另一个窗体或报表。可以使用子窗体或子报表显示与主窗体中的数据相关的表或查询中的数据。Access 保持主窗体与子窗体或子报表之间的链接
绑定对象框	用来显示和编辑 OLE 对象。有两种用法：一种为绑定表或查询中的类型为 OLE 对象的字段；另一种为非绑定的 OLE 对象。Access 可直接在窗体上显示大多数图片和图形。对于其他对象，Access 将显示创建对象的应用程序的图标
图像	用来将图片放置在窗体上。不能在窗体上编辑图片，但 Access 会将其存储为对应用程序速度和大小效率非常高的格式。如果要使用图片作为整个窗体的背景，可以设置窗体的图片属性
图表	使用图表控件在窗体中添加图表。单击按钮，然后将控件放置在窗体上将启动图表向导，该向导将引导完成创建新图表所需的步骤
ActiveX	使用【ActiveX 控件】按钮打开一个对话框，其中显示系统上已安装的所有 ActiveX 控件。可以选择其中一个控件，然后单击【确定】按钮将控件添加到窗体设计网格上。并非所有的 ActiveX 控件都能使用 Access

这里以文本框为例介绍如何在窗体中添加控件。

① 单击【控件】组中文本框的图标，光标变为+，在窗体的主体节中单击画出控件，此时会出现文本框的控件向导，如图 5-18 所示。根据提示，一步一步设置即可，最后可以为文本框附带的标签改标题。

② 在窗体中添加控件时，建议初学者将【控件向导】按钮处于按下状态，如图 5-19 所示。

③ 控件的批量选择方法是：用鼠标左键选中控件所在区域，或按住 Ctrl/Shift 键单击控件，均可选中多个控件。当鼠标指针变成十字四向箭头时，即可拖曳控件进行移动或复制。

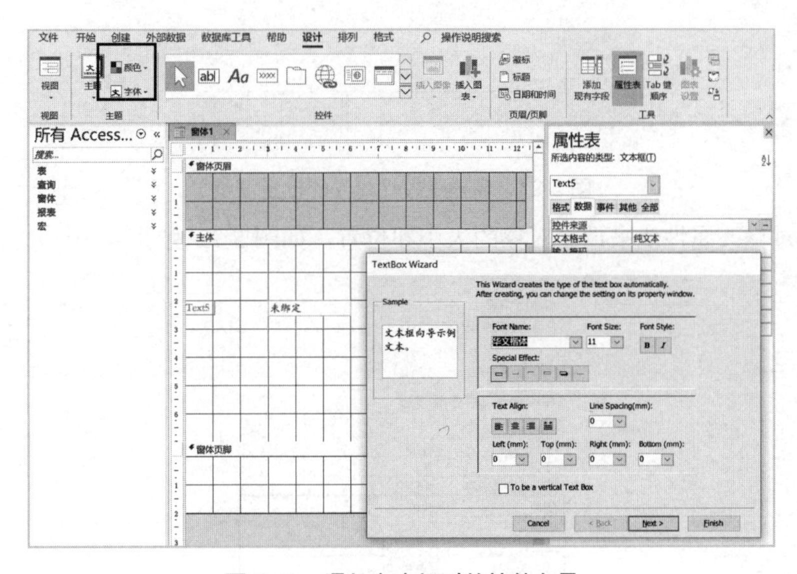

图 5-18　添加文本框时的控件向导

图 5-19　使用控件向导

④　控件的大小、对齐、间距的批量调整方法如下。

- 使用【排列】选项卡中的【大小/空格】、【对齐】按钮进行调整，如图 5-20、图 5-21 所示。

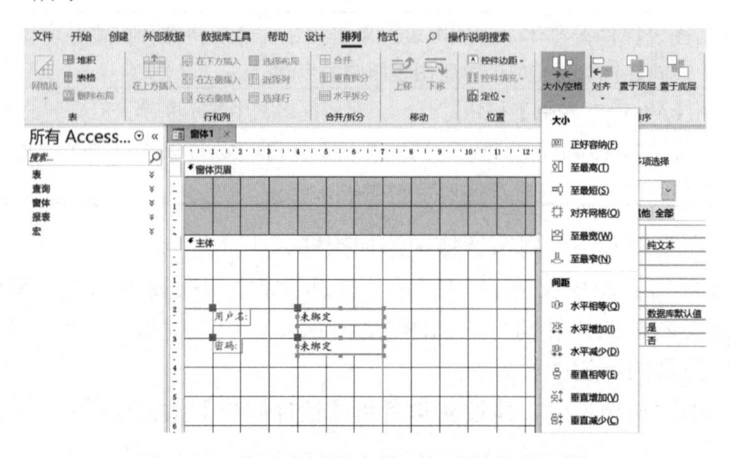

图 5-20　窗体中控件大小和间距的批量调整

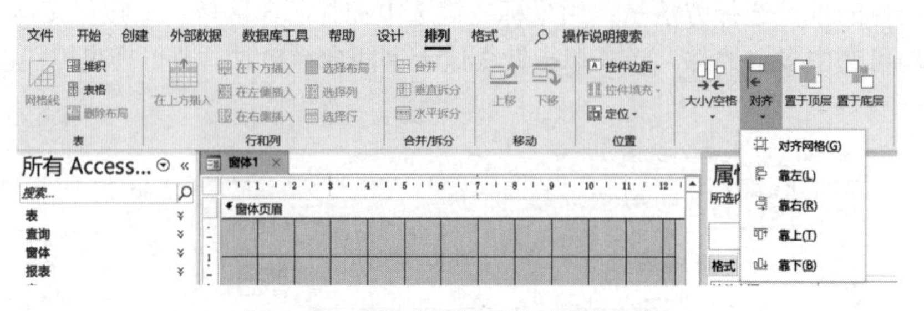

图 5-21　窗体中控件对齐的批量调整

- 通过修改属性值来调整对象的大小和位置，如图 5-22 所示。

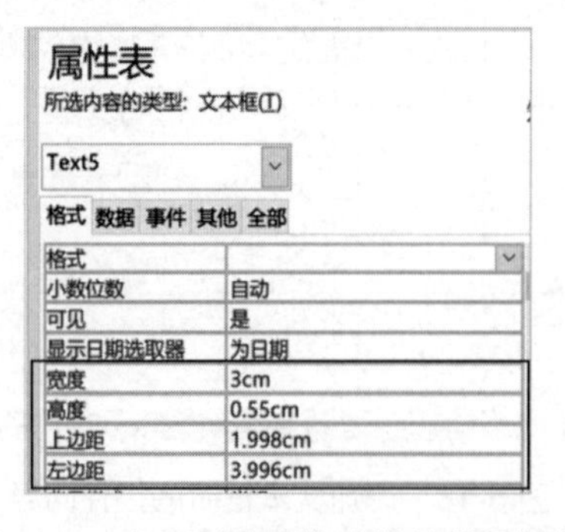

图 5-22　在属性表中修改控件的属性值

高等院校计算机教育系列教材

- 选中控件，拖动控件四周的手柄(鼠标指针应是双向箭头)来动态调整。

除了上述介绍的基本操作，还可以对控件做其他操作：

- 可以对控件的类型进行调整，如图 5-23、图 5-24 所示。
- 可使用按钮的内嵌宏完成特定功能。

图 5-23　将文本框更改为其他控件类型

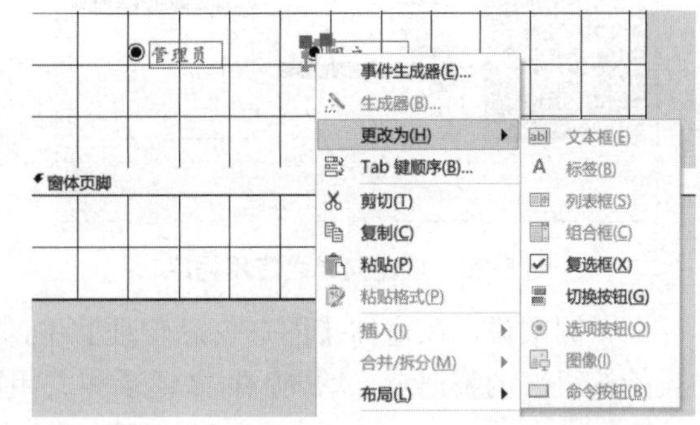

图 5-24　将选项按钮更改为其他控件类型

使用按钮向导，可快速创建执行各种任务的按钮，例如，转至第一条记录、关闭窗体、打开报表、添加记录或运行宏等。

在按钮的向导中提供了 6 个类别的操作可供选择，分别是记录导航(见图 5-25)、记录操作(见图 5-26)、窗体操作(见图 5-27)、报表操作(见图 5-28)、应用程序(见图 5-29)、杂项(见图 5-30)。

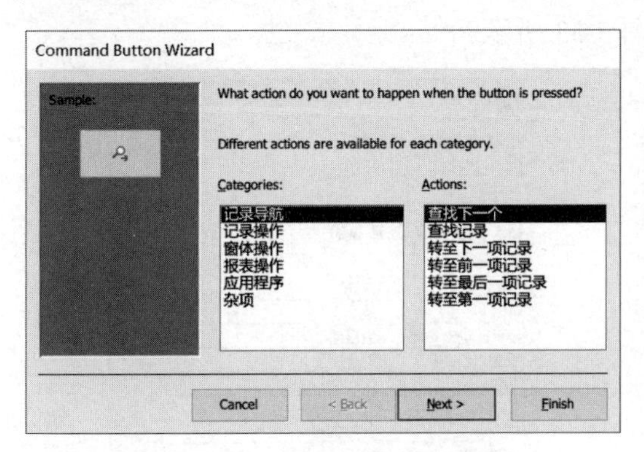

图 5-25　按钮向导之记录导航

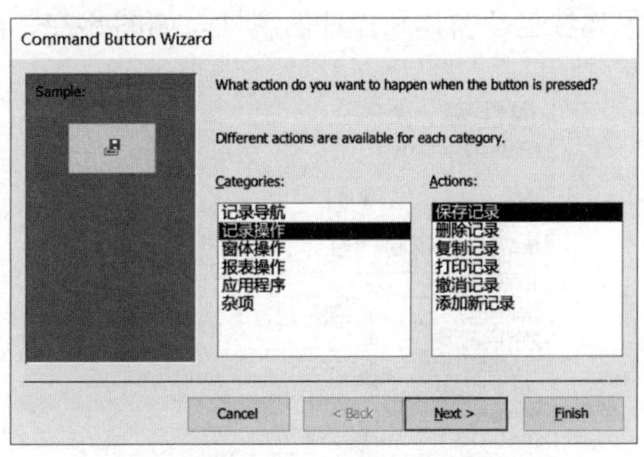

图 5-26　按钮向导之记录操作

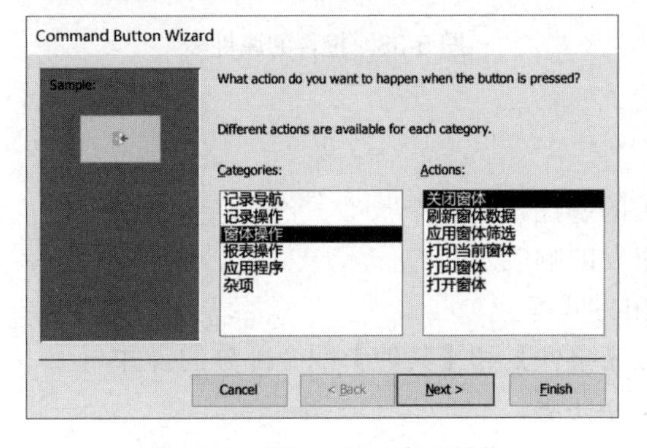

图 5-27　按钮向导之窗体操作

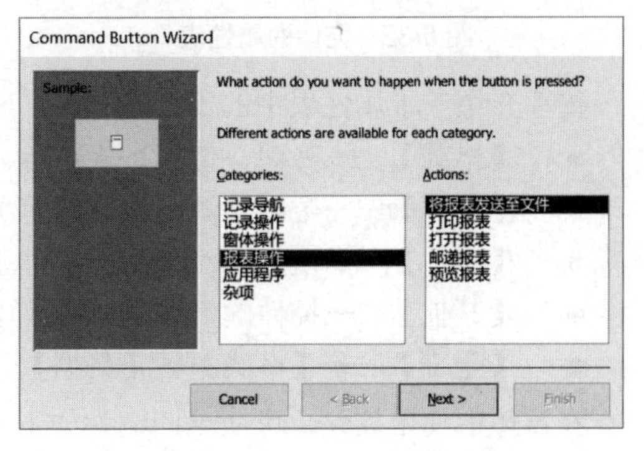

图 5-28　按钮向导之报表操作

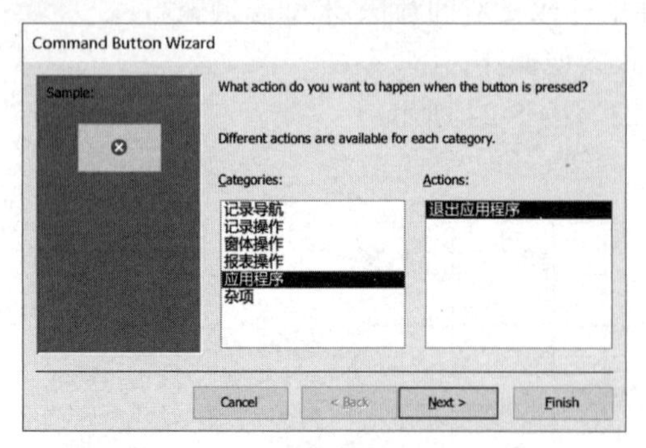

图 5-29　按钮向导之应用程序

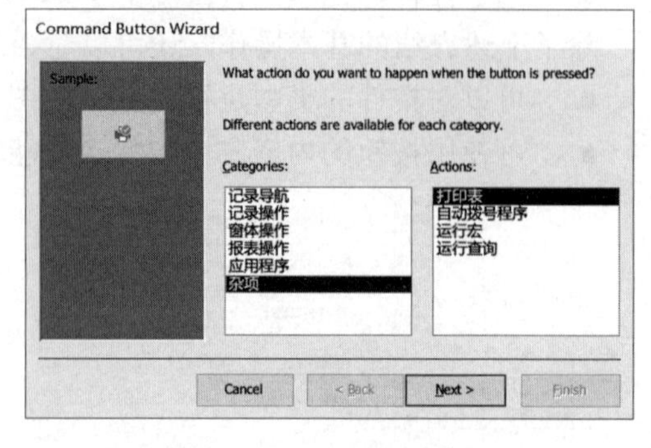

图 5-30　按钮向导之杂项

举例来说，在窗体【图书信息管理】中，可使用记录导航类、记录操作类、窗体操作类的按钮来调整记录、增/删/存/撤记录和关闭窗体，如图 5-31 所示。

图 5-31　【图书信息管理】窗体局部

(5)　设置对象的属性

对象属性用来设置窗体和控件的外观位置等格式、数据来源、事件引发的响应等。对象属性包括窗体和控件的属性，如图 5-32、图 5-33 所示。

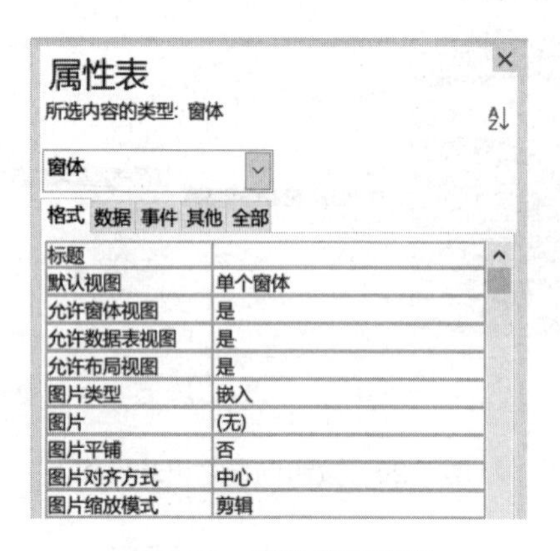

图 5-32　窗体的属性表

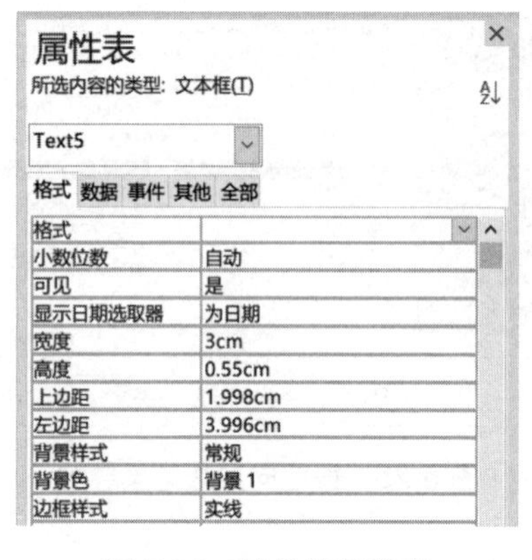

图 5-33　控件的属性表

简单介绍一下属性表中的 5 个选项：

- 【格式】——外观、位置、大小等。
- 【数据】——数据来源等与数据有关的属性。
- 【事件】——发生在对象上的事件引发的响应。
- 【其他】——控件的名称/窗体的弹出方式等。
- 【全部】——【格式】、【数据】、【事件】和【其他】四个部分的合并。

在窗体中使用控件，可简单归纳为如下 3 个步骤。

第 1 步：将控件加在窗体上。

- 在【控件】组选择控件，鼠标指针变为加号后，将控件画在窗体上。
- 注意【使用控件向导】按钮是否被按下。

第 2 步：调整控件在窗体上的布局。

- 用鼠标拖曳或单击鼠标选择控件，移动、复制、删除控件的操作与 Windows 文件操作类似。
- 选中控件，拖动手柄调整控件的大小。
- 使用工具栏的【排列】选项卡调整控件间距、对齐控件。

第 3 步：设置对象属性。

- 设置窗体和控件的格式、数据、事件、其他属性。
- 更多窗体和控件属性请查看本章的附录 5.1 和附录 5.2。

(6) 查看窗体的设置效果

当设计基本完成的时候，从设计视图切换到窗体视图，如图 5-34 所示。

在使用窗体设计创建窗体时，如果部分功能无法在窗体中实现，需要使用报表呈现数据，如图 5-35 所示；需要使用宏来实现特定功能，如查看借阅的书名，如图 5-36 所示。

图 5-34　切换到窗体视图

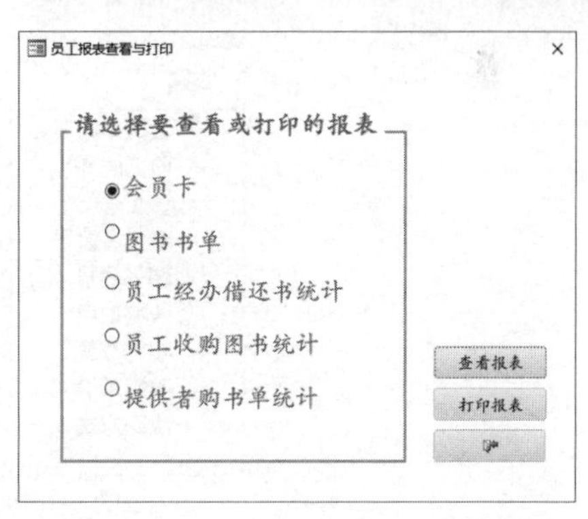

图 5-35　员工报表查看与打印

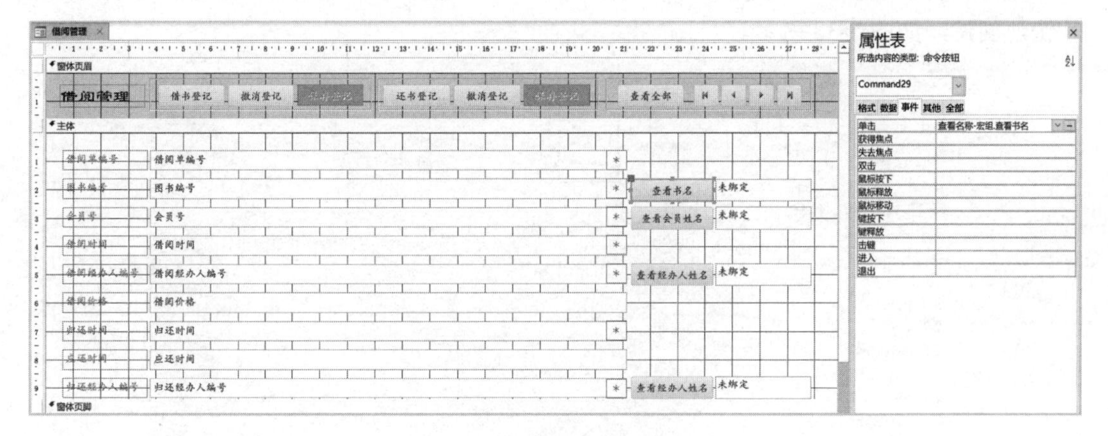

图 5-36　借阅管理设计视图

5.3.3 创建主子窗体

1. 主子窗体的特点

这里说的主子窗体，可以理解为窗体中又嵌入了一个窗体，两个窗体共同为用户呈现相关内容。

- 在一个窗体中查看两个有联系的表及其联系(一般为一对多的联系)。
- 主表在主窗体中，子表放在子窗体中。

2. 主子窗体的创建方法

主子窗体的创建方法有 3 种，分别是使用【窗体向导】、使用【窗体】快速创建、使用【子窗体/子报表】控件。下面用一个实例来介绍如何创建主子窗体。

【例 5-4】创建一个窗体，能够同时呈现提供者信息和收购信息。

在前面章节的学习中，得知【提供者】和【收购】两个表的关系如图 5-37 所示。

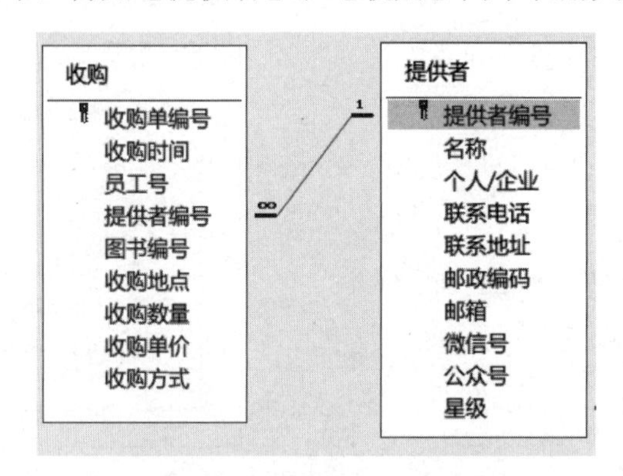

图 5-37 提供者和收购的关系

【提供者】为主表，【收购】为子表，所以在创建窗体时，要选择提供者为数据源进行快速创建，如图 5-38 所示。

图 5-38 创建提供者信息管理窗体的过程

可得到窗体的初步结果，如图 5-39 所示。

图 5-39 提供者信息管理窗体初稿

进入提供者信息窗体的设计视图，在属性表中，将导航按钮、记录选择器的值设置为否；在窗体页眉节，添加标题属性为记录导航、记录操作和关闭窗体的按钮，如图 5-40 所示。

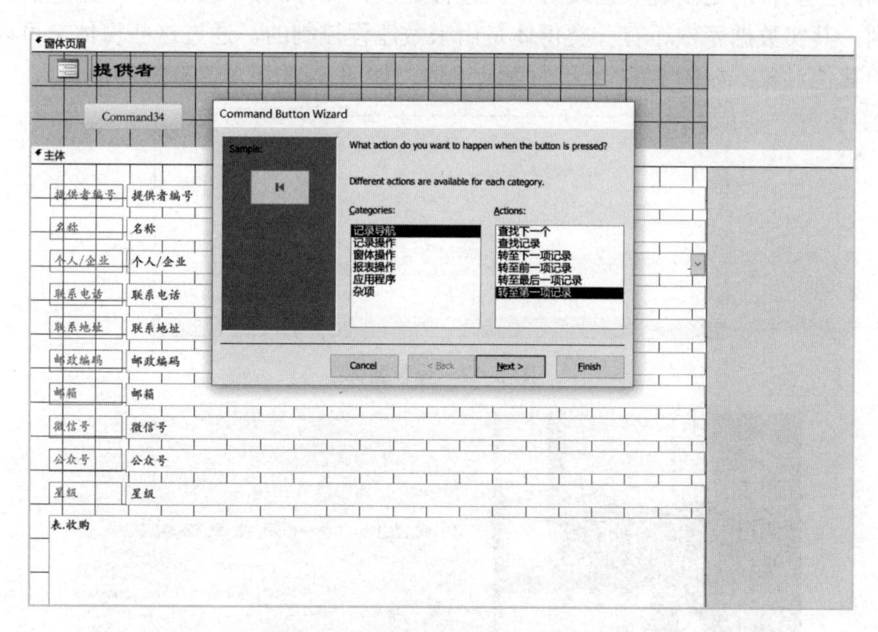

图 5-40 在窗体中添加记录导航按钮

所有按钮添加完毕，再添加两个矩形，调整背景样式和边框样式，最后得到的窗体如图 5-41 所示。

图书提供者信息管理

添加记录 删除记录 保存记录 撤消记录

提供者编号 P00001

名称 张璐璐

个人/企业 个人

联系电话 1771290909

联系地址

邮政编码

邮箱 lulu177@163.com

微信号 lulululu177

公众号

星级 1

收购单编号	收购时间	员工号	图书编号	收购地点	收购数量	收购
M000000001	2018年10月3日	E01	B00001	学知书屋	3	
M000000013	2019年1月21日	E01	B00010	学知书屋	15	
M000000014	2019年1月21日	E01	B00011	学知书屋	60	

图 5-41　提供者信息管理窗体

5.3.4　创建对话框

窗体的主要目的是呈现数据或对数据进行处理，在 5.3.1～5.3.3 节中创建的窗体都是这个类别。其实数据库中还有一类窗体是用来做流程控制的，通过这些窗体，可以访问数据库中的其他对象。如图 5-42 所示为登录窗体，如图 5-43 所示为欢迎界面。

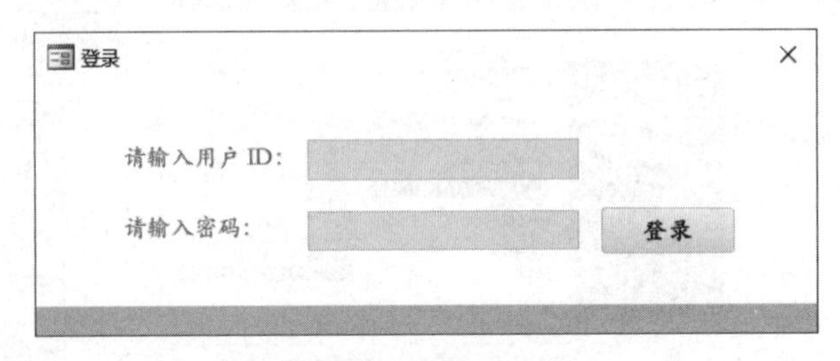

图 5-42　登录窗体

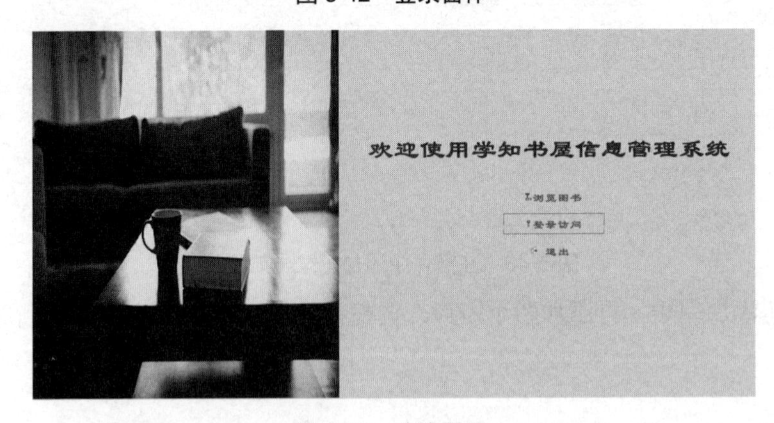

图 5-43　欢迎界面

高等院校计算机教育系列教材

【例 5-5】创建登录窗体。

创建登录窗体有两种方法：①使用窗体设计，参考 5.3.2 节；②创建对话框，在图 5-44 中单击【模式对话框】按钮，创建了如图 5-45 所示的模式对话框。

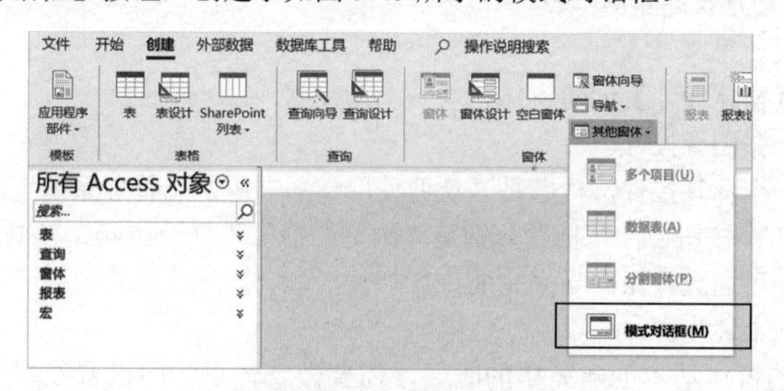

图 5-44　创建对话框

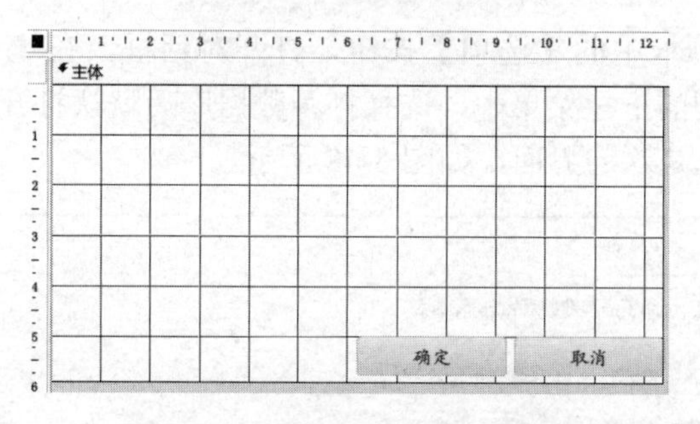

图 5-45　创建对话框：设计视图

在窗体的设计视图中，添加两个文本框，将【确定】修改为【登录】，删除多余按钮，结果如图 5-46 所示。

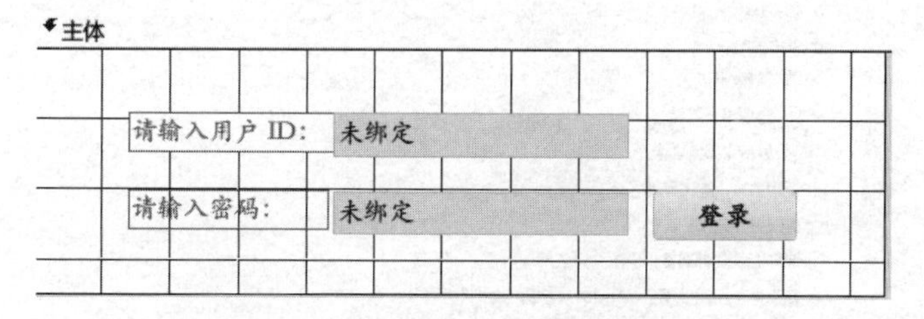

图 5-46　登录窗体：设计视图

对话框窗体的【模式】属性和【弹出方式】属性的默认值均为“是”，如图 5-47 所示，窗体会以对话框形式打开，在关闭它之前，别的窗体不能操作。

属性表

所选内容的类型：窗体

窗体

格式　数据　事件　其他　全部

弹出方式	是
模式	是

图 5-47　登录窗体：属性表

至此，窗体的设计完成，【登录】按钮的验证功能需要宏的配合，请到第 7 章继续学习。

【例 5-6】创建欢迎界面。

来看一下设计思路。

① 使用【窗体设计】创建窗体。

② 添加一张图像控件。

③ 添加一个标签控件，标题是“欢迎使用学知书屋信息管理系统”。

④ 添加 3 个按钮控件，标题分别是“浏览图书”“登录访问”“退出”，按钮的背景样式为透明，可通过按钮向导来完成。

请自行完成上述步骤。

当数据库的窗体基本创建完毕的时候，需要做一件事，即设置数据库的默认打开窗体，一起来看操作方法：

单击【文件】选项卡中的【选项】按钮，打开对话框，在【当前数据库】列表找到【显示窗体】，在右侧的下拉菜单中，选择打开数据库后默认打开的窗体。当前【学知书屋】数据库的显示窗体是欢迎界面，如图 5-48 所示。

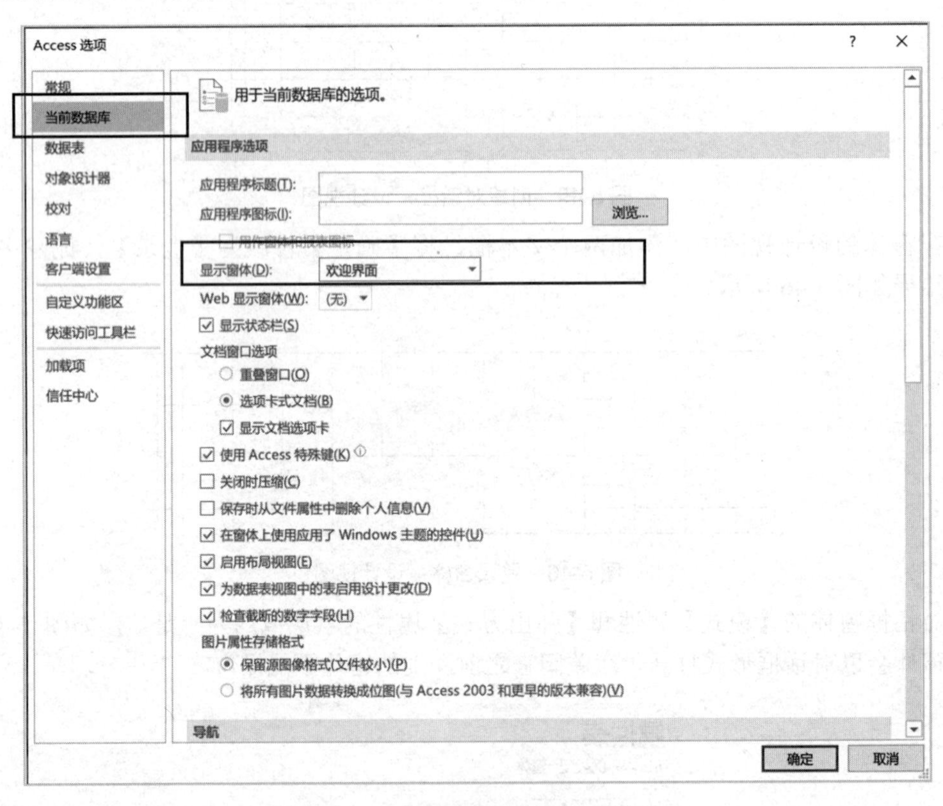

图 5-48 设置数据库的显示窗体

5.4 优化窗体

5.4.1 界面美化

1. 统一风格

窗体是应用程序中用户界面的一部分，在设计之初都会统一风格，举例来说，淘宝的主题色是橙色，京东的主题色是红色，知乎的主题色是蓝色，等等。

所以，我们制作的学知书屋也应该有自己的设计风格，主题色、字体的选取，Logo 的规格是什么，使用的图是什么风格(自己设计，还是对已有图片的二次加工)，图片的规格是什么，这些都应该有统一的设计规范。

由于数据库的主题是学知书屋，其创业团队想通过各种方式营造一个温馨的氛围，通过取色器拾取图书、书柜等物品的颜色，综合考量以后我们选择暖色调的橙色作为整个数据库的主题色，将其中的字体设置为隶书+楷体，文字或背景使用白色或灰色。

请大家注意，如果字体和图片等素材被用于商业目的，是需要购买授权的，否则会被版权方索赔。所以，或者购买字体和图片的使用权，或者使用可商用的字体和图片等素材。

2. 美化原则

在优化窗体的过程中，需要遵循一些基本原则，对于未经过专业训练的人来说，可能无从下手。这里我们引入设计师 Robin Williams 的著作《写给大家看的设计书》中的核心内容，作者将设计凝练为亲密性、对齐、重复和对比 4 个基本原则。简单介绍如下。

(1) 亲密性：段与段之间是什么关系(并列关系、递进关系、论点与论据的关系，或是没有关系，等等)要通过段与段的距离体现出来。将有关系的段落之间的距离缩小，将关系不大或没有关系的段落之间距离增大。如图 5-50 中的【借书登记】、【撤销登记】和【保存登记】3 个按钮的功能都是跟借书业务相关，所以，这 3 个按钮要放在一个矩形框里。

(2) 对齐：对于版面上的任何排版元素来说，对齐是基本要求，不管是左对齐、右对齐还是居中对齐，都可以极大限度地改变版面的美观，人们天然地喜欢摆放整齐的画面。体现在设计中，要根据当前版面的表现目的、版面的元素多少来选择对齐方式。如图 5-50 中【借书登记】、【撤销登记】和【保存登记】3 个按钮是垂直居中的，并且间距相等，【借书登记】按钮外的矩形框左边跟下面【借阅单编号】文本框等的左边是对齐的，等等。

(3) 重复：以数据库来举例，一旦定义好了设计风格，那么，所有的窗体应该看起来是没有违和感的，同样的元素在不同的地方要保持设计的一致性。如图 5-50 中的【借书登记】和【还书登记】这两组按钮的对齐都是垂直居中且间距相等，这两组按钮的外侧都加了一个矩形框，将按钮上的字体统一，等等。

(4) 对比：通过颜色、大小等外在的对比，让主体元素更突出，如图 5-50 中窗体的功能【借阅管理】与窗体中其他文字的颜色、字号明显不同；按钮上的文字与按钮的背景

颜色之间的对比，突出按钮的文字；【借书登记】与【保存登记】按钮体现了按钮的两种不同状态，一个是可用，一个是不可用，要通过颜色区分开来，让用户轻松识别。

美化前的借阅管理如图 5-49 所示，美化后的借阅管理如图 5-50 所示。

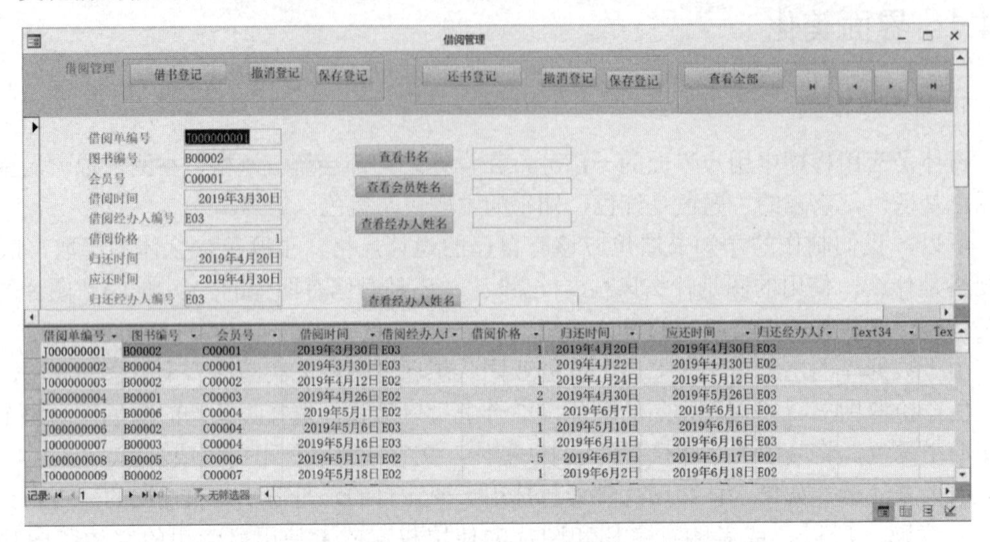

图 5-49　美化前的借阅管理

图 5-50　美化后的借阅管理

5.4.2　提高界面友好性

之所以使用窗体，而不用表或查询呈现数据，就是因为使用窗体可以提高数据输入、数据显示的友好性。

1. 提高数据输入的友好性

在窗体中完成数据输入的功能非常简单，有两种方法：①在窗体的数据类属性中将

【数据输入】设置为“是”，窗体会变成可录入信息的窗体，如图 5-51 所示；②在窗体中使用添加新记录功能的按钮，如图 5-52，图 5-53 所示。

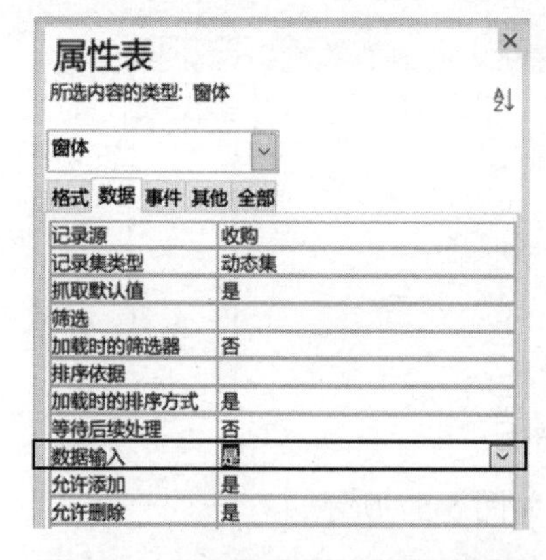

图 5-51　窗体数据属性之数据输入

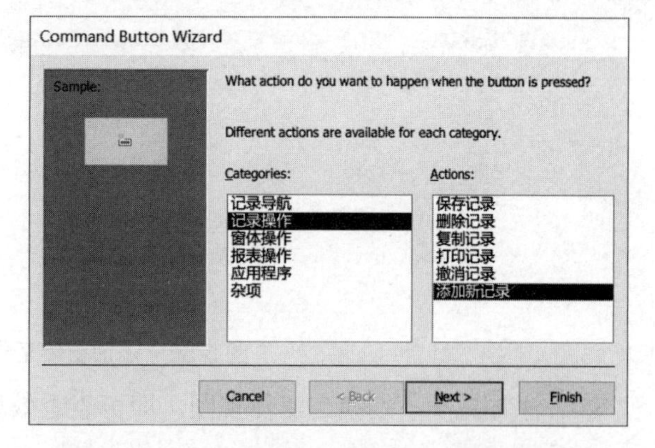

图 5-52　按钮向导之记录操作——添加新记录

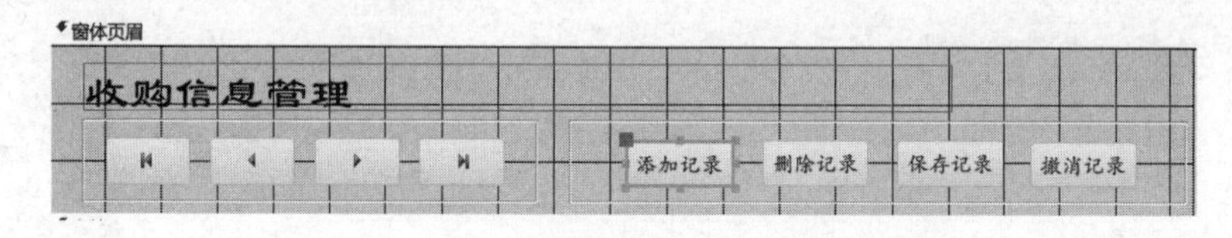

图 5-53　收购信息管理窗体：设计视图局部

在录入数据的时候，还可以使用列表框或组合框提高数据输入的友好性，如图 5-54 所示。

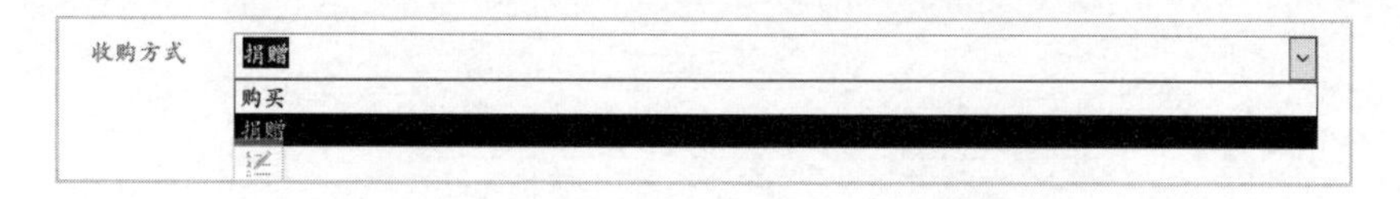

图 5-54　收购信息管理窗体：窗体视图局部

2. 提高数据显示的友好性

在【学知书屋】数据库中，员工会对多类信息进行管理，所以，我们分别创建了会员信息管理、图书信息管理、收购信息管理、借阅管理、星级标准管理等窗体，但是，如果想快速浏览这些窗体，就需要一个一个打开，效率低不说，还容易出错。

所以，我们的解决方案是创建导航窗体。

在 Access 窗体中提供了一种导航窗体，可以将多个窗体集成在一个导航窗体上，创建导航窗体的步骤如下。

① 打开【创建】选项卡，单击【窗体】组中的【导航】按钮，如图 5-55 所示。

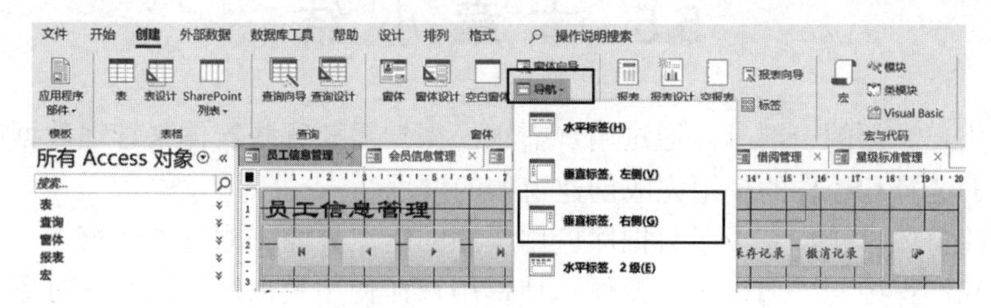

图 5-55　创建导航窗体

② 选择一个喜欢的样式，如【垂直标签，右侧】，如图 5-56 所示，将所有要集成的窗体拖曳到新增按钮处即可。

图 5-56 添加窗体至导航窗体

③ 添加完毕，切换为窗体视图，即可查看效果，如图 5-57 所示。

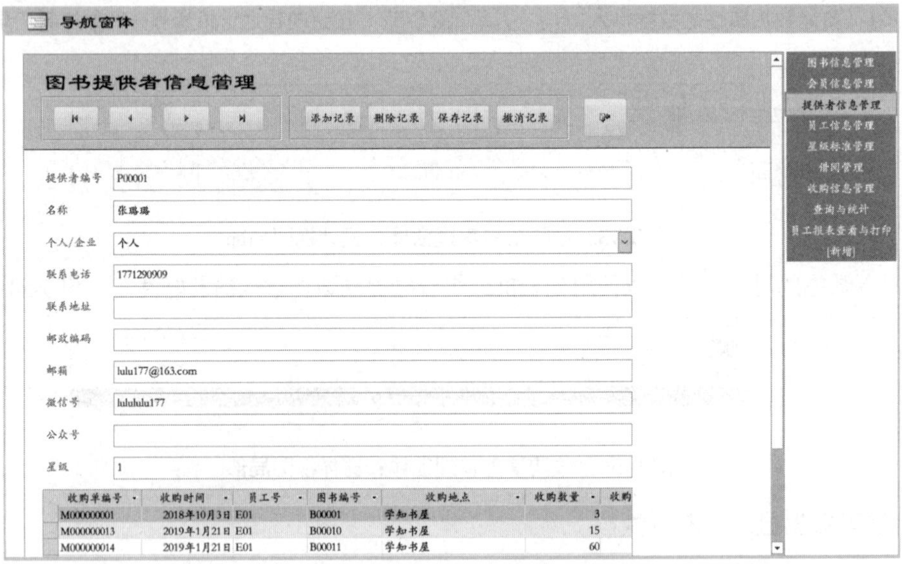

图 5-57 书屋管理主界面：初稿

④ 如果想对当前窗体做进一步的修改，还可以编辑顶部标题、编辑窗体标题、应用 Office 主题、修改按钮的颜色或形状等。

⑤ 继续美化一下，修改主界面的窗体页眉，再新增一个按钮，用来退出当前窗体，即可完成主界面的创建。

5.5 本 章 小 结

窗体是用户界面的一部分，通过用户需求，得知需要哪些窗体来管理数据库数据，通过窗体类型的选择和控件的使用完成创建窗体的过程。

通过创建窗体，初步完成了数据库应用程序的用户界面。通过设计窗体，完成了部分的数据呈现和流程控制。通过优化窗体，使得用户在使用数据库应用程序时更得心应手，操作更便捷。

然而，仍有一些功能未能实现，比如，数据的打印输出、登录验证、借阅管理的相关查询等功能，会在后续的章节中陆续解决。

本章内容导图如图 5-58 所示。

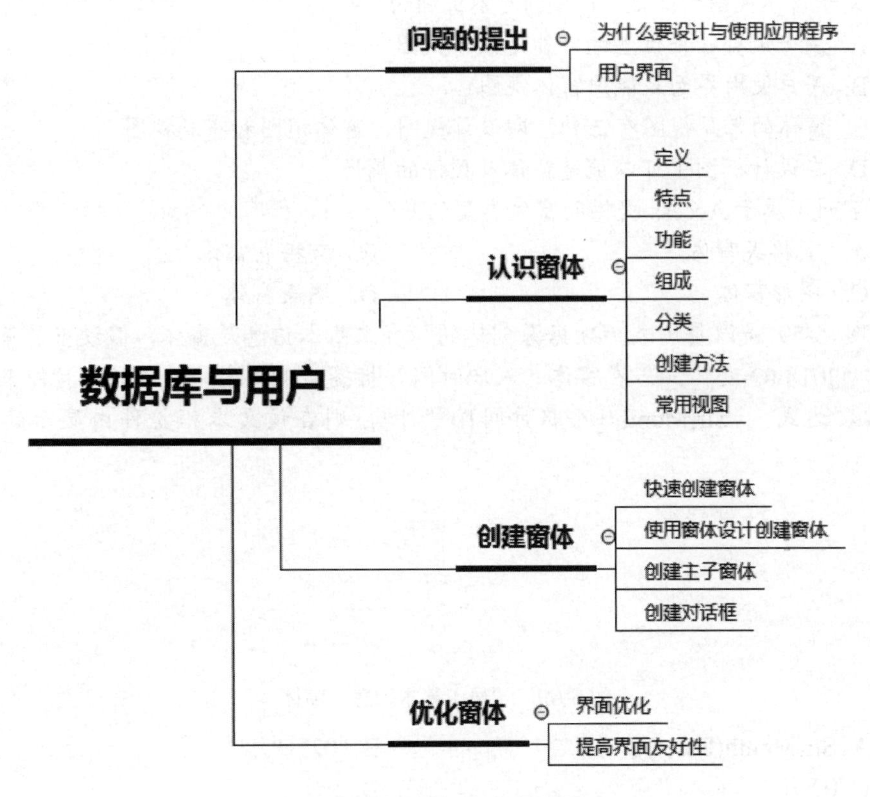

图 5-58　第 5 章内容导图

5.6 练　习　题

【问答题】

5-1 用户界面是由一系列窗体对象按照一定的层次结构搭建而成，这句话对吗？请举例说明。

5-2 设计用户界面是设计开发应用程序的一部分，第 5 章需要与第 7 章内容配合起来，完成整个数据库应用程序的设计实现，你认为是这样吗？请举例说明第 5 章能和不能实现的应用程序功能。

5-3 Access 中的窗体最多由几个节构成？其中哪个节一般用来放数据，哪个(些)节在界面设计中几乎不使用？

5-4 我们在一些应用程序中看到的登录界面是数据窗体吗？请举例说明数据窗体和对话框。

5-5 说说你见过的显示数据表中字段值的控件。

【选择题】

5-6 Access 数据库中，用于输入或编辑字段数据的交互控件是(　　)。

A. 文本框　　B. 标签　　C. 复选框　　D. 组合框

5-7 关于窗体视图的陈述，(　　)是不正确的。

A. 用来调整控件位置的只能是设计视图

B. 用户使用界面只能用窗体视图

C. 窗体的常见视图有三种，即设计视图、窗体视图和布局视图

D. 在设计视图中可以调整窗体及控件的属性

5-8 下列不属于 Access 提供的窗体类型的是(　　)。

A. 表格式窗体　　B. 数据表窗体

C. 图形窗体　　D. 图表窗体

5-9 图 5-59 是以员工表为数据源创建的“员工基本信息”窗体，假设当前员工的入职时间为“2018-02-25”，若在窗体“入职时间”标签右侧文本框控件的“控件来源”属性中输入表达式：=Str(Month([入职时间]))+"月"，则在该文本框控件内显示的结果是(　　)。

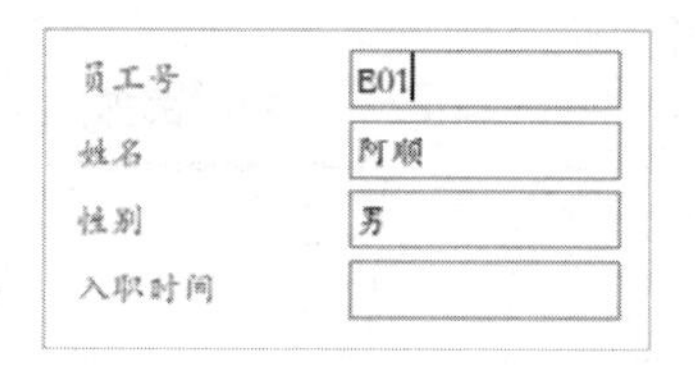

图 5-59　“员工基本信息”窗体

A. Str(Month(Date()))+"月"　　B. "02"+"月"

C. 02 月　　D. 2 月

5-10 要改变窗体上文本框控件的数据源，应设置的属性是(　　)。

A. 记录源　　B. 控件来源　　C. 数据源　　D. 默认值

5-11 计算型控件用(　　)作为数据源。

A. 表名　　B. 查询名　　C. 表达式　　D. SQL 语句

5-12 Access 数据库中，如果在窗体上输入的数据总是取自表或查询中的字段数据，或者取自某固定内容的数据，可以使用 (　　)控件来完成。

A. 文本框　　B. 列表框或组合框　　C. 标签　　D. 绑定对象框

5-13 以下哪一项不是窗体的特点？

A. 有易用美观、交互合理的界面

B. 独立完成打印输出数据，方便易用

C. 与宏或 VBA 代码配合，实现特定功能

D. 可区分用户权限，保护数据安全

5-14 如果当前窗体的功能是录入记录，应该将窗体的哪个属性的值设置为“是”？

A. 记录源　　B. 允许添加　　C. 允许编辑　　D. 数据输入

5-15 可以把一组窗体集成在一起的是(　　)。

A. 组合框　　　B. 主子窗体　　　C. 选项卡　　　D. 导航窗体

【实验题】

5-16 在“学生与系”数据库中实现以下界面设计。

(1) 使用【窗体】按钮快速创建学生窗体，窗体名为“学生”。

(2) 使用【窗体】向导创建主子窗体，实现通过系号和系名查看学生信息，窗体名为“各系学生”。

(3) 使用【其他窗体-分割窗体】创建以系为数据源的分割窗体，窗体名为“系”。

(4) 将“学生”窗体设置为不允许添加、删除和编辑。

(5) 去掉“各系学生”窗体中主窗体的导航按钮，添加4个命令按钮，分别具有移动记录指针到第一条、前一条、下一条和最后一条记录的功能。

(6) 使用窗体设计视图新建一个窗体，在其中添加3个文本框，分别显示学生名单表中的3个字段的值，调整该窗体上所有控件的位置和外观，窗体保存为“学生名单”。

(7) 在“学生名单”窗体上使用图像控件显示一张漂亮图片，设置窗体的背景颜色和标题，设置窗体上显示文字的字体、字号等属性，放置直线和矩形控件来美化窗体。

(8) 模拟 Access 工具栏，使用选项卡、组合框控件、按钮、文本框、标签等控件设计窗体，命名为“工具栏”。工具栏不必与 Access 工具栏一模一样，只需表达出2～3个选项卡，4～5个工具即可，示意如图5-60所示。

(9) 使用选项组和按钮控件，设计一个有两关的问答闯关小游戏，示意如图5-61所示，每关问题自拟。不必判断问题对错，只需设计两个窗体，通过按钮打开下一个窗体和回到前一个窗体或退出。窗体名分别为“第1关”和“第2关”。

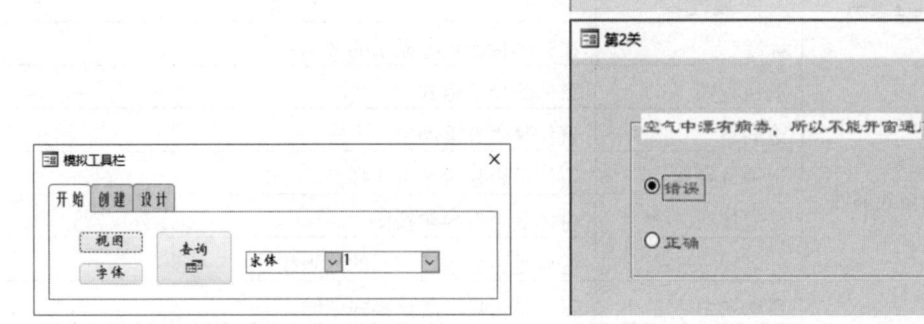

图5-60　模拟工具栏　　　　图5-61　闯关小游戏窗体示意

(10) 使用窗体设计视图修改、调整和美化以上窗体(如学生窗体调整如图5-62所示)。创建导航窗体，名为“导航窗体”，其中集成“学生”、“系”、“各系学生”和闯关游戏窗体，如图 5-63 所示。

图 5-62　学生窗体调整示意

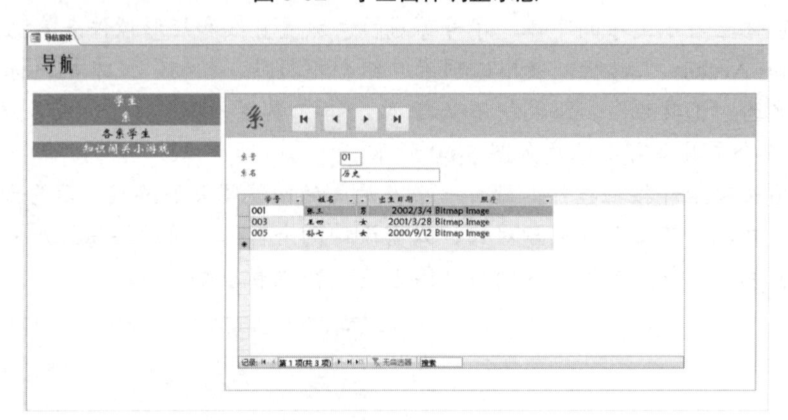

图 5-63　导航窗体示意

附录 5.1　Access 中常用窗体属性

序号	属性类别	属性名	功　能
1	窗体格式属性	标题	在窗体标题栏上显示的文本
2		默认视图	窗体的显示形式
3		滚动条	窗体是否有滚动条
4		记录选择器	窗体是否显示记录选择器
5		导航按钮	窗体是否有导航按钮
6		分隔线	窗体是否显示各节间的分隔线
7		自动居中	窗体是否自动居于桌面中间
8		最大最小化按钮	是否使用最大化和最小化按钮
9	窗体数据属性	记录源	窗体的数据源，可以是表或查询
10		允许添加	是否允许在窗体中为数据源添加数据

续表

序号	属性类别	属性名	功 能
11		允许删除	是否允许在窗体中删除数据源中的数据
12		允许编辑	是否允许在窗体中修改数据源中的数据
13		数据输入	属性值为“是”，可以将窗体变成输入记录的窗体
14	窗体事件属性	成为当前	这里设置当一个记录为当前记录时引发的事件，可以是宏，也可以是代码
15		打开	在窗体打开时引发事件
16		加载	在窗体加载时引发事件，时间上晚于打开事件
17		卸载	在窗体卸载时引发事件，时间上早于关闭事件
18		关闭	在窗体关闭时引发事件
19		激活	在窗体间切换时，切换到此窗体时引发的事件
20		停用	在窗体间切换时，从此窗体切换到别的窗体时引发的事件，与上一项相反
21		获得焦点	在此窗体获得焦点时引发事件
22		失去焦点	在此窗体失去焦点时引发事件
23		单击	在单击窗体时引发事件
24		双击	在双击窗体时引发事件
25	窗体其他属性	弹出方式	属性值为“是”，则此窗体打开时浮于其他普通窗体上面，只有模式设为“是”的其他同类窗体可以覆盖它
26		模式	属性值为“是”，则此窗体以对话框形式打开，在关闭它之前，别的窗体不能操作

附录 5.2　Access 中常用控件属性

序号	属性类别	属性名	功 能
1	控件格式属性	标题	控件的标题，显示给用户看的文本
2		宽度	控件的宽度，单位为 cm
3		高度	控件的高度，单位为 cm
4		上边距	控件上边缘距当前节上边框的距离，单位为 cm
5		左边距	控件左边缘距当前节左边框的距离，单位为 cm
6		字体名称	控件中的文字使用的字体
7		字号	控件中的文字使用的字号大小
8		字体粗细	控件中的文字使用的字体粗细，如细、正常、加粗等
9		倾斜字体	控件中的文字是否为倾斜字体
10		特殊效果	控件的特殊效果，如平面、凸起、凹陷、蚀刻等
11		背景色	控件的背景颜色，可选择系统自带的颜色，如 Access 主题 1 等，也可输入表示颜色的 16 进制数
12		前景色	控件中的文字颜色，可选择系统自带的颜色，如 Access 主题 1 等，也可输入表示颜色的 16 进制数

续表

序号	属性类别	属性名	功　能
13	控件数据属性	控件来源	控件中可显示记录源中某字段的值，也可写成表达式
14		输入掩码	设置控件的输入格式
15		默认值	为控件设置初始值
16		验证规则	输入数据的合法性检查
17		是否锁定	控件中值是否允许被编辑
18		是否有效	是否能够使用 Tab 键或鼠标选择控件，若为“否”，控件为灰色
19	控件事件属性	单击	单击控件时，触发事件
20		获得焦点	控件获得焦点时，触发事件
21		鼠标按下	鼠标按下时，触发事件
22		更新前	控件更新前，触发事件
23		更新后	控件更新后，触发事件
24	控件其他属性	名称	控件的名称，是窗体中的唯一标识
25		Tab 键索引	数字的升序，即按 Tab 键时控件的焦点顺序

第 6 章 把数据打印在纸上

在上一章的学习中，我们了解了窗体的结构、分类，学习了窗体创建的各种方法，掌握了窗体的美化与功能优化。这一章，我们来看看除了能将数据输出到窗体上之外，怎样把数据按照指定的格式打印输出在纸张上。

本章 6.1 节介绍了何为报表以及报表的意义，根据之前的系统功能设计确定【学知书屋】数据库中报表的具体配置；6.2 节带领大家认识报表，了解报表的定义、功能、组成及分类，奠定报表设计及实现的理论基础；6.3 节结合具体任务详细介绍了各种报表的创建方法；6.4 节对报表的美化设置和打印设置的一些技巧进行了解析；最后在 6.5 节总结了本章重点内容。

6.1　问题的提出

6.1.1　报表概述

在计算机普及之前，我们会看到很多表格形式的手工纸质报表，人们将所需的数据事先计算好手写整理于纸质报表上，往往计算、整理、誊写数据的过程费时费力。随着办公自动化技术的大范围应用，人们希望计算机能够更多地代替他们完成这些繁杂的数据抽取、计算和排版工作。因此，让数据库具有能够制作生成高计算性、高可读性报表的功能应运而生。

Access 中的报表，是除窗体外用户能够直接面对的另一种主要界面，也是 Access 数据库的一种对象，能够使用格式化的形式来表现数据库中的数据，其英文名称对应 Report。报表的数据源可以是表或查询，也可以是特定的 SQL 语句。

Access 允许创建各种形式灵活多样的、带有不同细节层次的报表，用于对数据库中的数据进行计算、分组和汇总，显示、预览或打印想要输出的数据信息。例如，我们日常生活中常见的各种单据、发票、证签等，都可以看作是从专用的数据库系统中打印的报表。

报表与窗体在视图界面与操作设置上有很多相似之处，请大家在学习的过程中揣摩总结这两种对象有哪些异同。

6.1.2　【学知书屋】数据库中的报表

通过之前的设计，我们厘清了【学知书屋】数据库应用系统的功能与结构，完成了各个窗体界面的实现。目前，我们能够将数据表或者查询数据在窗体中显示出来，如果想进一步将数据打印到纸张上，需要设计相应的报表对象来实现。

值得注意的是，我们要从会员和员工两种用户角度出发，设计具有不同用户权限级别、不同数据内容的报表，如图 6-1 虚线框圈起部分所示。

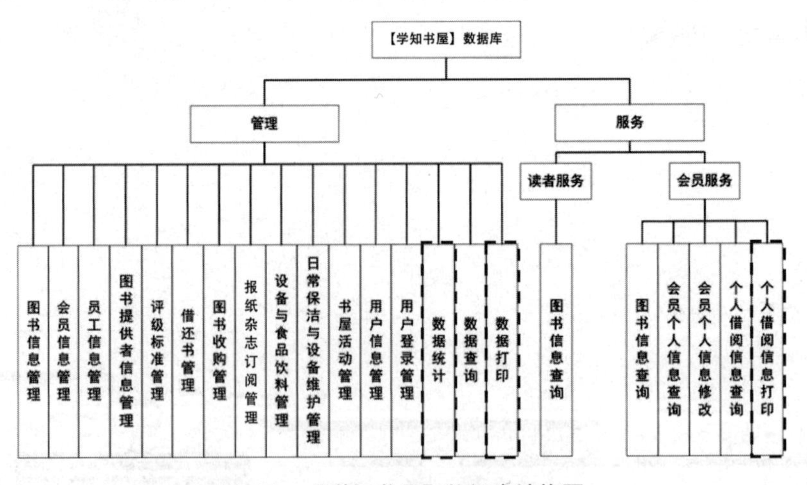

图 6-1　【学知书屋】数据库结构图

从会员应用的角度设计，经过会员身份核验后，可以使用报表输出该会员个人的图书借阅历史情况、当前个人在借图书情况等；从工作人员的角度设计，经过员工身份核验后，可以使用报表输出全体会员情况、馆藏图书情况、会员借阅情况、员工经手的图书借阅情况、图书收购工作量情况、图书提供者供书情况等。

6.2 认识 Access 中的报表

报表本身不能存储数据，也不能通过报表编辑修改数据，只能应用报表浏览、排序、汇总及打印数据。运用报表的各种制作方法和技巧，能够定制化地自由表现你的数据，可以呈现于屏幕上，也可打印到纸张上。

6.2.1 报表基本类型

常用的报表基本类型有 3 类：纵栏式报表、表格式报表和标签报表。

(1) 纵栏式报表，一条记录的各字段数据分布于多行显示，通常一行显示一个字段的内容，左边显示字段名，右边显示字段值，一个打印页上可以较为稀疏地显示一条或多条记录，如图 6-2 所示。

书单

图书编号	B00001
书名	甲骨文字典
新书否	☑
定价	300
库存量	1
图书编号	B00002
书名	无人生还
新书否	☑
定价	35
库存量	13
图书编号	B00003
书名	哈利波特与魔法石

图 6-2 纵栏式报表

(2) 表格式报表，以行、列表格形式显示各条记录，通常一条记录的数据仅分布于一行，字段名不会重复出现，只显示在报表每页的上方，一个打印页上可以较为紧凑地显示多条记录，如图 6-3 所示。

(3) 标签报表，以多行、多列形式显示各条记录，一行可以显示来自多条记录的字段，每条记录可以分布于多行。标签报表可以看作是数据量较少的纵栏式报表的多列显示，如图 6-4 所示。

在实际应用中，我们不必拘泥于这 3 种基本报表类型，可以根据需要设计更美观、自由、个性的报表形式。

书单 2019年

图书编号	书名	新书否	定价	库存量
B00001	甲骨文字典	☑	300	1
B00002	无人生还	☑	35	13
B00003	哈利波特与魔法石	☑	42	13
B00004	大学计算机基础	☑	49	15
B00005	数据库系统概论(第5版)	☐	42	18
B00006	Excel跟卢子一起学 早做完 不加班	☑	44	20
B00007	向前一步	☑	49	6
B00008	向前一步	☐	49	11
B00009	暗知识：机器认知如何颠覆商业和社会	☑	58	11
B00010	邦臣小红花・我的第一套启蒙认知贴纸书	☑	56	15

图 6-3　表格式报表

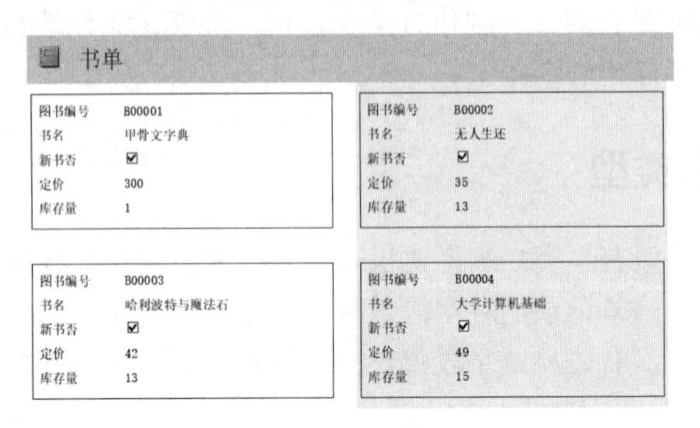

图 6-4　标签报表

6.2.2　报表基本结构

与窗体类似，报表也是由若干个节组合而成的。报表的节分为 7 类：主体节、页面页眉节、页面页脚节、报表页眉节、报表页脚节、组页眉节、组页脚节，如图 6-5 所示。其中主体节是必选项，其他节是可选项。除组页眉节和组页脚节可多次添加外，其他节最多只能添加一次。页面页眉节和页面页脚节、报表页眉节和报表页脚节可以成对添加或取消。在有分组字段的情况下，可分别添加若干个组页眉节和若干个组页脚节。

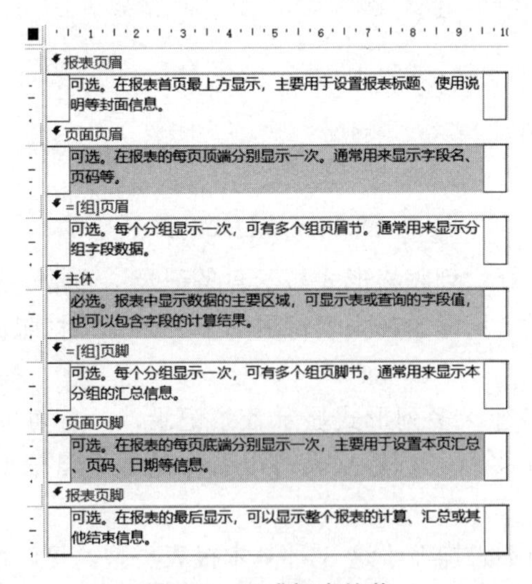

图 6-5　组成报表的节

报表各节内通过放置各种控件来显示数据内容，应该如何界定这些控件的放置节区呢？

- 主体节：显示每一条记录的详细内容，可以是表或查询的字段值，也可以是对某个或某些字段内容的计算结果。
- 报表页眉节：该节控件内容在报表首页最上方显示，主要用于设置报表标题、使用说明等封面信息。
- 报表页脚节：该节控件内容位于报表的最后，可以显示整个报表的计算、汇总或报表其他结束信息。
- 页面页眉节：该节内容在报表的每页顶端分别显示一次，通常用来显示字段名。
- 页面页脚节：该节内容在报表的每页底端分别显示一次，主要用于设置本页汇总、页码等信息。
- 组页眉节：该节通常显示分组字段数据值。
- 组页脚节：该节通常显示本分组的汇总信息。

6.2.3 报表视图

通过相应的报表视图，可以编辑报表的设计或查看报表的结果。报表的视图形式包含 4 种类型——设计视图、布局视图、报表视图和打印预览视图，通过【开始】选项卡的【视图】下拉列表命令切换。

- 设计视图：主要用于定义设计报表要输出的数据与结构、编辑报表的布局及格式。
- 布局视图：主要用于快速调整控件位置、设置控件属性。
- 报表视图：主要用于查看报表的版面及主要输出页的设计结果。
- 打印预览视图：主要用于查看报表每个打印页的实际输出结果。

例如，显示书单信息的标签报表，其 4 种视图如图 6-6 所示。设计视图允许每个控件都能单独编辑，布局视图允许同时调整显示某项数据同批次控件的位置、大小等属性，报表视图能够以单列形式展示报表的设计结果，而打印预览视图呈现的是打印后最终的多列标签报表形式。

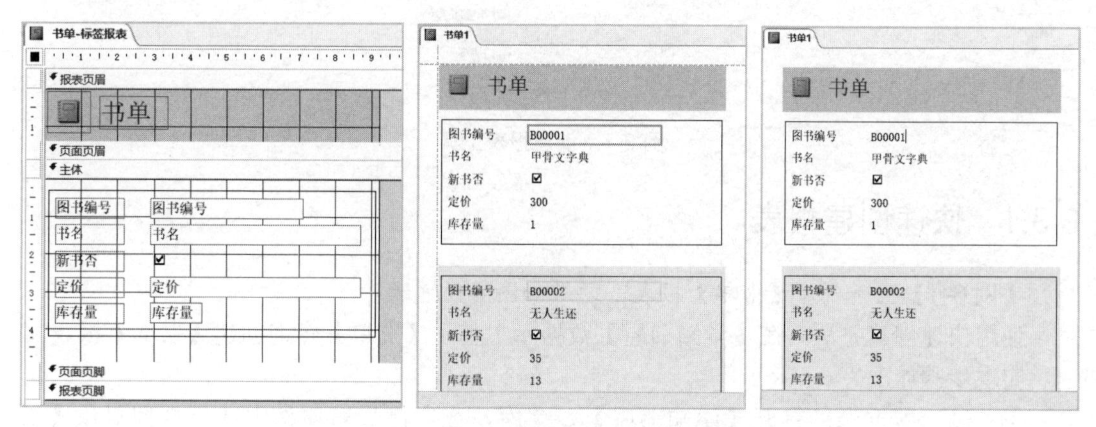

图 6-6 设计视图、布局视图、报表视图与打印预览视图

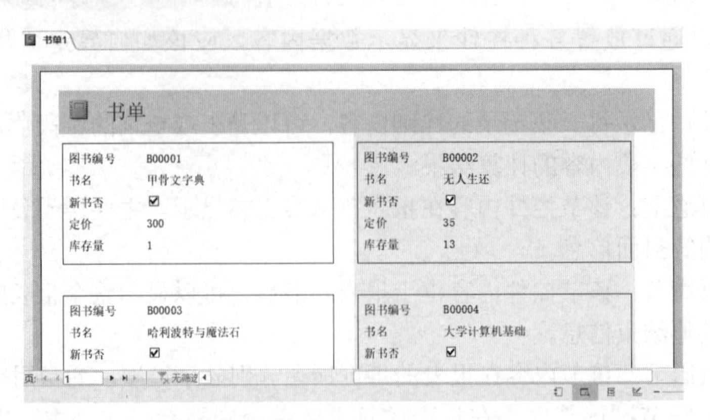

图 6-6　设计视图、布局视图、报表视图与打印预览视图(续)

6.2.4　报表创建方法

Access 中创建报表主要有 3 种途径：快速创建、向导创建和设计视图创建。其中，使用快速创建最为便捷，快速一键生成报表，但是设计自由度最小；使用各种向导可以根据提示更好地理解与完成各类报表的创建过程，能够选择多数据源的部分字段，也能够选择某种版式，是最为常用的一种方法；使用设计视图创建报表，能够最大限度地发挥开发者的创新能力，个性化地完成报表的设计与制作。

下一节，我们将结合具体实例，详细介绍各种创建报表方法的应用过程。

6.3　创 建 报 表

在 Access 中创建报表使用的主要工具位于【创建】选项卡的【报表】组，如图 6-7 所示。其中，使用【报表】命令能够快速创建报表，使用【报表向导】和【标签】命令能够通过向导提示创建纵栏式、表格式、标签等各种基本类型报表，使用【报表设计】和【空报表】命令可以分别通过设计视图和布局视图创建自定义的报表。

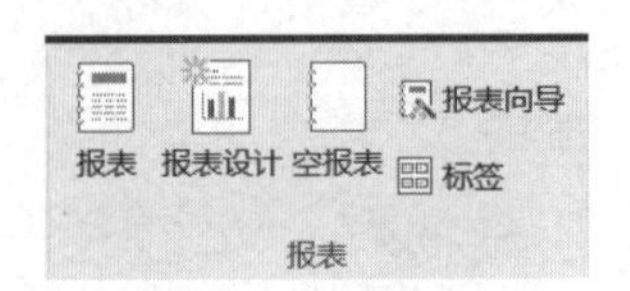

图 6-7　创建报表工具

6.3.1　快速创建报表

【例 6-1】快速创建【书单】报表，效果如图 6-8 所示。

使用快速创建方法，在【学知书屋】数据库中基于【书单】查询创建【书单】报表。

实现步骤如下。

① 确定数据源：打开【学知书屋】数据库，在左侧导航窗格中选择查询对象【书单】作为数据源。

② 创建报表：在【创建】选项卡【报表】组单击【报表】按钮，显示自动创建的报表布局视图。

③ 调整控件：在布局视图中拖曳控件边框，调整控件到合适位置及大小，如图 6-8 所示。

书单

图书编号	书名	新书否	定价	库存量
B00001	甲骨文字典	☑	300	1
B00002	无人生还	☑	35	13
B00003	哈利波特与魔法石	☑	42	13
B00004	大学计算机基础	☑	49	15
B00005	数据库系统概论(第5版)	☐	42	18
B00006	Excel跟卢子一起学 早做完 不加班	☑	44	20
B00007	向前一步	☑	49	6
B00008	向前一步	☐	49	11
B00009	暗知识：机器认知如何颠覆商业和社会	☑	58	11
B00010	邦臣小红花·我的第一套启蒙认知贴纸书	☑	56	15
B00011	幼儿睡前故事绘本	☑	120	60

图 6-8　【书单】报表布局视图

④ 保存查看：单击【保存】按钮，输入报表名称“书单”，切换至打印预览视图，报表结果如图 6-9 所示。

书单　########

图书编号	书名	新书否	定价	库存量
B00001	甲骨文字典	☑	300	1
B00002	无人生还	☑	35	13
B00003	哈利波特与魔法石	☑	42	13
B00004	大学计算机基础	☑	49	15
B00005	数据库系统概论(第5版)	☐	42	18
B00006	Excel跟卢子一起学 早做完 不加班	☑	44	20
B00007	向前一步	☑	49	6
B00008	向前一步	☐	49	11
B00009	暗知识：机器认知如何颠覆商业和社会	☑	58	11

图 6-9　【书单】报表打印预览视图

使用快速创建方法，可自行设计创建【员工信息】报表和【会员信息】报表。

【注】快速创建的报表一般以表格式报表形式呈现，能够自动显示来自所选数据源的全部数据。但是使用这种方法不能自由选择部分数据，也不能基于多个数据源快速建立报表。想要实现更多要求的报表，可以采用向导创建或设计视图创建报表的方法。

6.3.2　设计并创建报表

【例 6-2】使用报表向导创建【提供者供书单】报表，效果如图 6-10 所示。

使用报表向导创建带有分级的报表，实现步骤如下。

① 确定方法：打开【学知书屋】数据库，在【创建】选项卡【报表】组单击【报表向导】按钮，弹出【报表向导】对话框。

提供者供书单

提供者编号	名称	图书编号	书名	作者	出版社	ISBN
P00001	张璐璐					
		B00001	甲骨文字典	徐中舒	四川辞书出版社	97878068289
		B00010	邦臣小红花·我的	北京小红花图	中国人口出版社	11260573
		B00011	幼儿睡前故事绘本	罗自国，等	文化发展出版社	97875142152
P00002	京东商城					
		B00002	无人生还	阿加莎·克里	新星出版社	97875133223
		B00003	哈利波特与魔法石	J.K.罗琳	Bloomsbury	97814088556
		B00003	哈利波特与魔法石	J.K.罗琳	Bloomsbury	97814088556
		B00004	大学计算机基础	戴红，等	清华大学出版社	97873025134
		B00014	故宫	纪录片《故宫	中国工人出版社	97875008702
		B00015	单车骑行去西藏	梅里，TT	百花洲文艺出版社	97875500248
		B00015	单车骑行去西藏	梅里，TT	百花洲文艺出版社	97875500248
		B00016	从零起步:素描基础	张玉红	人民邮电出版社	97871153999
		B00017	Wonder 奇迹男孩	R.J. Palacio	Random House UK	97805525659
		B00018	手机摄影从小白到	王鹏鹏，叶明	北京大学出版社	97873012988
P00003	当当商城					
		B00002	无人生还	阿加莎·克里	新星出版社	97875133223
		B00004	大学计算机基础	戴红，等	清华大学出版社	97873025134

图 6-10　【提供者供书单】报表效果

② 确定数据源：在【表/查询】列表中选择“表：提供者”，从左侧【可用字段】栏中选择“提供者编号”“名称”字段添加到右侧【选定字段】栏，然后再从“表：图书”中选择“图书编号”“书名”“作者”“出版社”和“ISBN”字段为选定字段，如图 6-11 所示，单击【下一步】按钮。

③ 确定查看数据方式：在左栏中选择“通过提供者”，如图 6-12 所示，单击【下一步】按钮。

图 6-11　选取数据源

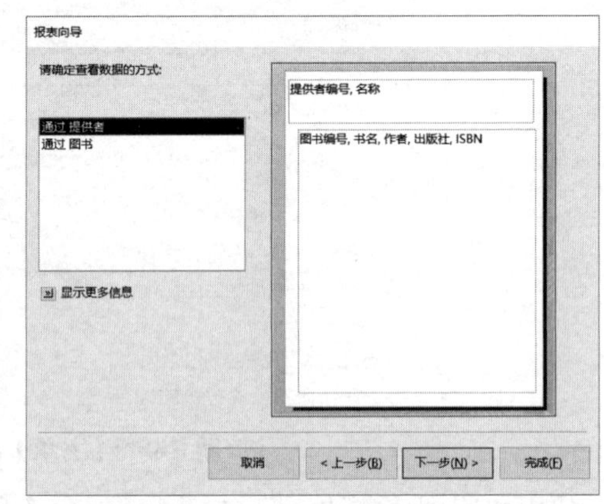

图 6-12　确定查看数据方式

④ 确定分组级别：默认，不再添加分级(如果需要添加其他分级，可在左栏选择)，如图 6-13 所示，单击【下一步】按钮。

⑤ 确定排序次序：添加“图书编号”字段，选择【升序】，如图 6-14 所示，单击【下一步】按钮。

⑥ 确定布局方式：默认，布局为【递阶】，方向为【纵向】，如图 6-15 所示，单击【下一步】按钮。

⑦ 保存查看：输入报表标题为“提供者供书单”，如图 6-16 所示，单击【完成】按钮查看创建结果，如图 6-10 所示，可以进一步切换至布局视图调整控件位置，保存修改。

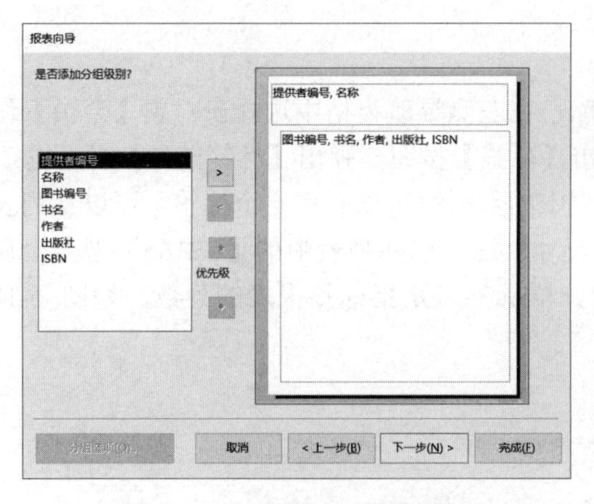

图 6-13 确定是否添加分组级别

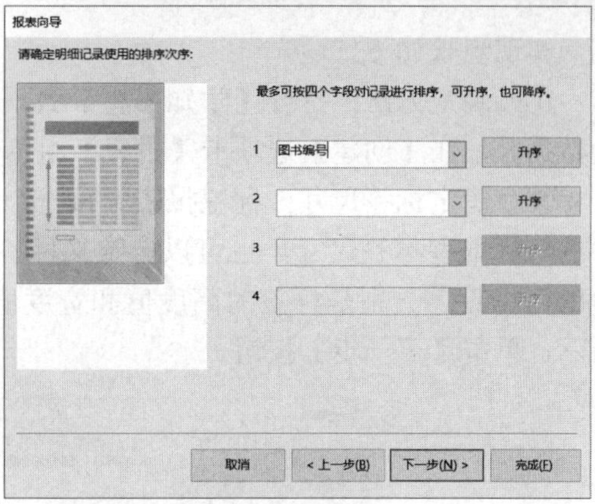

图 6-14 确定排序次序

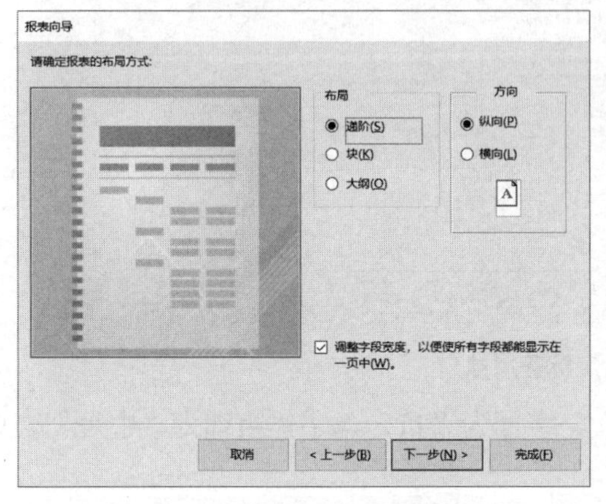

图 6-15 确定报表布局方式

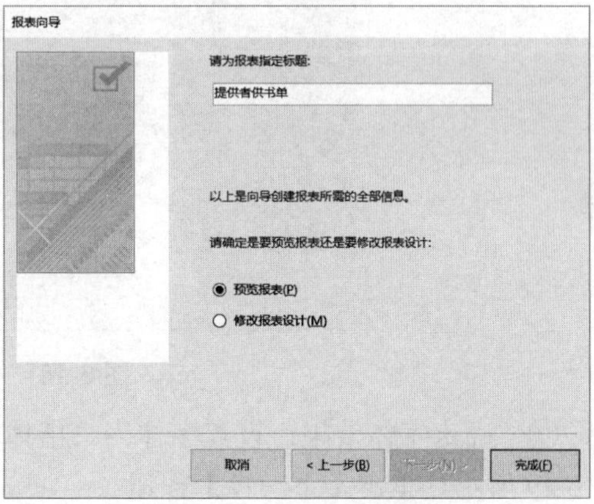

图 6-16 确定报表标题

使用报表向导方法，可自行设计创建【收购情况】报表。

【注】使用报表向导方法，能够在向导指定权限内自由设计报表，包括选择一个或多个数据源、选择部分字段、添加分组级别、确定排序次序、选择报表样式等。使用报表向导创建的报表通常为纵栏式或表格式。

【例 6-3】使用标签向导创建【会员卡】标签报表，效果如图 6-17 所示。

学知书屋会员卡
会员号：00001
会员姓名：李博特
会员性别：男

学知书屋会员卡
会员号：00002
会员姓名：马普尔
会员性别：女

学知书屋会员卡
会员号：00003
会员姓名：张波罗
会员性别：男

学知书屋会员卡
会员号：00004
会员姓名：宋加莎
会员性别：女

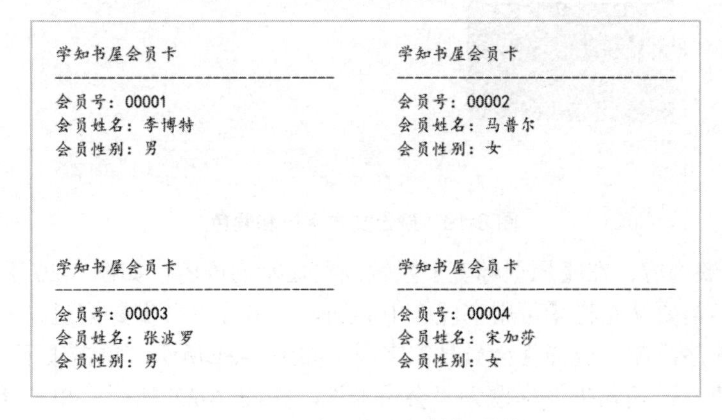

图 6-17 【会员卡】标签报表效果

实现步骤如下。

① 确定方法：打开【学知书屋】数据库，在左侧导航窗格中选择表对象【会员】作为数据源，在【创建】选项卡【报表】组单击【标签】按钮，弹出【标签向导】对话框。

② 确定标签尺寸：标签报表中每一个集中的数据块可以看作一个标签，可以从列表中选取标准型标签尺寸，也可以自定义标签尺寸，这里选择列表中的【C2166】型号，尺寸的两个数字分别是标签的高度值和宽度值，横标签号是指标签报表的列数，如图 6-18 所示，单击【下一步】按钮。

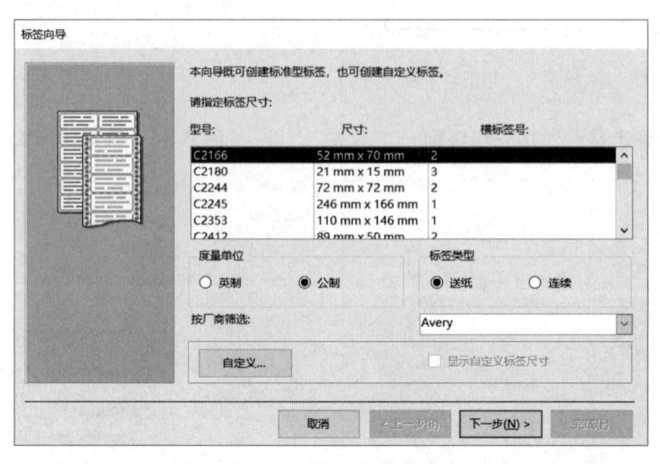

图 6-18　指定标签尺寸

③ 确定字体效果：设置字体为“楷体”、字号为“11”、字体粗细为“中等”，如图 6-19 所示，单击【下一步】按钮。

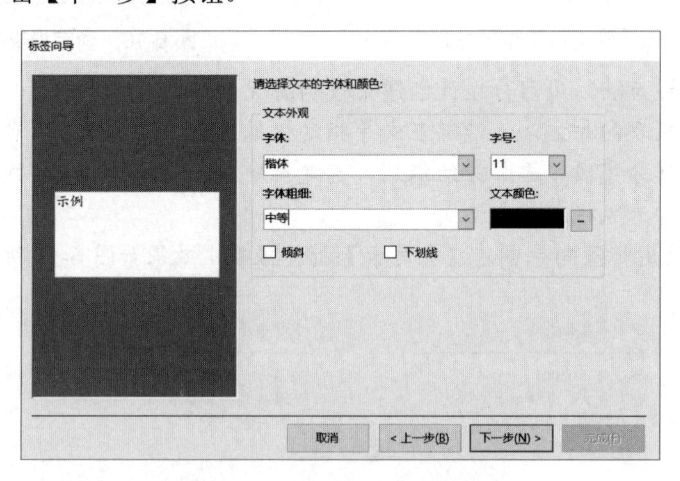

图 6-19　确定文本字体和颜色

④ 确定标签内容：在【原型标签】栏输入要显示的内容，如图 6-20 所示，大括号{ }及其内部字段名需要从左栏【可用字段】中添加，单击【下一步】按钮。

⑤ 确定排序次序：选择【会员号】字段，如图 6-21 所示，单击【下一步】按钮。

⑥ 保存查看：输入报表标题为“会员卡”，如图 6-22 所示，单击【完成】按钮查看创建结果，如图 6-17 所示。

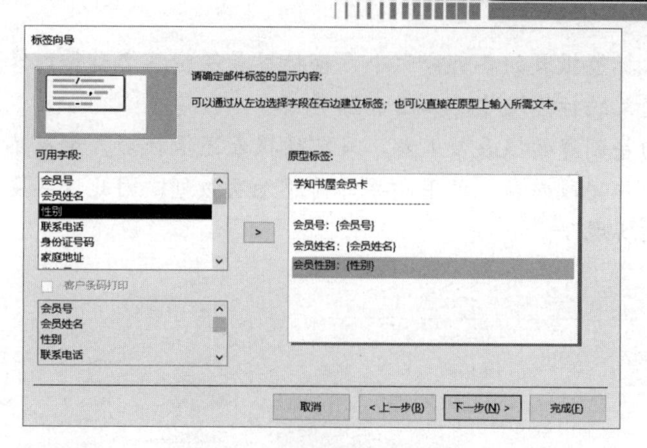

图 6-20　确定原型标签内容

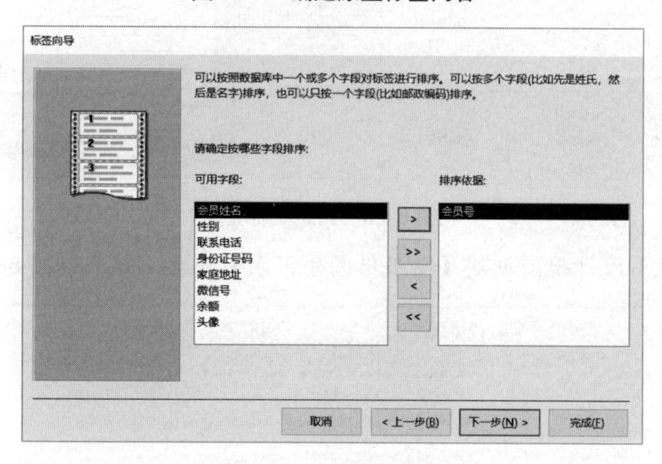

图 6-21　确定排序字段

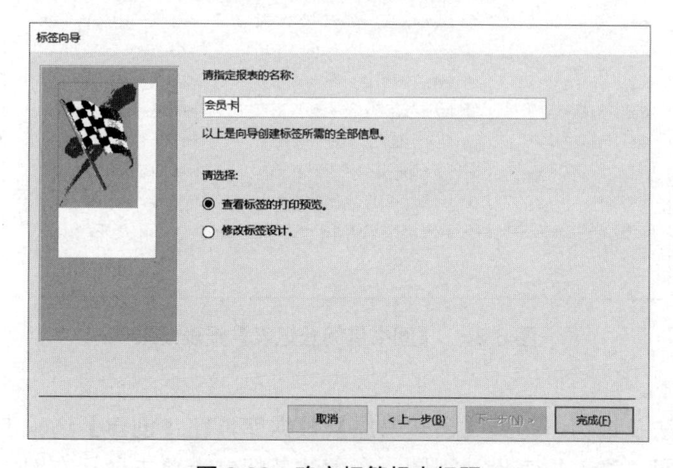

图 6-22　确定标签报表标题

使用标签向导方法，可自行设计创建【图书检索卡】报表。

【注】(1) 标签向导方法专门用于创建标签报表，按照向导步骤，指定标签尺寸、选择部分字段、设计原型标签等。如果需要自定义标签尺寸，可在如图 6-18 所示的对话框中单击【自定义】按钮，在【新建标签尺寸】对话框中单击【新建】按钮，在【新建标

签】对话框中输入标签报表的各部分大小、横标签号及标签名称等内容，单击【确定】按钮后即可使用自定义的标签尺寸，如图 6-23 所示。

(2) 从使用向导创建的报表效果看，目前的报表还很粗糙，细节不够精细，例如，若在会员卡上增加照片字段内容，使用向导目前还无法做到，因此这些更加细致的操作只能使用报表设计视图实现。

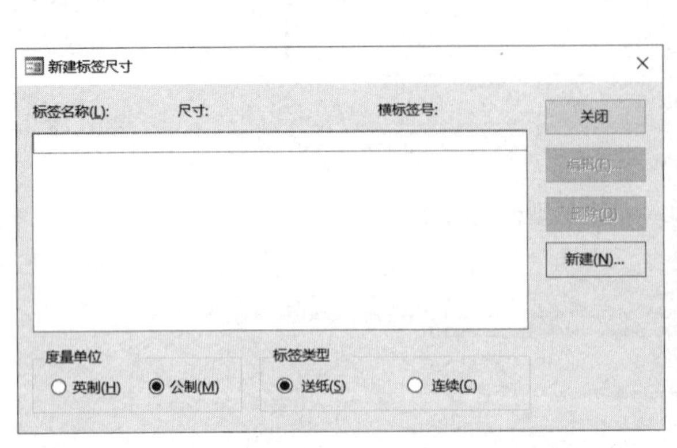

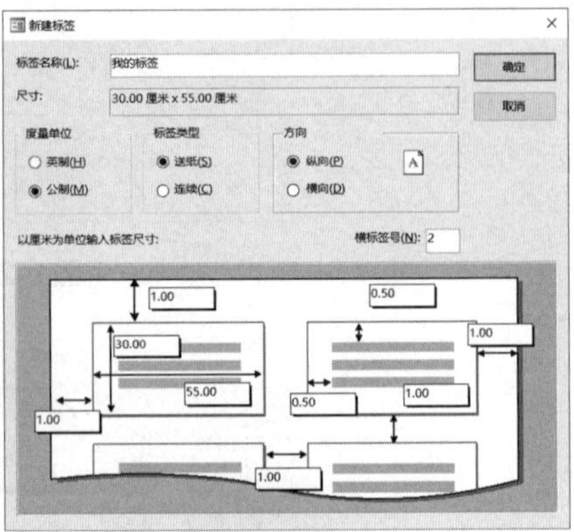

图 6-23　自定义标签

【例 6-4】使用设计视图创建【图书借阅登记表】报表，效果如图 6-24 所示。

图书借阅登记表

图书编号	书名	定价	借阅人编号	借阅人姓名	借阅时间	借阅经办人	借阅价格	归还时间	应还时间	归还经办人
B00002	无人生还	35	C00002	马普尔	2019年4月12日	张小钢	1	2019年4月24日	2019年5月12日	廖青
B00001	甲骨文字典	300	C00003	张波罗	2019年4月26日	张小钢	2	2019年4月30日	2019年5月26日	廖青
B00006	Excel跟卢子一起学 早做完	44	C00004	宋加莎	2019年5月1日	张小钢	1	2019年6月7日	2019年6月1日	张小钢
B00005	数据库系统概论(第5版)	42	C00006	lezima	2019年5月17日	张小钢	0.5	2019年6月7日	2019年6月17日	张小钢
B00002	无人生还	35	C00007	乔林	2019年5月18日	张小钢	1	2019年6月2日	2019年6月18日	张小钢
B00002	无人生还	35	C00008	ann	2019年5月18日	张小钢	1	2019年6月1日	2019年6月18日	廖青
B00003	哈利波特与魔法石	42	C00001	李博特	2019年5月20日	张小钢	1	2019年6月20日	2019年6月20日	张小钢
B00004	大学计算机基础	49	C00009	cc2018	2019年5月23日	张小钢	1	2019年5月26日	2019年6月23日	张小钢
B00011	幼儿睡前故事绘本	120	C00002	马普尔	2019年5月24日	张小钢	0.1	2019年6月10日	2019年6月24日	张小钢
B00020	二战尖端武器鉴赏指南（珍藏	59	C00010	shuang11	2019年5月24日	张小钢	1	2019年6月27日	2019年6月24日	廖青
B00018	手机摄影从小白到大师	88	C00010	shuang11	2019年5月24日	张小钢	1	2019年6月20日	2019年6月24日	张小钢
B00009	暗知识：机器认知如何颠覆商	58	C00006	lezima	2019年5月24日	张小钢	1		2019年6月24日	

图 6-24　【图书借阅登记表】报表效果

实现步骤如下。

① 确定方法及结构：打开【学知书屋】数据库，在【创建】选项卡【报表】组单击【报表设计】按钮，进入报表设计视图，在主体节标题上单击鼠标右键，选择快捷菜单中的命令【报表页眉/页脚】，如图 6-25 所示。

② 添加字段：选中报表对象，在【设计】选项卡【工具】组单击【属性表】按钮，在【属性表】面板中设置【记录源】属性为查询“图书借阅登记”，如图 6-26 所示；在【设计】选项卡【工具】组单击【添加现有字段】按钮，从【字段列表】对话框拖曳除“借阅单编号”之外的所有字段添加到主体节，将所有标签控件剪切粘贴到页面页眉节，

调整控件大小及位置。

③ 设置字体格式：选中所有控件，设置字体为“楷体”，字号为“11”，黑色，选中页面页眉节的所有字段名标签控件，设置文字加粗。

④ 修改纸张方向：在【页面设置】选项卡【页面布局】组单击【横向】按钮。

⑤ 设置报表属性：选中报表对象，在【属性表】面板中调整报表【宽度】属性为28cm。

⑥ 添加标题控件：在报表页眉节添加标签控件，输入标题内容为“图书借阅登记表”，设置格式为“楷体”、24 号、黑色、加粗、居中显示。

⑦ 保存报表：单击【保存】按钮，输入报表名为“图书借阅登记表”，效果如图 6-27 所示，切换到打印预览视图，效果如图 6-24 所示。

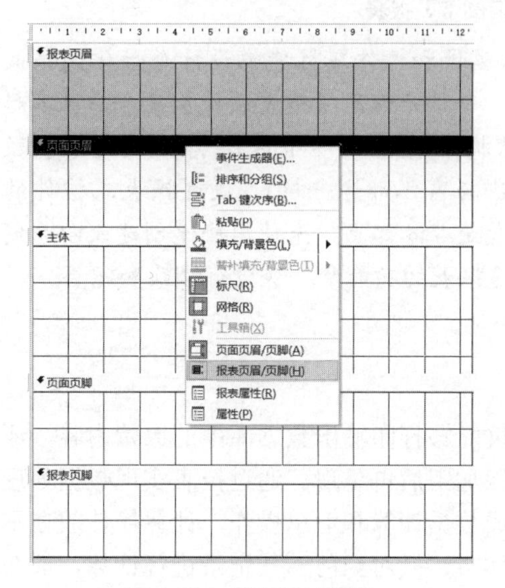

图 6-25 报表设计视图

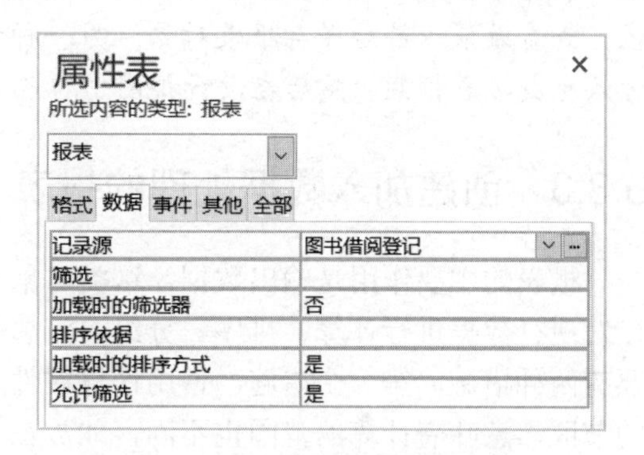

图 6-26 设置报表【记录源】属性

图 6-27 【图书借阅登记表】设计视图效果

使用设计视图创建报表方法，可自行设计创建【图书借阅卡】报表，效果如图 6-28 所示(提示，通过报表的【筛选】属性，可显示指定会员借阅信息)。

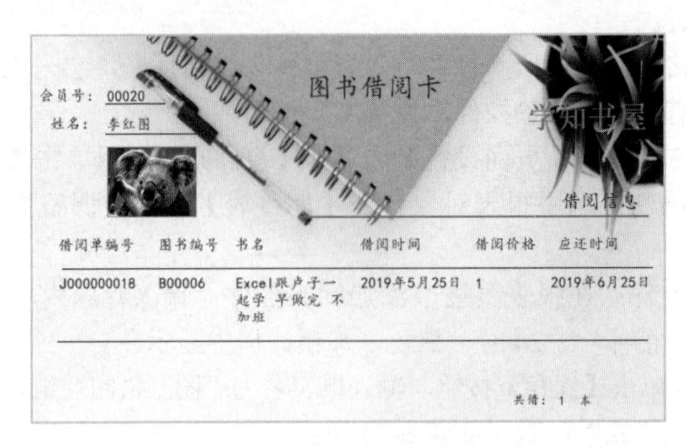

图 6-28 【图书借阅卡】报表

【注】使用设计视图创建报表，运用报表属性和控件属性能够设计个性化的报表形式。Access 使用设计视图建立报表有两种方式：一种是使用【报表设计】命令，从零起步创建报表，进入报表设计视图，确定报表的结构(即包含哪些节区)，然后确定报表数据源，在报表上添加控件(控件的添加与编辑方法与窗体部分一样)，设置报表或控件的属性，查看效果，最后保存报表对象；另一种方式是非零起点，先使用快速创建或向导创建方法生成报表框架，然后在设计视图中对已创建报表的功能及外观进行修改和完善。

6.3.3 创建加入数据处理的报表

报表的主要作用是输出数据，这类对象不仅能够打印输出数据库中的原始内容，还可以对现有数据进行计算、排序、分组、汇总等深加工后再呈现。通过报表实现数据处理主要有两种措施。第一个措施，使用计算控件完成数据计算和汇总操作，计算控件放在不同的节区，意味着计算的范围也不同，如放在主体节，只对当前一条记录进行计算，放在组页眉/组页脚节，则对当前一组记录进行计算；放在报表页眉/报表页脚节，将会对整个报表的所有记录进行计算。第二个措施，使用【分组和排序】功能，通过排序将记录按指定次序排列，通过分组实现同组数据的汇总和显示输出，增强报表的可读性。

【例 6-5】修改【员工收购图书统计】报表，加入数据处理，效果如图 6-29 所示。

员工收购图书统计

员工号	姓名	图书编号	书名	收购地点	收购数量	收购单价	收购金额
E01	阿顺						
		B00003	哈利波特与魔法石	www.jd.com	8	¥38.00	¥304.00
		B00004	大学计算机基础	北京图书大厦	3	¥34.00	¥102.00
		B00006	Excel跟卢子一起学 早做完 不加班	中关村图书大厦	20	¥40.00	¥800.00
		B00010	邦臣小红花·我的第一套启蒙认知贴纸书	学知书屋	15	¥0.00	¥0.00
		B00011	幼儿睡前故事绘本	学知书屋	60	¥0.00	¥0.00
		B00001	甲骨文字典	学知书屋	3	¥0.00	¥0.00
				个人收购图书数量合计	109		
				个人收购图书平均单价	¥18.67		
				收购图书总量合计	332		
				收购图书平均单价	¥24.71		

图 6-29 【员工收购图书统计】报表效果

实现步骤如下。

① 确定方法：打开【学知书屋】数据库，在左侧导航窗格选中报表对象【员工收购图书统计】，单击右键，进入报表的设计视图。

② 排序分组：在【设计】选项卡【分组和汇总】组单击【分组和排序】按钮，在如图 6-30 所示的【分组、排序和汇总】区域单击【添加组】按钮，选取【员工号】作为分组字段，选用默认【升序】排序，将【主体】节的“员工号”和“姓名”两个控件移至【员工号页眉】节。

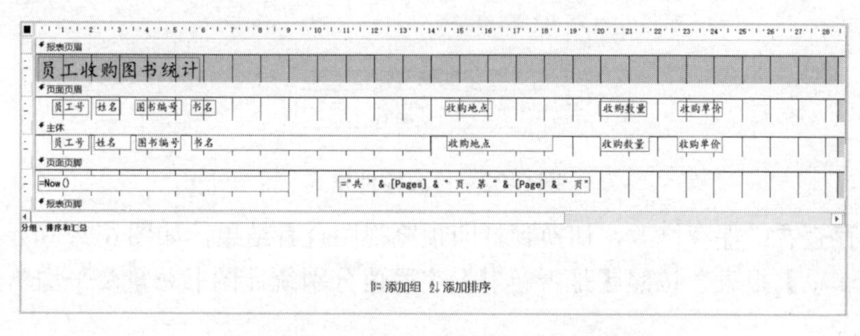

图 6-30 【分组、排序和汇总】区域

③ 分组统计：在【分组、排序和汇总】区域单击【更多】按钮，将“无页脚节”改为“有页脚节”，在【员工号页脚】节内添加两个作为计算控件的文本框，分别输入汇总公式：=Sum([收购数量])、=Avg([收购单价])，两个标签控件分别输入“个人收购图书数量合计”“个人收购图书平均单价”，切换到打印预览视图，可见每位员工的汇总信息。

④ 报表统计：将【员工号页脚】节的两个文本框控件复制到【报表页脚】节，修改标签内容分别为“收购图书总量合计”“收购图书平均单价”，切换到打印预览视图，可以看到在报表的最后得到统计的全员收购信息。

⑤ 计算每笔收购金额：在【主体】节添加一个计算控件文本框，修改标签显示“收购金额”，并将其单独剪切粘贴到【页面页眉】节，在【主体】节的文本框中输入公式：=[收购单价]*[收购数量]，如图 6-31 所示，切换到打印预览视图，可以看到每笔收购金额的计算结果。

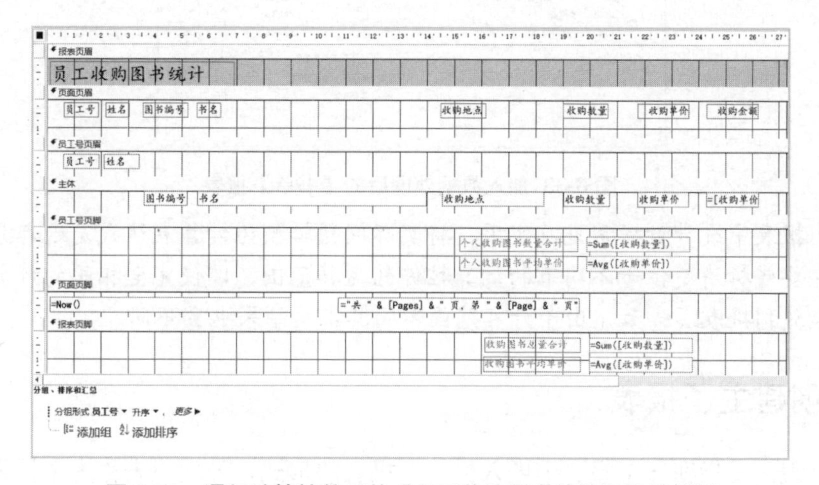

图 6-31 添加计算控件后的【员工收购图书统计】设计视图

⑥　修改货币格式：在设计视图中，选中【主体】节的“收购金额”、【组页脚节】的“个人收购图书平均单价”和【报表页脚】节的“收购图书平均单价”3 个控件，在【属性表】面板中修改【格式】属性为“货币”、【小数】属性为 2，如图 6-32 所示。

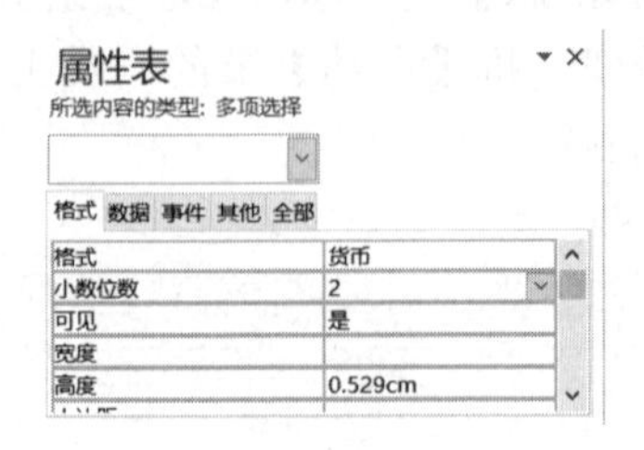

图 6-32　修改控件格式

⑦　保存查看：保存修改，切换到打印预览视图查看结果，如图 6-29 所示。

修改【书单】报表，按照【是否新书】字段值分别统计图书总量及平均单价，效果如图 6-33 所示。

书单

新书否	图书编号	书名	定价	库存量
☑				
	B00011	幼儿睡前故事绘本	¥120.00	60
	B00002	无人生还	¥35.00	13
	B00003	哈利波特与魔法石	¥42.00	13
	B00004	大学计算机基础	¥49.00	15
	B00006	Excel跟卢子一起学 早做完 不加班	¥44.00	20
	B00007	向前一步	¥49.00	6
	B00001	甲骨文字典	¥300.00	1
	B00010	邦臣小红花・我的第一套启蒙认知贴纸书	¥56.00	15
	B00020	二战尖端武器鉴赏指南（珍藏版）（第2版）	¥59.00	12
	B00013	中级会计职称2019教材 经济法	¥56.00	13
	B00014	故宫	¥78.00	15
	B00015	单车骑行去西藏	¥49.80	15
	B00016	从零起步:素描基础教程	¥39.80	13
	B00017	Wonder 奇迹男孩	¥62.30	12
	B00018	手机摄影从小白到大师	¥88.00	15
	B00019	红色家书	¥45.00	12
	B00009	增知识：机器认知如何颠覆商业和社会	¥58.00	11
			该类图书库存总量	261
			该类图书平均价格	¥72.41
☐				
	B00012	幼儿睡前故事绘本	¥120.00	40
	B00008	向前一步	¥49.00	11
	B00005	数据库系统概论(第5版)	¥42.00	18
			该类图书库存总量	69
			该类图书平均价格	¥70.33
			库存总量	330
			平均价格	¥72.09

图 6-33 加入数据处理后的【书单】报表

【注】报表中统计数据常见且实用，将实际问题转换为计算表达式是这部分的重点之一，同时也要辨析清楚位于不同节的计算控件的运算范围，即使完全相同的计算控件放到组页脚节和放到报表页脚节，由于计算范围不同其汇总结果也会不同。

6.3.4　创建主子报表

主子报表，是指在一个报表中嵌入另一个报表的形式，外层报表称为主报表，嵌入的报表称为子报表。

【例 6-6】修改【员工统计】报表为主子报表，显示每位员工经手的借阅图书和归还图书信息，效果如图 6-34 所示。

员工号	姓名	性别	出生日期	出生地	文化程度	入职时间	婚姻状	家庭地址
E02	张小娴	女	1993年1月1日	北京	大学	2018年1月1日	保密	北京海淀

借阅 子报表

借阅单编号	图书编号	会员号	借阅时间	借阅价格
J000000003	B00002	C00002	2019年4月12日	1
J000000004	B00001	C00003	2019年4月26日	2
J000000005	B00006	C00004	2019年5月1日	1
J000000008	B00005	C00006	2019年5月17日	0.5
J000000009	B00002	C00007	2019年5月18日	1
J000000010	B00002	C00008	2019年5月18日	1
J000000011	B00003	C00001	2019年5月20日	1
J000000012	B00004	C00009	2019年5月23日	1
J000000013	B00011	C00002	2019年5月24日	0.1
J000000014	B00020	C00010	2019年5月24日	1
J000000015	B00018	C00010	2019年5月24日	1
J000000016	B00009	C00006	2019年5月24日	1
J000000021	B00009	C00002	2019年5月26日	1
J000000022	B00009	C00003	2019年5月26日	1
J000000023	B00003	C00003	2019年5月26日	1

归还子报表

借阅单编号	图书编号	会员号	归还时间	应还时间
J000000002	B00004	C00001	2019年4月22日	2019年4月30日
J000000005	B00006	C00004	2019年6月7日	2019年6月1日
J000000008	B00005	C00006	2019年6月7日	2019年6月17日
J000000009	B00002	C00007	2019年6月2日	2019年6月18日
J000000011	B00003	C00001	2019年6月20日	2019年6月20日
J000000012	B00004	C00009	2019年5月26日	2019年6月23日
J000000013	B00011	C00002	2019年6月10日	2019年6月24日
J000000015	B00018	C00010	2019年6月20日	2019年6月24日

图 6-34 【员工统计】主子报表效果

实现步骤如下。

① 确定方法：打开【学知书屋】数据库，在左侧导航窗格选中报表对象【员工统计】，单击右键，进入报表的设计视图，增加【主体】节高度，为后续添加子报表预留空间。

② 添加借阅子报表：在【设计】选项卡【控件】组单击【子窗体/子报表】按钮，如图 6-35 所示，在出现的如图 6-36 所示的【子报表向导】对话框中选择【使用现有的表和查询】选项，单击【下一步】按钮，选取【借阅】表，将“借阅单编号”“图书编号”“会员号”“借阅时间”“借阅价格”等字段添加到右侧。单击【下一步】按钮，选择【对员工中的每个记录用员工号显示借阅】选项，单击【下一步】按钮，输入子报表名称“借阅子报表”。

③ 添加归还子报表：在【设计】选项卡【控件】组单击【子窗体/子报表】按钮，在出现的如图 6-37 所示的【子报表向导】对话框中选择【使用现有的表和查询】选项，单击【下一步】按钮，选取【借阅】表，将“借阅单编号”“图书编号”“会员号”“归还时间”“应还时间”等字段添加到右侧。单击【下一步】按钮，选择【对员工中的每个记录用员工号显示借阅】选项，单击【下一步】按钮，输入子报表名称“归还子报表”。

④ 修改链接字段：在【借阅子报表】控件的属性表中，设置【链接主字段】为“员工号”，【链接子字段】为“借阅经办人编号”；同理，在【归还子报表】控件的属性表中，设置【链接主字段】为“员工号”，【链接子字段】为“归还经办人编号”，如图 6-38 所示。

⑤ 保存查看：单击【保存】按钮保存对【员工统计】报表的修改，切换到打印预览视图查看结果，如图 6-34 所示。

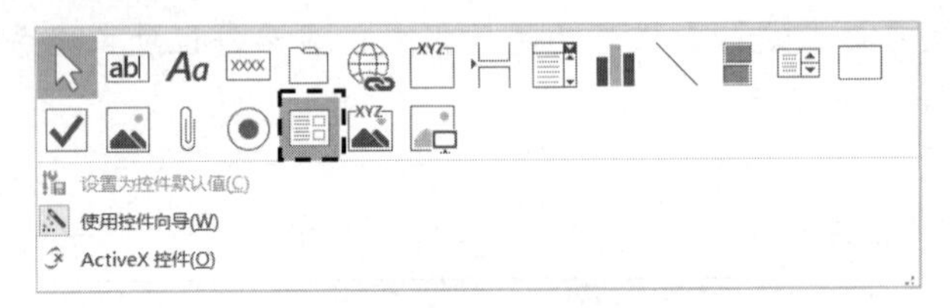

图 6-35 【子窗体/子报表】控件

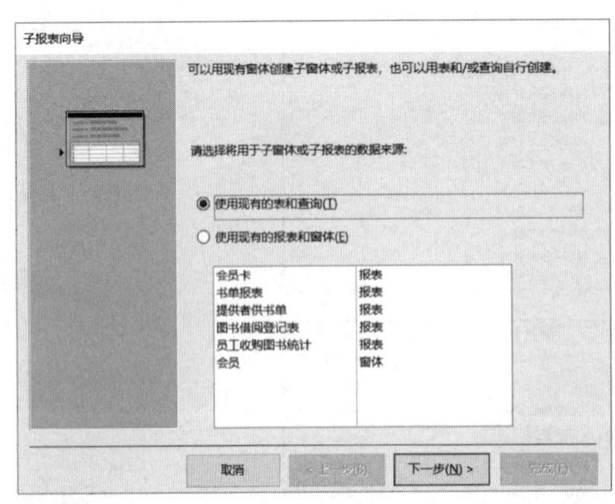

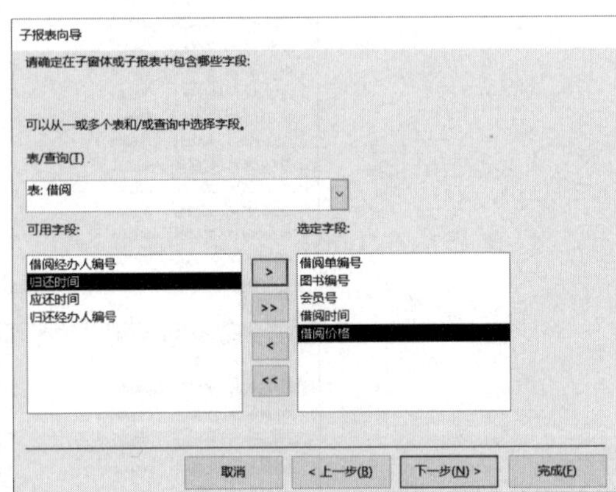

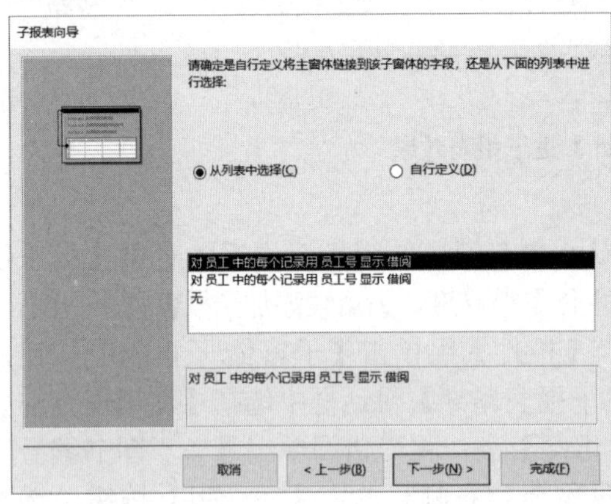

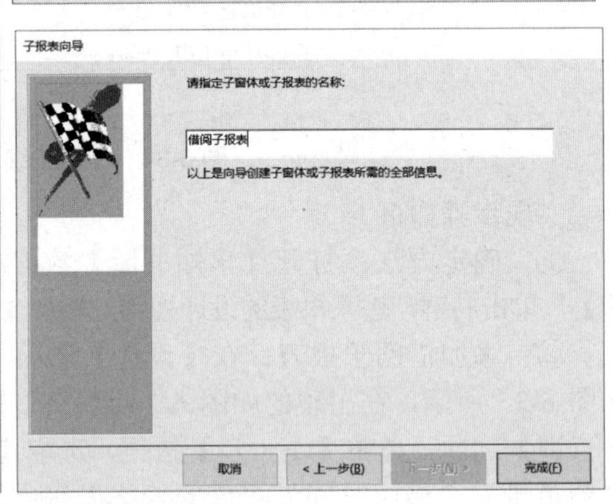

图 6-36 添加【借阅子报表】

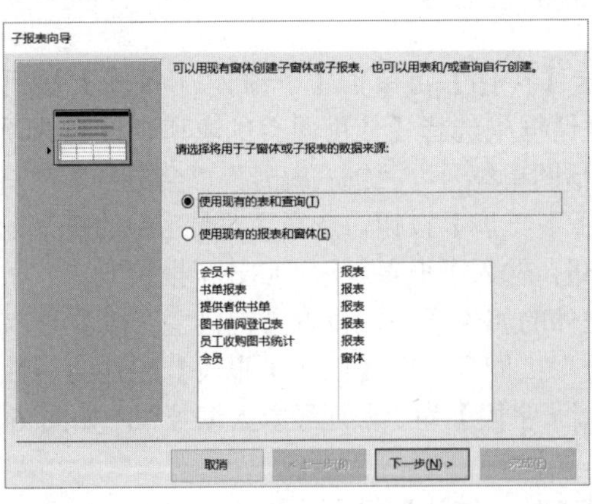

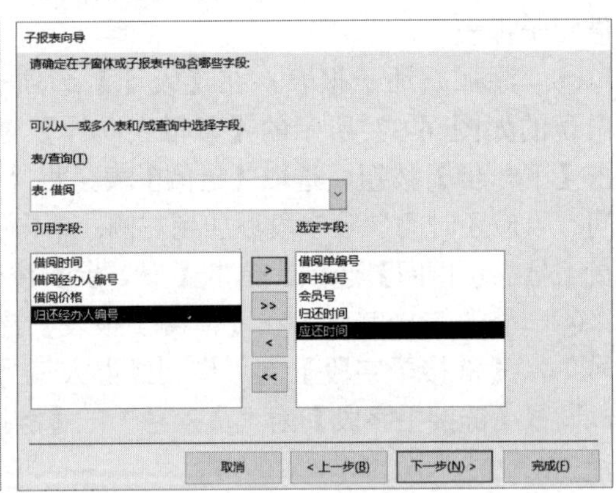

图 6-37 添加【归还子报表】

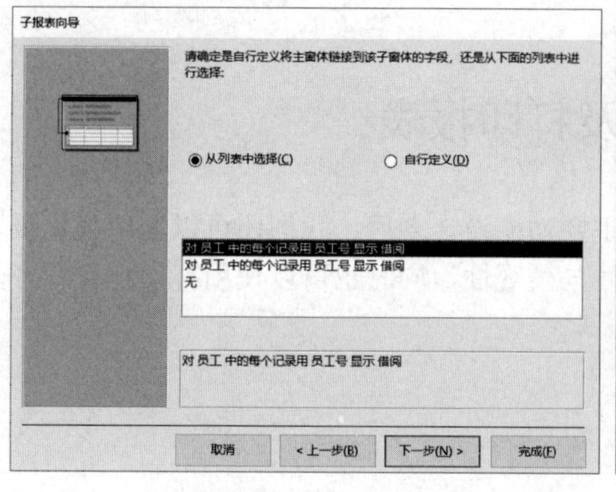

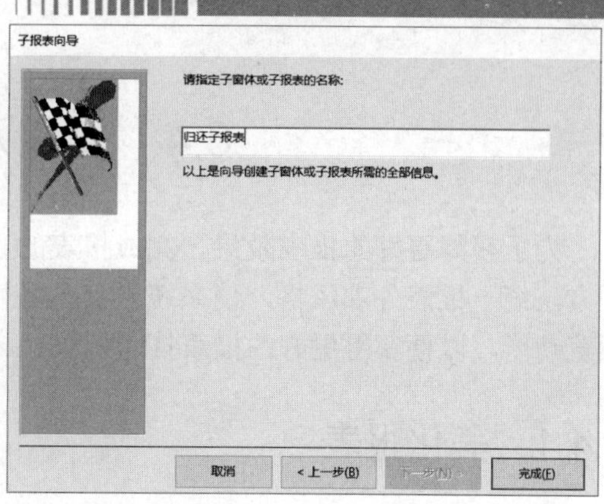

图 6-37　添加【归还子报表】(续)

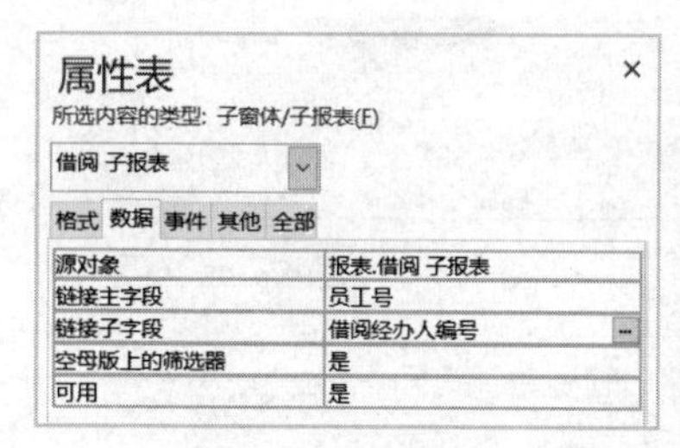

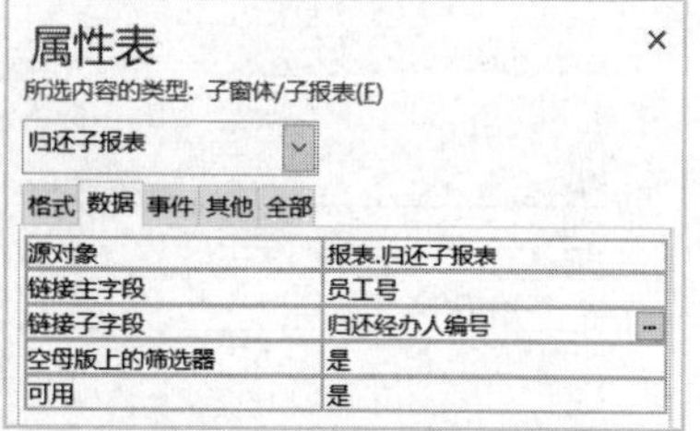

图 6-38　子报表属性

创建【星级提供者】主子报表，显示各级别的图书提供者信息，如图 6-39 所示。

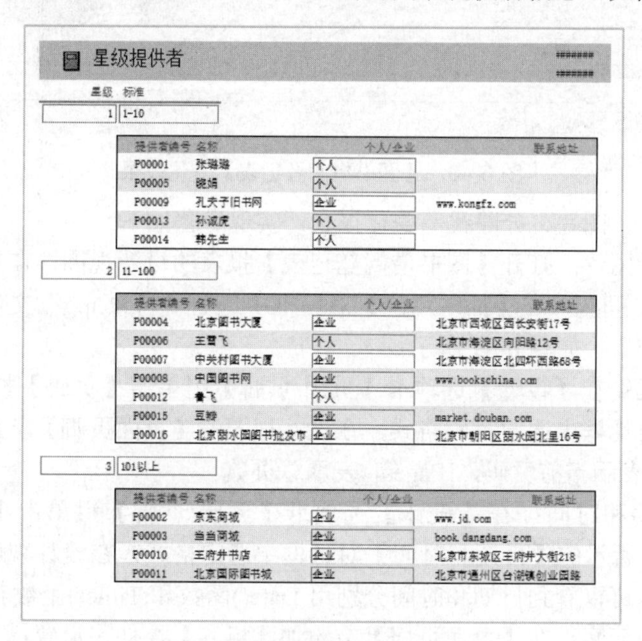

星级提供者

星级	标准
1	1-10

提供者编号	名称	个人/企业	联系地址
P00001	张璐璐	个人	
P00005	晓娟	个人	
P00009	孔夫子旧书网	企业	www.kongfz.com
P00013	孙诚虎	个人	
P00014	韩先生	个人	

星级	标准
2	11-100

提供者编号	名称	个人/企业	联系地址
P00004	北京图书大厦	企业	北京市西城区西长安街17号
P00006	王雪飞	个人	北京市海淀区向阳路12号
P00007	中关村图书大厦	企业	北京市海淀区北四环西路68号
P00008	中国图书网	企业	www.bookschina.com
P00012	秦飞	个人	
P00015	豆瓣	企业	market.douban.com
P00016	北京甜水园图书批发市	企业	北京市朝阳区甜水园北里16号

星级	标准
3	101以上

提供者编号	名称	个人/企业	联系地址
P00002	京东商城	企业	www.jd.com
P00003	当当商城	企业	book.dangdang.com
P00010	王府井书店	企业	北京市东城区王府井大街218
P00011	北京国际图书城	企业	北京市通州区台湖镇创业西路

图 6-39　【星级提供者】主子报表

【注】主子报表分层级显示数据，可以使内容更加清晰易读、便于查看分析，每个层级还能够分别设置自己的报表属性。

6.4 美化及打印报表

为了获得更好的报表效果，完成报表的主要功能设计之后，我们还可以采用美化报表的方法统一报表外观风格，使系统更具友好性与美观性，同时也可以使用打印设置和打印预览功能，以便获得更好的报表打印效果。

6.4.1 美化报表

【例 6-7】美化报表【图书借阅登记表】，效果如图 6-40 所示。

##########19:49:19

打印人：廖青

图书借阅登记表

图书编号	书名	定价	借阅人编号	借阅人姓名	借阅时间	借阅经办人	借阅价格	归还时间	应还时间	归还经办人
B00002	无人生还	35	C00002	马普尔	2019年4月12日	张小娴	1	2019年4月24日	2019年5月12日	廖青
B00001	甲骨文字典	300	C00003	张大罗	2019年4月26日	张小娴	2	2019年4月30日	2019年5月26日	廖青
B00006	Excel跟卢子一起学 早做完 不加班	44	C00004	宋加莎	2019年5月1日	张小娴	1	2019年6月7日	2019年6月1日	张小娴
B00005	数据库系统概论（第5版）	42	C00006	lezime	2019年5月17日	张小娴	0.5	2019年6月7日	2019年6月17日	张小娴
B00002	无人生还	35	C00007	乔林	2019年5月18日	张小娴	1	2019年6月2日	2019年6月18日	张小娴
B00002	无人生还	35	C00008	ann	2019年5月18日	张小娴	1	2019年6月1日	2019年6月18日	廖青
B00003	哈利波特与魔法石	42	C00001	李博特	2019年5月20日	张小娴	1	2019年6月20日	2019年6月20日	张小娴
B00004	大学计算机基础	49	C00009	cc2018	2019年5月23日	张小娴	1	2019年5月26日	2019年6月23日	张小娴
B00011	幼儿睡前故事绘本	120	C00002	[illegible]	[illegible]	张小娴	0.1	2019年6月10日	2019年6月24日	[illegible]
B00020	二战尖端武器鉴赏指南（珍藏版）（第2版）	59	C00010	shuang11	2019年5月24日	张小娴	1	[illegible]	[illegible]	[illegible]
B00018	手机摄影从小白到大师	88	C00010	shuang11	2019年5月24日	张小娴	1	[illegible]	[illegible]	张小娴
B00009	暗知识：机器认知如何颠覆商业和社会	58	C00006	lezime	2019年5月24日	张小娴	1		2019年6月24日	
B00009	暗知识：机器认知如何颠覆商业和社会	58	C00002	马普尔	2019年5月26日	张小娴	1	2019年6月13日	2019年6月26日	廖青

共 2 页，第 1 页

图 6-40　【图书借阅登记表】美化效果

本例使用主题、图片、分隔线等美化报表，实现步骤如下。

① 添加背景图片：打开【图书借阅登记表】报表的设计视图，在报表的属性表中单击【图片】属性按钮…，在【插入图片】对话框中选定“背景.jpg”文件，修改【图片缩放模式】为“拉伸”，如图 6-41 所示。

② 添加页码：在【设计】选项卡【页眉/页脚】组单击【页码】按钮，在如图 6-42 所示的【页码】对话框中选定页码格式，在设计视图的【页面页脚】节调整控件位置，在页码公式中[Page]表示当前页码，[Pages] 表示总页数。

③ 添加日期和时间：在【设计】选项卡【页眉/页脚】组单击【日期和时间】按钮，在如图 6-43 所示的【日期和时间】对话框中选定格式，在设计视图的【页面页眉】节调整控件位置，可以看到日期和时间分别用 Date()函数和 Time()函数获得。

④ 添加其他元素：在【页面页眉】节添加【标签】控件，设置标签的标题为“打印人：廖青”。

⑤ 添加分隔线：选取直线控件，分别在【页面页眉】节和【主体】节添加一条粗实线和一条细实线，设置直线控件的【边框宽度】分别为 2pt 和 1pt，如图 6-44 所示。

⑥ 保存查看：单击【保存】按钮保存修改，切换到打印预览视图查看结果，如图 6-40

所示。

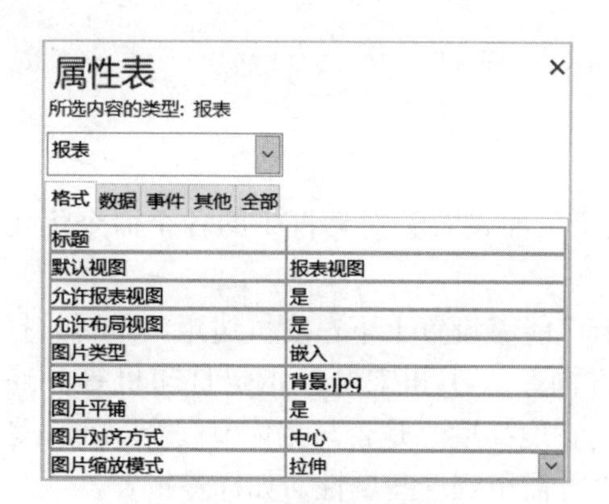

图 6-41 报表图片属性

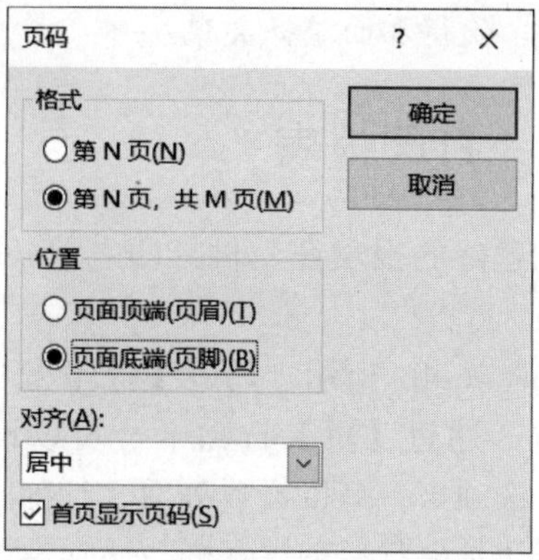

图 6-42 添加页码

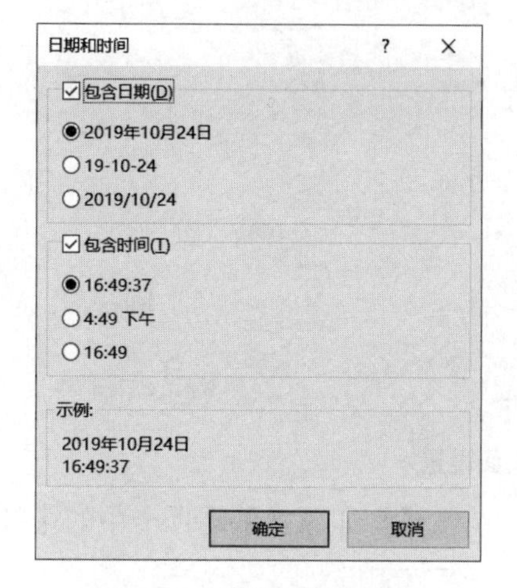

图 6-43 添加日期和时间

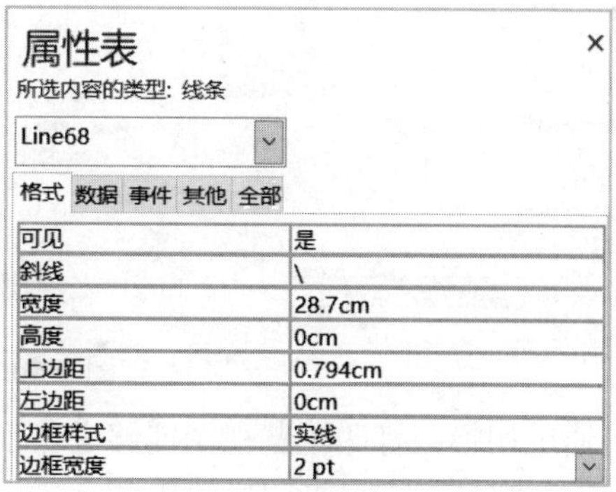

图 6-44 直线控件属性

对已经创建的报表进行美化。

【注】修饰报表的常用工具如图 6-45 所示。

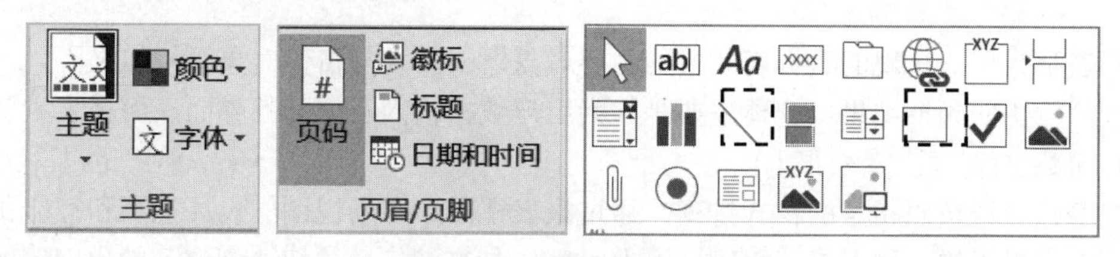

图 6-45 常用修饰报表工具

(1) 通过使用【设计】选项卡【主题】组【主题】按钮能够快速美化报表，在列表中选定主题后，系统将按照指定方案统一设置报表的字体、字号、颜色、线条粗细等属性，也可以分别设置颜色和字体。

(2) 通过添加背景图案、日期和时间、页码等元素，也能修饰报表的外观，可以在【设计】选项卡【页眉/页脚】组找到相应命令。添加背景图案，也可以使用报表的“图片”属性。

(3) 还有一种美化报表的方法是添加分隔线，可以使用直线控件或者矩形控件划分报表区域，使得界面整齐美观。

6.4.2 打印报表

创建好的报表在交付打印之前，可以通过【页面设置】对话框中的各个命令优化打印效果。

如图 6-46 所示，通过【打印选项】选项卡，能够设置上下左右页边距、是否只打印数据等；通过【页】选项卡，可以设置纸张方向、大小和来源，指定打印机等；通过【列】选项卡，可以设置列数、行列间距、列的宽度高度、是否与主体节同步、布局是先列后行还是先行后列等规格，通常设计多列报表时需用到这些属性，如标签报表。

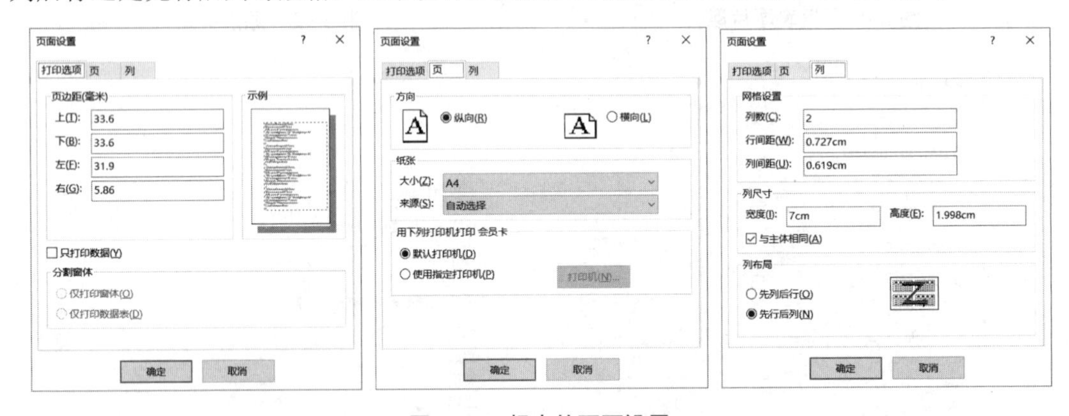

图 6-46　报表的页面设置

通过切换到打印预览视图能够进行报表预览，单击【打印预览】选项卡中的【打印】按钮即可将数据交付打印机输出。

6.5 本 章 小 结

报表是为用户呈现的数据库效果的主要对象之一，它与窗体对象既相似又不同，主要的区别是输出的预期结果，窗体主要是作为用户数据输入及交互的界面，而报表主要用来浏览打印数据(屏幕上或纸张上)。

报表将数据按照指定的格式排列，通过报表视图、布局视图、设计视图和打印预览视图能够查看报表的各种形式。创建报表主要有 3 种方法：使用快速创建、向导创建或者设计视图创建，可根据繁简需求选取适合的方式。先使用快速创建或者向导创建完成报表雏形，然后在设计视图中详细修改达到预计效果，可以作为一种高效的实现报表的途径。通过在报表中添加排序和分组能够进一步对数据进行处理与统计计算。在报表设计中，还可以添加页码、日期和时间、标题、背景图案、主题等方式美化报表，通过打印设置及预览后交付打印机打印。

本章基于前面各章基础，于【学知书屋】数据库中增加了报表的设计，包括会员端报表——图书借阅登记表、图书借阅卡，以及员工端报表——会员卡、图书书单、员工统

计、员工收购图书统计、提供者供书单统计等，大家可以继续设计更多必要的报表，丰富数据库功能。

本章内容导图如图 6-47 所示。

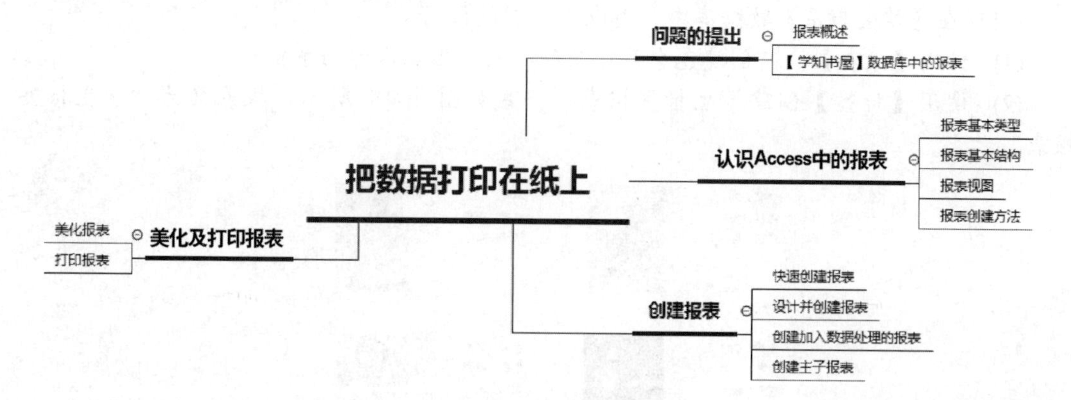

图 6-47　第 6 章内容导图

6.6　练　习　题

【选择题】

6-1 报表中能够做下列哪项操作？(　　)

A. 输入数据　　B. 显示数据　　C. 修改数据　　D. 删除数据

6-2 报表中能够多次添加的节是(　　)。

A. 报表页眉、页脚节　　B. 主体节

C. 组页眉、页脚节　　D. 页面页眉、页脚节

6-3 使用向导无法直接创建的报表类型是(　　)。

A. 标签报表　　B. 表格式报表　　C. 纵栏式报表　　D. 数据表报表

6-4 统计整份报表的记录数量，计算控件应位于哪个位置？(　　)

A. 主体节　　B. 页面页脚节　　C. 组页脚节　　D. 报表页脚节

6-5 报表上添加形如“1/共 6”“2/共 6”的页码，计算控件的【控件来源】属性应输入(　　)。

A. =[Page] & “/共” & [Pages]　　B. =[Page] / 共[Pages]

C. = “1/共” & [Pages]　　D. = 1 & “/共” & 6

【填空题】

6-6 在报表首页开始显示标题信息，通常将这个标签控件放置在__________节。

6-7 为报表添加背景图案，需要设置__________对象的图片属性。

6-8 统计报表中学生的最大年龄，应对“出生日期”字段使用的计算公式是__________。

6-9 报表的视图包括__________、__________、__________、__________。

6-10 在报表中添加子报表，通常添加__________控件来实现。

【实验题】

6-11 在【学生与系】数据库中实现以下报表设计。

(1) 使用【报表】快速创建包含系信息的报表，报表名为“系报表”。

(2) 使用【标签】创建学生标签报表，格式如图 6-48 所示，报表名为“学生标签报表”。

图 6-48　学生标签报表

(3) 使用【报表向导】创建包含学号、姓名、性别、出生日期、系名的纵栏式报表，报表名为“学生纵栏式报表”。

(4) 使用设计视图将以上“学生纵栏式报表”改为表格式报表，其他外观可做适当美化，报表另存为“学生表格式报表”。

(5) 在“学生表格式报表”基础上，按照系名分组显示各系学生信息，统计各系学生人数以及学生总人数，报表名为“各系学生报表”。

(6) 创建主子报表，按照系号和系名，显示各系学生信息，主报表名为“系主报表”，子报表名为“学生子报表”。

第 7 章

不编程也能自动化

宏(Macro)源于 Macro Instruction(宏指令)，来自希腊语，在计算机科学中表示一种规则或者模式，它用于将一系列计算指令映射为出现在计算机程序或应用软件中的单个语句或命令，其目的是将完成一个特定任务的复杂操作、重复性操作，组织成一个单独语句或命令，减少任务重复性，实现代码重用。如 Word 中的宏，就是组织在一起作为一个独立命令使用的一系列 Word 操作指令，这一系列 Word 操作指令往往是完成一个反复执行的操作任务，而宏实现了这种任务执行的自动化。

本章将详细介绍在 Access 中如何使用宏实现数据管理的自动化。其中，7.1 节说明为什么要使用宏，它可以解决哪些自动化和数据保护问题。7.2 节认识宏及其创建过程和方法。7.3 节提出条件宏，使用条件宏能够完成根据判断结果执行不同操作的工作，如登录数据库时的身份验证和一般事务管理中的业务规则的实施。7.4 节认识数据宏，它是一种附加在表上，由发生在表上的操作事件触发执行的宏，类似于表的验证规则，但功能比验证规则更为强大。7.5 节介绍子宏与宏组，宏组是分类组织数据库中宏的方法，可以将功能相似或相关的宏组织成宏组中的子宏。7.6 节认识特殊宏，其名字为 Autoexec，是一种数据库一启动就能自动执行的宏，其中放置一些数据库启动时要执行的操作。

7.1 问题的提出

7.1.1 数据库应用系统

在图 7-1 所示的数据库系统设计创建过程中，左边的路径表示了所谓的狭义数据库的设计创建过程，它完成了数据建模、创建数据库、建立数据表及关系、建立虚拟表、数据入库、数据库运行与维护等工作，数据库的设计实现主要围绕数据的表示与存储、满足用户数据需求和使用 DBMS 维护与管理数据。而右边的路径表示了数据库应用系统的设计创建过程，它以狭义数据库为基础和核心，设计开发体现用户与数据库关系的应用程序(其中可不考虑包括操作系统和 DBMS 在内的软件系统和硬件系统，从而将应用系统简化为应用程序)，而数据库及其应用程序，与软硬件一起组成了广义数据库，即数据库系统。

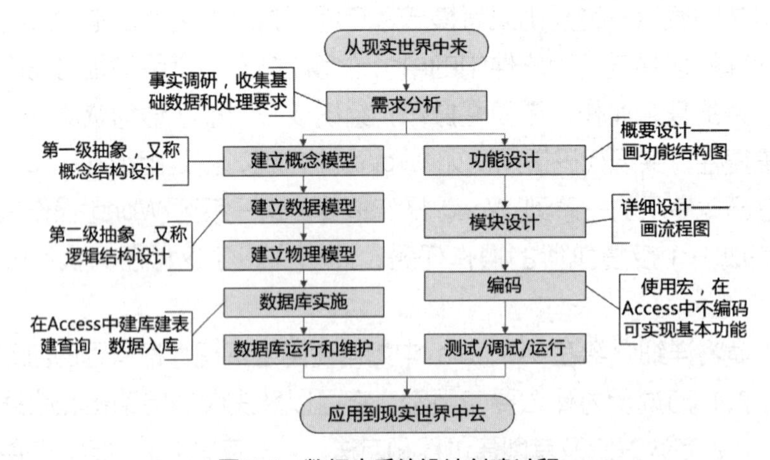

图 7-1 数据库系统设计创建过程

在 Access 中，DBMS 为数据库的设计开发者提供了集成在其中的开发环境和工具，即可以使用宏和 VBA 完成开发工作。

7.1.2 【学知书屋】数据库应用系统

1. 【学知书屋】数据库应用系统已经实现的功能

在第 5 章和第 6 章中，使用窗体和报表已经实现了部分应用系统的功能，体现着用户与数据库之间的数据输入输出、基本交互功能。其中主要包括如下内容。

(1) 完成数据库应用系统界面的设计开发

在第 5 章中，使用窗体设计实现了【学知书屋】数据库应用系统的界面。数据库应用系统的界面，是各类用户使用数据库的界面，也是数据库系统为用户提供服务和管理功能的界面，其整体框架决定了整个应用程序的框架，决定了各类用户如何使用数据库。

(2) 使用窗体实现了功能集成

书屋数据库应用系统的功能分层次体现在窗体中，提供给各类用户，如图书信息管理、会员信息管理、提供者信息管理、员工信息管理、提供者评级信息管理等。使用导航窗体集成了多个功能窗体。

(3) 界面具有了一定的交互性、友好性和美观性

① 实现了数据的输入和输出。使用窗体上的标签、文本框、复选框、列表框和组合框、绑定对象框等控件实现了信息和数据的展示，其中标签可以用来在窗体上显示提示信息和控件标题，文本框、复选框、列表框和组合框、绑定对象框可以输入、编辑和显示数据库中的数据。

除了以上控件之外，窗体本身就具有数据录入、数据删除和数据更新功能。而使用报表设计实现了数据按格式显示和输出、计算统计输出功能。

② 使用命令按钮的控件向导实现基本的数据操作。在窗体上使用命令按钮，同时使用其控件向导，实现打开关闭窗体与报表、运行查询、退出应用程序、移动记录指针、查找记录，以及添加、删除、复制、保存和撤销记录等功能。

③ 使用列表框和组合框提高数据输入的友好性。

④ 使用标签、图像框、直线和矩形等控件提高界面美观性。

2. 【学知书屋】数据库应用系统还未解决的问题

然而，【学知书屋】数据库中还有很多应用需求，仅仅依靠窗体和报表的自带功能不能有效解决，其中，最主要的两项工作是业务自动化和数据保护。

7.1.3 业务自动化

业务自动化是指需要按照业务流程操作数据库中的数据，这个流程往往需要多步骤完成，可以在用户不参与的情况下自动进行，也可以是用户在系统的引导下完成。

【学知书屋】数据库中的业务自动化主要集中在借还书业务管理中。其中，若按照借书业务规则，当图书的库存为 1 本时，该书不能被借出，每名会员借出未还的图书不能超过 3 本，则借书管理流程如图 7-2 所示。

借书管理流程若完全依靠人工来完成，则在每次会员提出借书需求时，员工需要打开借阅情况查询，检查会员借书未还情况。在会员有借书资格的情况下，还要打开【图书】表，检查图书库存情况，并提醒会员还书时间，最后还要到【图书】表中手工修改库存。此项工作烦琐、易出错、重复性强、效率低、时间成本高，故应该考虑如何自动化该项业务。

在考虑自动化问题时，需要特别注意两点。

- 明确业务流程，严格各操作环节之间的先后关系。
- 明确与人工管理之间的界限，哪些工作需要系统自动化执行，哪些需要人工完成，哪些需要两者共同完成，两者之间的边界在哪里。如借书业务中，借书登记由员工在数据库系统中完成，在登记过程中的会员借书资格和图书库存检查、修改图书库存由系统自动化完成，而各种提醒工作可以由系统和员工两者共同完成。

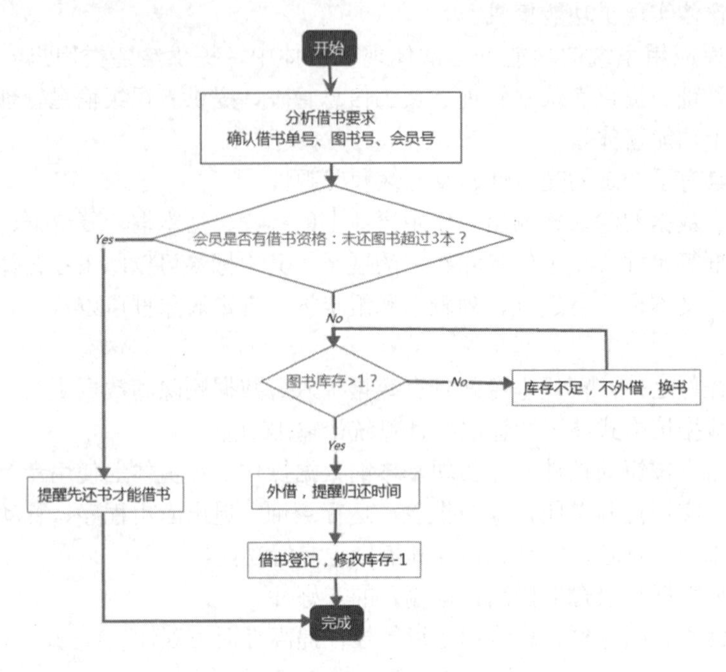

图 7-2　借书管理流程

7.1.4　数据保护

1. 概述

数据保护又称数据库控制，它包括 4 个方面。

- 数据安全性控制。
- 数据完整性控制。
- 并发性控制。
- 数据恢复。

其中，数据安全性控制是防止非法用户泄露、更改或破坏数据库中的数据；数据完整性控制是控制数据库中数据的正确性、有效性和一致性；并发控制是在多用户同时访问同一数据时控制其一致性；数据恢复是在以上 3 种控制实施的情况下，因自然或人为原因造成数据损坏，甚至数据库的崩溃，能够利用数据备份还原数据。

并发控制和数据恢复不在本书中进行讨论，我们将重点放在数据安全性和完整性控制。数据完整性控制可以通过在数据表上施加实体完整性、参照完整性和用户自定义完整性来实现，而安全性控制可以从计算机系统、数据库系统、数据库、数据表、数据列多个层次实施。对于如 Access 这样的桌面数据库系统，主要可以分为 3 个层次。

(1)　计算机系统级安全性控制。通过计算机系统的登录验证，控制只有计算机系统的合法用户才能使用计算机。

(2)　数据库(系统)级安全性控制。通过数据库的登录验证机制，控制计算机的合法用户只有在成为数据库的合法用户后才能使用数据库。

(3)　数据表级和列级的安全性控制。即对数据库的合法用户区别其身份，使之具有访

问数据表或列的不同权限。

以上第(2)和(3)两个层次的安全性控制是本章的重点，针对【学知书屋】数据库，具体可以归纳为以下 3 个问题。

2. 【学知书屋】数据库的数据保护问题

(1) 数据库登录的身份验证问题——数据库(系统)级安全性控制

只有数据库的合法用户才能使用数据库，可以通过登录验证机制实施数据库(系统)级安全性控制。而在合法用户登录数据库时，进行身份验证，从而区分用户类别。

我们在需求分析中已经了解，使用【学知书屋】数据库有 3 类用户：

- 管理员用户，所有员工都可以作为管理员用户，其拥有所有数据库访问权限。
- 会员用户，读者升级为会员后就成为会员用户，其可以外借图书。作为一般用户的一种，会员除了可以像读者一样查看图书信息之外，还可以查看会员个人数据和借还书信息。
- 一般读者用户，是另一种一般用户，可以浏览和查询图书信息。

因一般用户与管理员用户的数据访问权限不同，一般用户不能改变数据状态和内容，且只能看到数据库中部分数据。那么，该如何区分一般用户和管理员用户呢？可以使用登录验证机制。在用户使用数据库之前，设置登录环节，验证用户身份，以区分两类甚至更多类用户。身份验证是一个多步骤的流程，如图 7-3 所示，故也需要自动化。

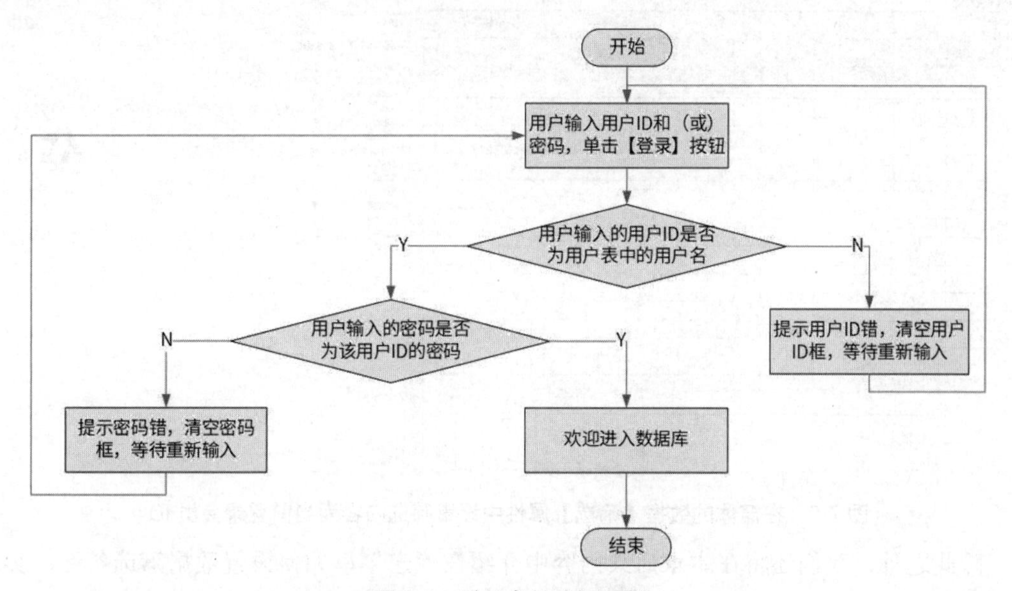

图 7-3　登录身份验证过程

【学知书屋】数据库的登录界面可以设计为如图 7-4 所示，用户输入用户名(用户 ID)和密码，两者全部输入正确后，单击【登录】按钮方可作为会员或员工登录使用数据库。而一般读者用户可以在不登录的情况下浏览和查询图书信息。

(2) 数据表和数据列的访问权限控制——表/列级安全性控制

管理员用户具有访问数据库的所有权限，而对于非管理者的一般读者和会员用户如何限制其访问数据的权限呢？一般读者和会员用户只能浏览查询数据，不能修改数据；会员

只能看到他自己的会员信息和借还书信息。这样表/列级安全性控制可以分为两类，一是控制访问的数据，二是控制操作权限。

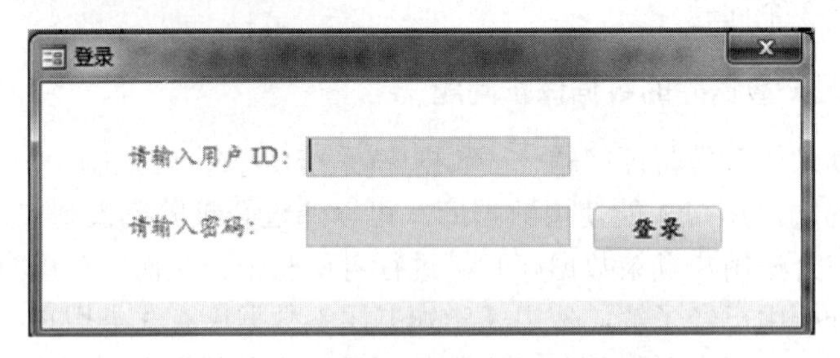

图 7-4 【学知书屋】数据库登录界面

① 控制访问的数据。

在用户访问数据时，可以让一般用户与管理员使用不同的数据访问界面，来控制两者能够访问到不同的数据表和查询结果，从而实现表级控制。同时，还可以通过查询和数据筛选，将数据表或查询中的部分数据显示出来，实现列级控制。

图 7-5 为会员用户的会员信息查看界面，窗体的记录源为【会员】表，而要控制会员只能看到自己的信息，可以在窗体的数据【筛选】属性中设置筛选值或筛选条件。

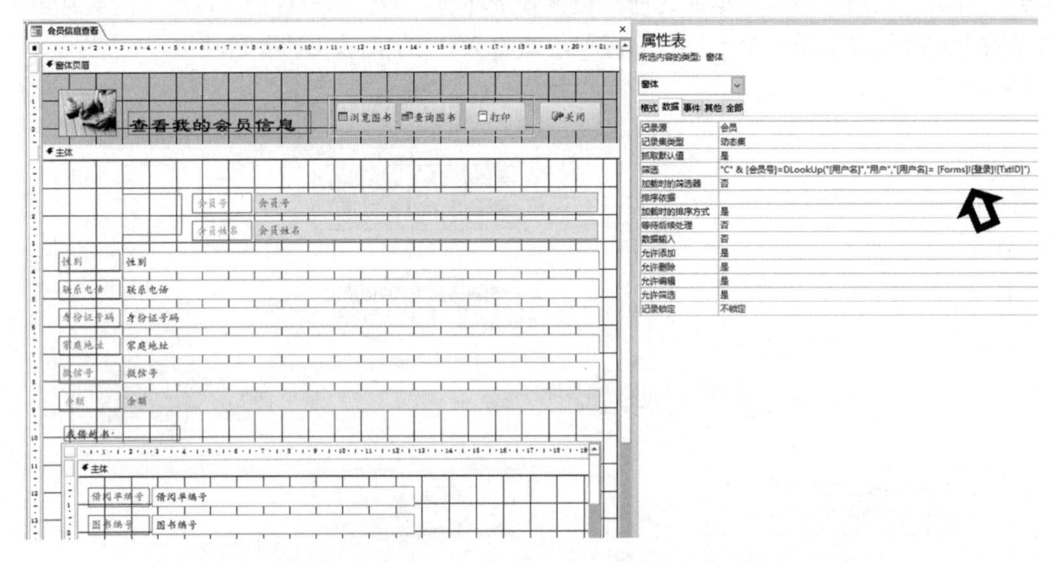

图 7-5 在窗体的数据【筛选】属性中设置筛选内容为当前登录会员 ID

除此之外，我们还将在本章后续内容中介绍在“宏”里如何设置数据筛选条件，实现列级控制。

② 控制操作权限。

将数据表和查询结果设置为只读显示，控制用户只能查看数据不能修改数据。可以设置窗体的【允许添加】、【允许删除】和【允许编辑】属性为“否”，限制用户在该窗体上执行这些操作。如图 7-6 所示为【图书信息浏览】界面，用户在此窗体中只能浏览数据，不能修改数据。而作为管理员使用的【图书信息管理】界面就无须做此设置，而保持默认即可。

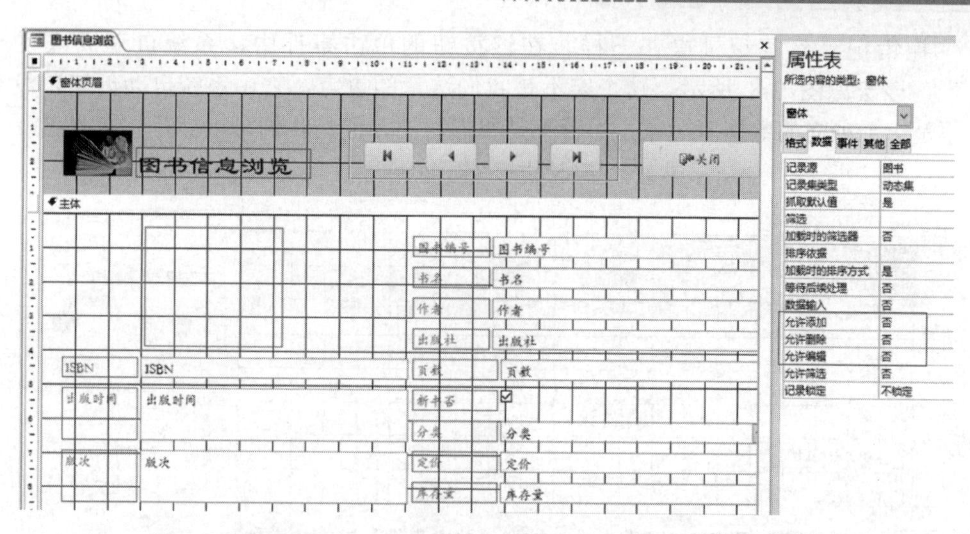

图 7-6　设置窗体的 3 个属性为否限制用户通过窗体改变数据状态

在以数据表视图的方式查看表数据和查询结果时，默认情况下，该视图中的数据可以被修改、删除和添加新数据。为限制一般用户通过数据表视图改变数据状态，需要在打开数据表视图时，将其设置为只读的。在打开表和查询的数据表视图时将其设置为“只读”的方法是：修改打开数据表或查询的“宏”。

在第 5 章中，我们使用命令按钮的控件向导，将一个操作与按钮单击事件关联起来，这个操作可以是“记录导航”“记录操作”等，如图 7-7 所示。现在我们来看看如何使用这个向导实现单击按钮执行一个查询，又如何通过修改这个执行查询的“宏”实现数据表视图只读。

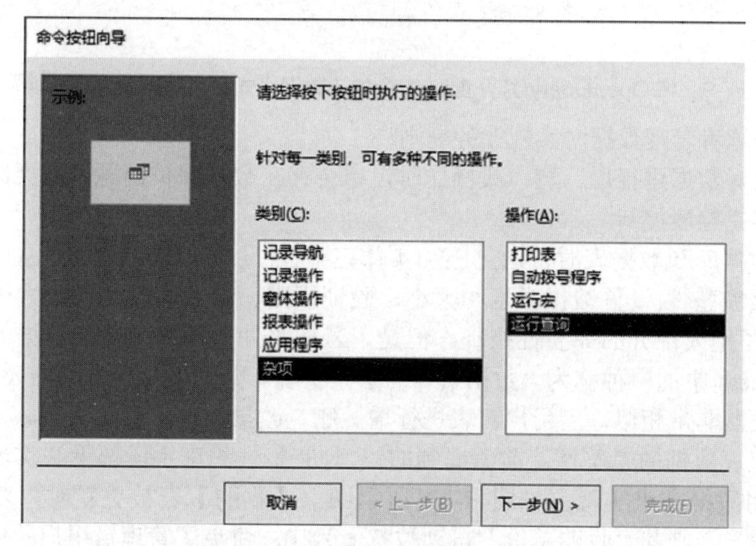

图 7-7　【命令按钮向导】对话框

在窗体上放置一个命令按钮，保持控件向导可用，选择向导中的【杂项】→【运行查询】选项，实现单击按钮运行一个查询。

那么系统怎么做到在该按钮被单击时自动运行一个查询呢？与第 5 章中的“保存记

录”“撤销记录”等记录操作一样，在该按钮的单击事件中，系统自动嵌入了一个“宏”，该宏如图 7-8 所示。这个宏不是我们这章的重点，它由系统自动创建，没有名字，不是一个独立的数据库对象，尽管不是我们写的，但是我们可以打开并修改它。

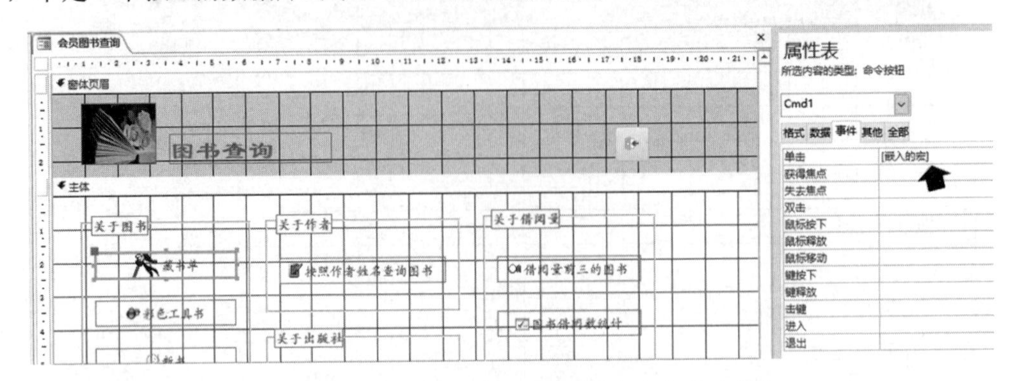

图 7-8 【藏书单】按钮的单击事件与嵌入的宏关联

打开【藏书单】按钮单击事件关联的这个嵌入的宏，可以发现该宏里有一个名为 OpenQuery 的宏命令，其参数【数据模式】默认为“编辑”，现将其改为“只读”，如图 7-9 所示，即实现了在以数据表视图方式查看该查询结果时数据状态不允许修改。

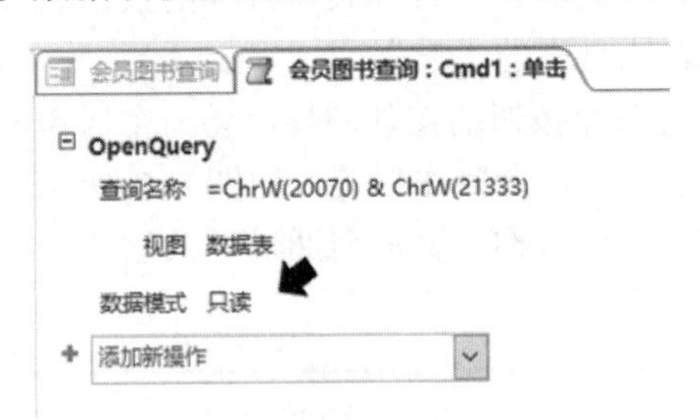

图 7-9 将 OpenQuery(打开查询)命令的【数据模式】参数设置为“只读”

(3) 在管理者管理数据时实施业务规则

在管理员对数据进行增、删、改操作时，也会存在数据保护问题，这类数据保护主要涉及的是数据完整性控制。

在创建数据库和数据表时，通过施加实体完整性(设置主键)、参照完整性(设置外键)和用户自定义完整性(设置数据类型和大小、验证规则、输入掩码、唯一索引、查阅向导等)规则实现了绝大部分的完整性控制。但是，若按照业务规则来保证数据的完整性，就需要使用 Access 中的一种称为“数据宏”的宏来实现。数据宏与 SQL Server 等中大型数据库中的触发器非常相似，当用户对表进行增、删、改操作时，数据宏被触发自动执行，以验证和确保表数据的完整性。前面提到的 3 种完整性约束手段都无法实现的完整性约束，可以使用数据宏来实现。如图 7-10 所示图书【收购】表被更新时，若其“收购方式”为“捐赠”，则其“收购单价”自动被赋值为 0，避免了管理员用户的误操作，也减轻了其数据录入工作量。

通过以上关于业务自动化和实施数据保护的分析，我们发现除了可以通过设置属性，包括设置窗体的【允许添加】、【允许删除】、【允许编辑】为“否”，设置【筛选】属性之外，其他的操作都需要多步骤、自动化完成。一般的，自动化工作需要编程实现，然

而，在 Access 中可以不编程实现基本的自动化工作，那就是使用“宏”，包括前面提到的“嵌入的宏”“数据宏”以及我们要重点介绍的作为独立数据库对象的“宏”。

收购

收购单编号	收购时间	员工号	提供者编号	图书编号	收购地点	收购数量	收购单价	收购方式
M000000001	2018年10月3日	E01	P00001	B00001	学知书屋	3	0	捐赠
M000000002	2018年11月2日	E02	P00002	B00002	www.jd.com	10	30	购买
M000000003	2018年11月2日	E01	P00002	B00003	www.jd.com	8	38	购买
M000000004	2018年12月24日	E02	P00002	B00004	www.jd.com	3	32	购买
M000000005	2018年12月24日	E02	P00003	B00004	book.dangdang.com	4	31.5	购买

图 7-10　收购单价自动填 0

无论哪种“宏”，它们都是命令的集合，与程序概念相当，都是按照步骤执行命令(或语句)来完成一个相对复杂、重复性强的任务。

7.2　基　本　宏

7.2.1　认识宏

1. Access 中的宏是什么

宏是由一条或多条操作命令组成，可以完成一个完整数据库操作任务的数据库对象，可以增加窗体和报表的功能。

Access 是一种不用编程的关系数据库管理系统，之所以不用编程就能实现数据库应用系统的功能，就是因为它有一套功能强大的宏操作命令。Access 内置 86 个宏操作命令，如图 7-11 所示，按照功能分成 8 类。这些命令串联在一起，依次执行，能够执行较复杂的任务。它们是实现操作自动化的非编程的途径。

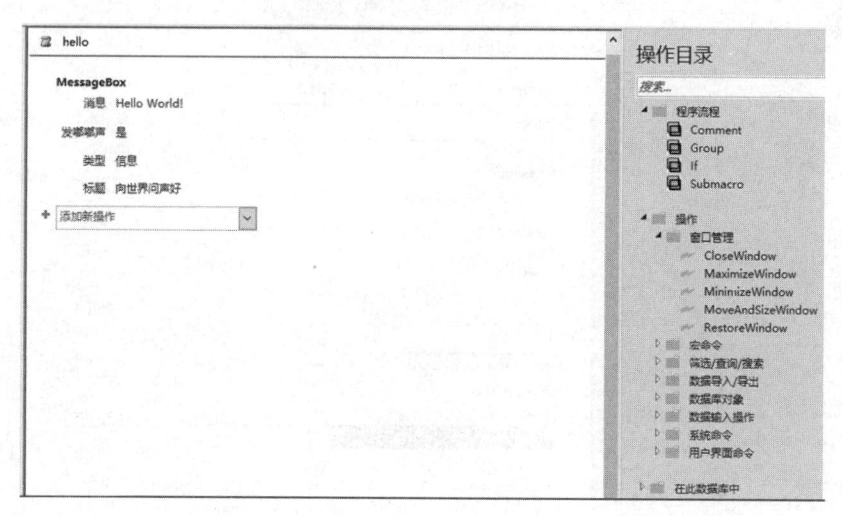

图 7-11　Access 中的宏命令

2. 创建宏的一般过程和方法

使用宏设计视图(也称宏生成器)可以创建和编辑宏。可以使用两种途径打开宏设计

视图。

- 单击【创建】选项卡【宏与代码】组中的【宏】按钮，如图 7-12 所示。
- 【所有 Access 对象】导航窗格，右击【宏】对象栏中已有宏对象，选择【设计视图】命令，如图 7-13 所示，打开宏设计视图编辑宏。

图 7-12　创建宏

图 7-13　打开宏设计视图编辑宏

在宏设计视图中，左边为设计窗格，在此窗格书写宏内容；右边为操作目录，列出所有控制流程和操作命令(见图 7-11)。

在设计窗格中可以使用 3 种方法添加宏命令。

(1) 在【添加新操作】下拉列表中选择宏操作，注意默认列出的是常用命令，需要显示所有操作时，选择【设计】选项卡【显示/隐藏】组中的【显示所有操作】选项，如图 7-14 所示。

图 7-14　在【添加新操作】下拉列表中选择宏操作命令

(2) 从操作目录窗格添加命令。在操作目录窗格中选中某个命令，可以看到其功能提示，如图 7-15 所示。

图 7-15　从操作目录中选择宏命令

(3) 直接将数据库对象拖到设计窗格中，如拖动一张表，则在设计窗格中出现 OpenTable 命令及相关参数。

图 7-16 为创建宏的一般过程。

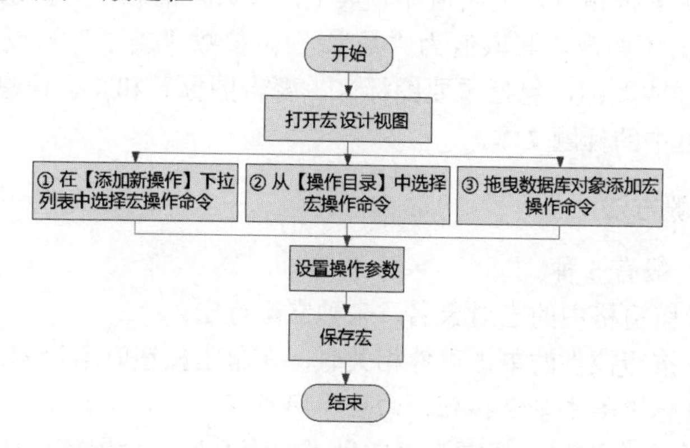

图 7-16　创建宏的一般过程

3. 设置操作参数

几乎所有宏操作都有操作参数，按 F1 键可以查看宏操作的帮助信息。宏命令参数的

设置方法有以下 4 种。

(1) 自动填写操作参数

若通过拖曳数据库对象来添加宏操作，则操作参数会自动添加。

(2) 从宏命令参数框列表中选择

在填写参数值时，当参数框后有下拉按钮时，可以单击按钮在列表中选择参数内容，如选择“窗体名称”。

(3) 使用表达式生成器

当参数框后是表达式生成器时，可以直接输入，也可以使用生成器生成表达式。如填写“当条件 =”项。

(4) 输入参数值

当参数框是个文本框时，只能直接输入，如填写“筛选名称”。若操作参数为表达式，可由运算符、字段名、控件名、函数名构成。如：“当条件=”设置为——[性别]=“男”。其中，“性别”为字段名或控件名，需要使用方括号[]括起来。

【注】必须依次设置操作参数，前面参数的设置会影响后面参数的选择。

【例 7-1】建立我的第一个宏：向世界问声 Hello World! 如图 7-17 所示。

图 7-17 hello 宏

宏命令解析：MessageBox 为弹出消息框操作，其中可包含提示或警告信息，用户单击消息框中的【确定】按钮时，关闭窗体。其中，参数“消息”为提示文本；参数“发嘟嘟声”表示是否发出嘟嘟声，其取值为“是/否”；参数“类型”为设置消息框中是否出现图标，出现什么样的图标，包括重要图标×、警告图标？和！、信息图标 i；参数“标题”用来设置消息框中的标题文本。

4. 运行宏的一般方法

运行宏的方法一般有 3 种。

(1) 通过双击导航窗格中的宏对象名，来独立运行宏。

(2) 将宏与命令按钮控件的单击事件相关联，在单击按钮时运行宏。

【例 7-2】在窗体中单击命令按钮，向世界问声好。

在窗体上放一个命令按钮，标题为“向世界问声好”，设置窗体属性，使窗体成为弹出式对话框、无导航按钮、无滚动条、无记录选择器，窗体标题为“问好”；设置按钮背景色、字体和字号，单击事件设置为 hello 宏，如图 7-18 所示。

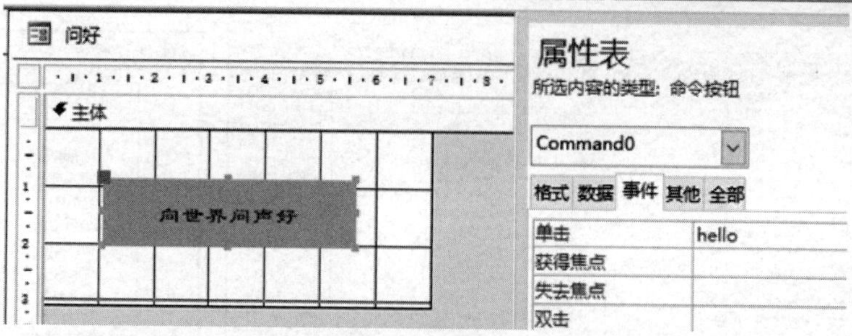

图 7-18　hello 宏与命令按钮的单击事件关联

运行效果如图 7-19 所示，单击按钮时执行 hello 宏。

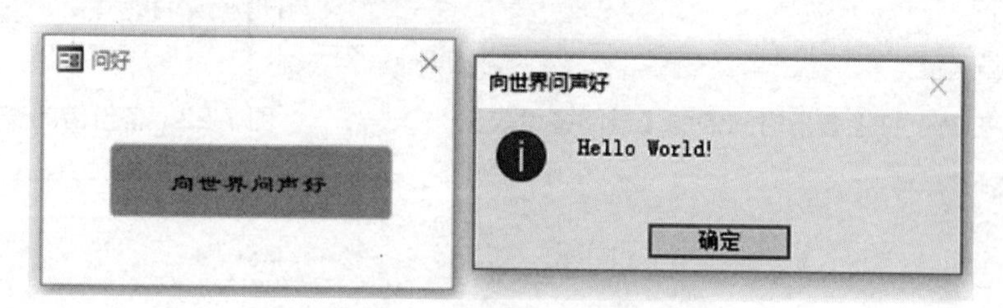

图 7-19　hello 宏运行效果

(3) 直接在宏设计视图中运行宏。在宏设计视图的【设计】选项卡中单击【运行】按钮，直接运行当前编辑的宏，如图 7-20 所示。

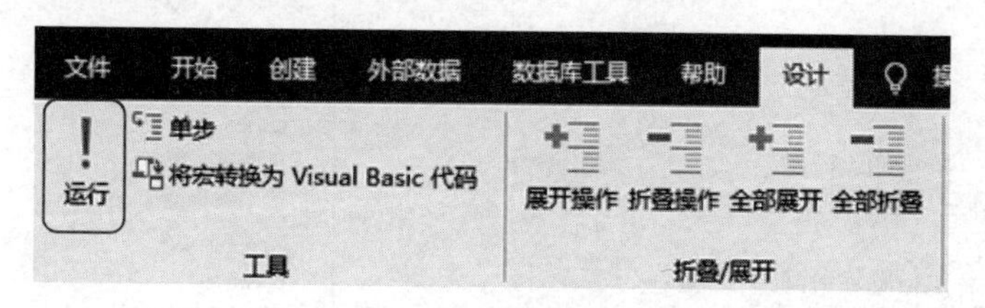

图 7-20　在宏设计视图中运行宏

7.2.2　创建基本宏

基本宏是仅由操作命令组成的宏。运行时，按操作命令先后顺序依次执行。基本宏中可包含多条宏操作命令，可以完成较为复杂、多步骤的数据库操作，是实现工作自动化的有效手段。

【例 7-3】备份【学知书屋】数据库的【借阅】表和【收购】表。

【借阅】表和【收购】表是学知书屋中重要的业务表，其中的数据应定期或不定期备份。备份方法可以使用追加查询批量复制【借阅】表和【收购】表中所有记录到相应备份表——【借阅备份表】和【收购备份表】中，同时打上备份时间戳，如图 7-21 所示。注意，在每次备份前，需要清空两个备份表。

批量备份的追加查询分别为“备份借阅”和“备份收购”，备份借阅的设计视图如图 7-22 所示。执行两个追加查询，实现结果如图 7-21 所示。以上备份工作需要一系列步骤完成，如图 7-23 所示。此时可以使用宏自动化备份，宏内容如图 7-24 所示。

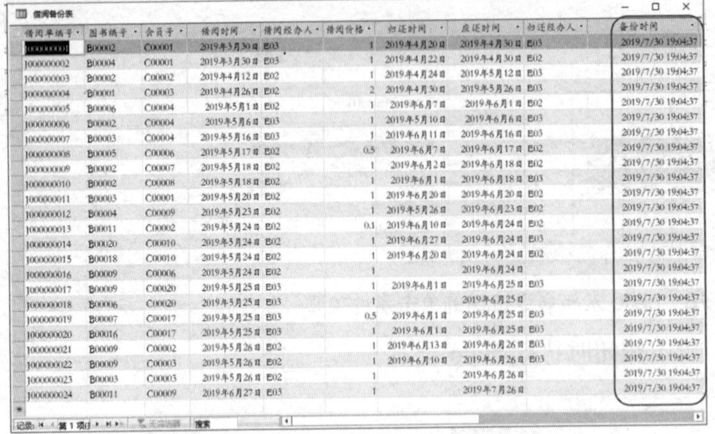

借阅备份表

借阅单编号	图书编号	会员号	借阅时间	借阅经办人	借阅价格	归还时间	应还时间	归还经办人	备份时间
J000000001	B00002	C00001	2019年3月30日	E03	1	2019年4月20日	2019年4月30日	E03	2019/7/30 19:04:37
J000000002	B00004	C00001	2019年3月30日	E03	1	2019年4月22日	2019年4月30日	E02	2019/7/30 19:04:37
J000000003	B00002	C00002	2019年4月12日	E02	1	2019年4月24日	2019年5月12日	E03	2019/7/30 19:04:37
J000000004	B00001	C00003	2019年4月26日	E02	2	2019年4月30日	2019年5月26日	E03	2019/7/30 19:04:37
J000000005	B00006	C00004	2019年5月1日	E02	1	2019年6月7日	2019年6月1日	E02	2019/7/30 19:04:37
J000000006	B00002	C00004	2019年5月6日	E03	1	2019年5月10日	2019年6月6日	E03	2019/7/30 19:04:37
J000000007	B00003	C00004	2019年5月16日	E03	1	2019年6月11日	2019年6月16日	E03	2019/7/30 19:04:37
J000000008	B00005	C00006	2019年5月17日	E02	0.5	2019年6月7日	2019年6月17日	E02	2019/7/30 19:04:37
J000000009	B00002	C00007	2019年5月18日	E02	1	2019年6月2日	2019年6月18日	E02	2019/7/30 19:04:37
J000000010	B00002	C00008	2019年5月18日	E02	1	2019年6月1日	2019年6月18日	E03	2019/7/30 19:04:37
J000000011	B00003	C00001	2019年5月20日	E02	1	2019年6月20日	2019年6月20日	E02	2019/7/30 19:04:37
J000000012	B00004	C00009	2019年5月23日	E02	1	2019年5月26日	2019年6月23日	E02	2019/7/30 19:04:37
J000000013	B00011	C00002	2019年5月24日	E02	0.1	2019年6月10日	2019年6月24日	E02	2019/7/30 19:04:37
J000000014	B00020	C00010	2019年5月24日	E02	1	2019年6月27日	2019年6月24日	E03	2019/7/30 19:04:37
J000000015	B00018	C00010	2019年5月24日	E02	1	2019年6月20日	2019年6月24日	E02	2019/7/30 19:04:37
J000000016	B00009	C00006	2019年5月24日	E02	1		2019年6月24日		2019/7/30 19:04:37
J000000017	B00009	C00020	2019年5月25日	E03	1	2019年6月1日	2019年6月25日	E03	2019/7/30 19:04:37
J000000018	B00006	C00020	2019年5月25日	E03	1		2019年6月25日		2019/7/30 19:04:37
J000000019	B00007	C00017	2019年5月25日	E03	0.5	2019年6月1日	2019年6月25日	E03	2019/7/30 19:04:37
J000000020	B00016	C00017	2019年5月25日	E03	1	2019年6月1日	2019年6月25日	E03	2019/7/30 19:04:37
J000000021	B00009	C00002	2019年5月26日	E02	1	2019年6月13日	2019年6月26日	E03	2019/7/30 19:04:37
J000000022	B00009	C00003	2019年5月26日	E02	1	2019年6月10日	2019年6月26日	E03	2019/7/30 19:04:37
J000000023	B00003	C00003	2019年5月26日	E02	1		2019年6月26日		2019/7/30 19:04:37
J000000024	B00011	C00009	2019年6月27日	E03	1		2019年7月26日		2019/7/30 19:04:37

图 7-21　打上备份时间戳的【借阅备份表】

图 7-22　备份借阅查询的设计视图

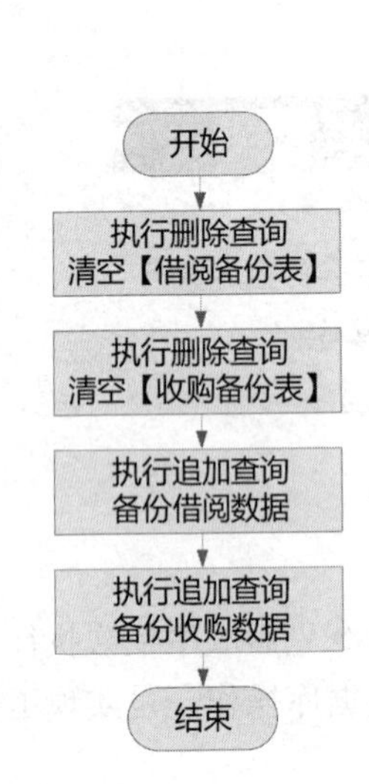

图 7-23　备份借阅和收购数据流程

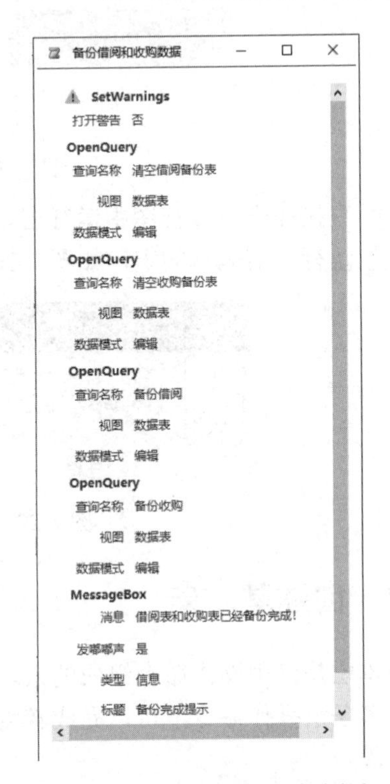

图 7-24　宏：备份借阅和收购数据

备份【学知书屋】数据库的【借阅】表和【收购】表的步骤如下。

① 执行删除查询，分别清空【借阅备份表】和【收购备份表】。

② 执行追加查询，分别备份借阅数据和收购数据。

其中：

- SetWarnings 宏操作命令的功能为打开或关闭系统消息。将其【打开警告】参数设置为“否”，即关闭系统消息，则在执行删除查询和追加查询时，禁止出现警告和提示消息框。

【注】将【打开警告】参数设置为“否”，只对提示选择【确定/取消】和【是/否】

按钮的警告框或提示框有效，不能禁止其他错误消息提示框的出现，也不能阻止需要输入信息和要做多项选择的对话框。另外，在宏中将 SetWarnings 的警告设置为“否”，不需要在执行宏之后再将其设置为“是”，Access 会自动重新打开警告来恢复警告或出现提示消息框。

- 在备份工作完成后，使用 MessageBox 命令弹出消息框，提示用户备份完成，提高工作的交互性和友好性。

在例 7-3 中我们看到，使用包含一系列宏命令的基本宏，能够很好地实现多步骤操作的自动化，提高重复性工作的效率，并能够提高操作的交互性和友好性。然而，不是所有的数据库操作都是按照操作命令的顺序依次执行的，这种按照操作命令的顺序依次执行宏命令的结构，被称为顺序结构。而实际应用中，经常会出现根据一定的条件是否成立来分别执行不同的操作序列，这种结构被称为分支结构，如登录验证。

下一节我们将使用 Access 的另一种宏——条件宏来实现分支结构的操作。

7.3 条 件 宏

在宏执行的过程中，有时需要根据某个(些)条件的判断结果，再决定执行哪条路中的操作命令。如通过检查密码是否正确，决定是否允许打开【图书】表。是，就打开【图书】表，否则，什么都不做或关闭登录窗口。

其中，判断条件由逻辑判断表达式表示，往往是比较运算或关系运算，如“[成绩]>=60”，表达式的结果为布尔值 True/False 或 Yes/No，它们决定了执行宏中不同的操作序列。

条件宏有 3 种结构，单分支结构、双分支结构和多分支结构。其中，单分支结构和双分支结构如图 7-25 所示。

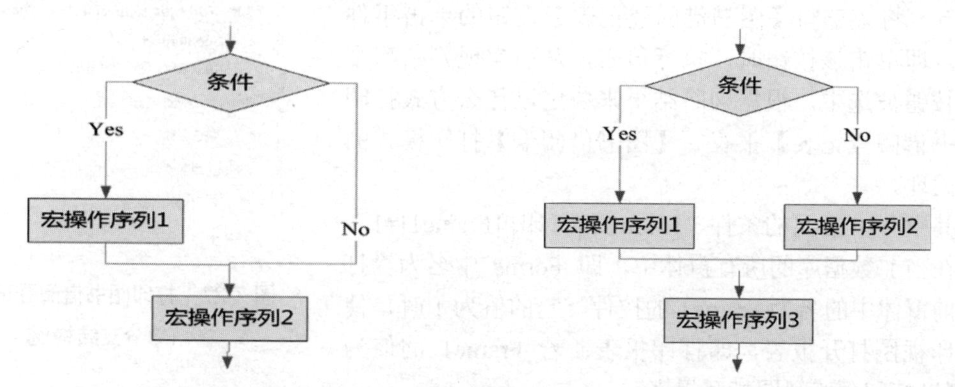

图 7-25　条件宏的单分支结构(左)和双分支结构(右)

7.3.1 创建条件宏

关于单分支、双分支和多分支结构，我们分别来看一个例子。

【例 7-4】使用单分支结构实现打印模式选择。

根据选择的打印模式，分别打印或打印预览图书借阅登记表和图书借阅卡。窗体设计

如图 7-26 所示。

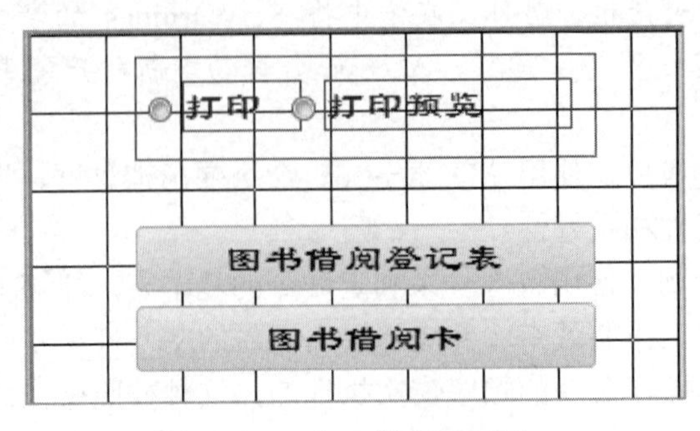

图 7-26　打印模式的选择

实现步骤如下。

① 新建一个窗体，窗体名为“打印”。

② 在窗体上放置一个名为 Frame1 的框架控件，框架中放两个单选按钮控件，其值分别为 1 和 2，标签标题分别为“打印”和“打印预览”。

③ 在窗体上放置两个命令按钮，标题分别为“图书借阅登记表”和“图书借阅卡”。

④ 新建一个宏，名为“打印图书借阅登记表(单分支结构)”，宏内容如图 7-27 所示。创建条件宏方法为：在宏编辑器的【添加新操作】框中输入 If 回车(或者将光标放在该框中，双击“操作目录”中的 If)，在 If 后面的编辑框中输入表示条件判断的表达式，在 Then 下面的【添加新操作】框中输入当条件满足时需要执行的操作命令。

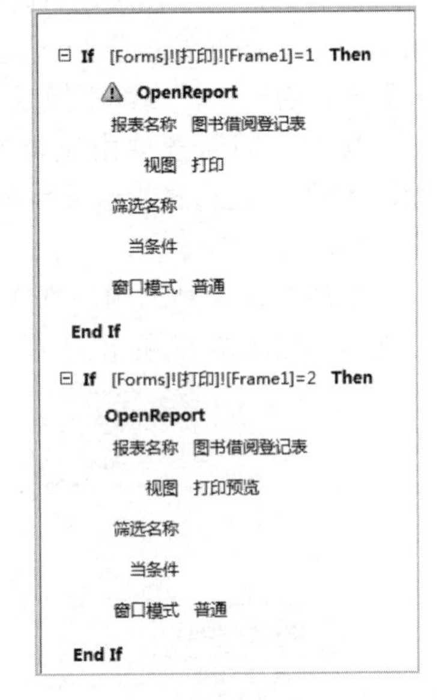

图 7-27　打印图书借阅登记表(单分支结构)宏

⑤ 将该宏与【图书借阅登记表】按钮的单击事件关联，即单击该按钮时，执行该宏，从而实现判断哪个单选按钮被选中，根据判断结果来决定以什么方式打印【图书借阅登记表】报表。【图书借阅卡】打印模式的选择同理。

其中，If 后面的条件“[Forms]![打印]![Frame1]=1”表示在当前数据库的所有窗体中，即 Forms 中名为“打印”的窗体中的名为 Frame1 的控件，它的值为 1 时，使用打印视图打开报表，即打印报表；若 Frame1 的值为 2，则以打印预览视图打开报表。

【注】If 后面的表达式中所有的对象名字两边都用英文[]括起，包括窗体名、控件名、属性名、字段名等，窗体名与窗体上控件名之间用“!”连接，控件名与其属性名之间使用“.”连接。

在 If 操作命令中只有 Then 子句，表示当 If 后的条件为真时，执行 Then 后面的操作，否则什么都不做，结束整个 If 语句块，然后执行其后的命令。

【例 7-5】使用双分支结构实现打印模式选择。

例 7-4 中的条件宏可以写成双分支结构，就可以不再使用两个单分支结构的 If 语句了。宏如图 7-28 所示。

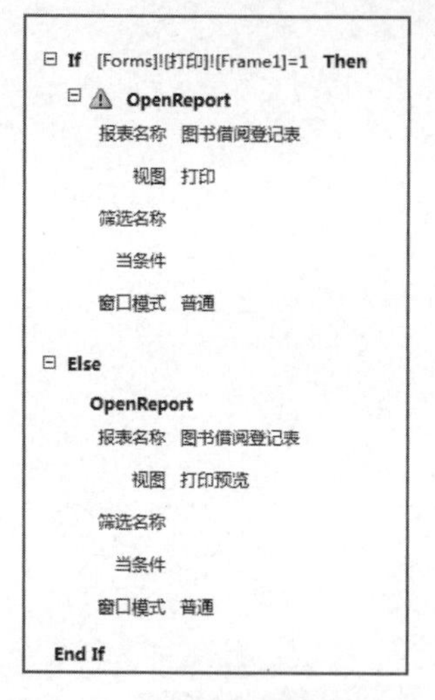

图 7-28　打印图书借阅登记表(双分支结构)宏

其中，Else 子句后为当 If 条件为假时，即[Forms]![打印]![Frame1]不为 1 时要执行的操作序列。若 Frame1 只有 1、2 两种选择时，不为 1，就为 2，所以 Else 后面的操作序列是当[Forms]![打印]![Frame1]=2 时要执行的操作。

双分支结构因有 Then 和 Else 两个子句，使得当 If 条件为真、为假时分别执行 Then 和 Else 后面的操作，故称双分支。

【注】在创建宏时，Else 分支不会自动显示出来，需要单击 If 条件块右下方的【添加 Else】按钮将其显示出来，如图 7-29 所示。然后在其后的【添加新操作】文本框中添加当 If 条件为假时要执行的操作。

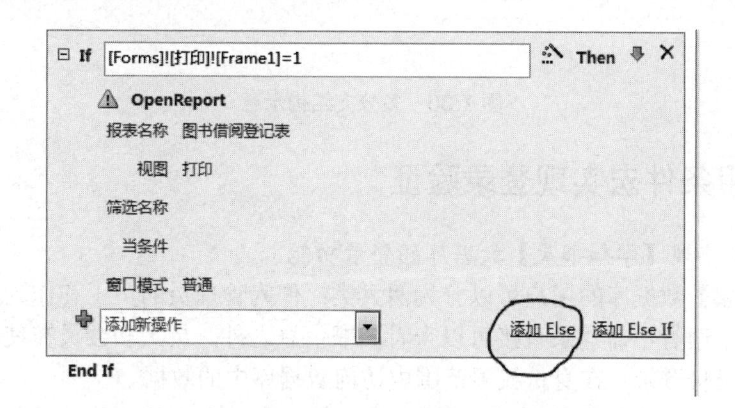

图 7-29　宏编辑器中的【添加 Else】按钮

而图 7-30 中的条件宏为多分支结构，使用 Else If 实现了在判断前一个 If 条件为假后执行当前的 Else 的同时要先判断紧跟在该 Else 后面的 If 后的条件是否为真，是则执行其 Then 后面的操作命令，否则执行下一个 Else If。若没有 Else If 则什么都不做，结束整个 If 语句块。还可能在整个 If-Else If 块中最后有一个 Else，则当所有的 If 和 Else If 后面的条件都为假时，执行 Else 后面的操作命令。因一个 If 块中可以有多个 Else If，所以可以实现多个分支的条件判断，若其中某个分支的条件判断为真，则执行其后的操作命令。这样也限制了每个分支的条件一定是互斥的。

下面我们使用条件宏来解决学知书屋中的一个应用场景问题。

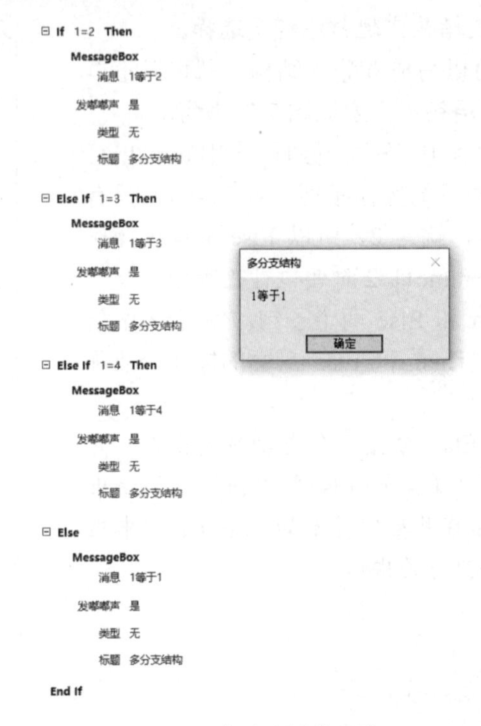

图 7-30　多分支结构示意

7.3.2　使用条件宏实现登录验证

【例 7-6】实现【学知书屋】数据库的登录功能。

【学知书屋】数据库的用户可以分为两大类：作为管理员的员工和作为一般用户的会员及读者。除了读者不需登录直接可以查看图书信息之外，员工和会员在使用数据库之前应分别以各自身份登录，在身份权限范围内访问数据库中的数据。

可以设计这样一个登录界面，如图 7-31 所示。员工和会员在此登录界面中输入用户 ID 和密码，单击【登录】按钮登录数据库。系统将检查身份信息，决定是否允许他登录系统。

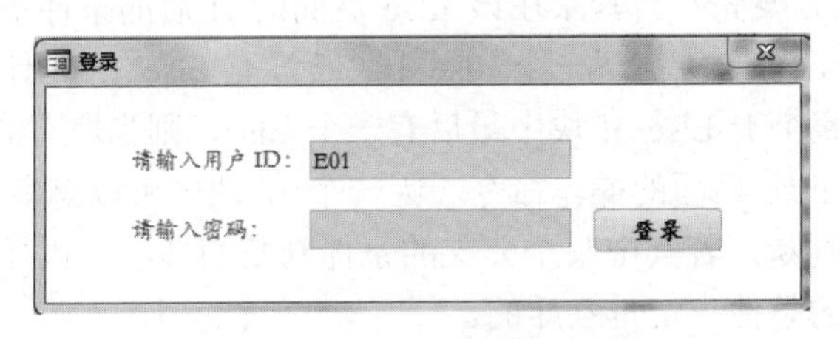

图 7-31　学知书屋登录界面

我们来分析整个登录验证过程。

1. 用户身份信息哪里来

我们可以设计这样一张用户表，事先保存员工和会员两类用户的身份信息。该表中包含用户 ID 和密码，以及用户类型，用于标识员工或会员。

高等院校计算机教育系列教材

其中，用户 ID 为员工表中的员工编号和会员表中的会员号，员工密码默认为 tiger，会员密码默认为身份证后 6 位，员工和会员登录后，可以修改自己的身份密码。用户表内容如图 7-32 所示。

用户名	密码	用户类型
C00001	110110	会员
C00002	112102	会员
C00003	120128	会员
C00004	010239	会员
C00005	090344	会员
C00006	139101	会员
C00007	190144	会员
C00008	189235	会员
C00009	119012	会员
C00010	027384	会员
C00011	110122	会员
C00012	010203	会员
C00013	219509	会员
C00014	294756	会员
C00015	128745	会员
C00016	102874	会员
C00017	284382	会员
C00018	293487	会员
C00019	128390	会员
C00020	023022	会员
E01	tiger	员工
E02	tiger	员工
E03	tiger	员工
E04	tiger	员工

图 7-32 学知书屋数据库的用户表

建立这张用户表，可以通过新建一张空表，再执行追加查询(查询名分别为“会员号追加到用户”和“员工号追加到用户”)，将会员表和员工表中的相关数据追加到该表中。两个追加查询的设计界面如图 7-33 和图 7-34 所示。

2. 登录界面设计

(1) 设计窗体

图 7-31 的登录窗体为典型的对话框窗体，其边框样式设置为对话框，使得其大小不会被通过拖动边框而改变。取消导航按钮、记录选择器，因其不是数据窗体，无须操作数据。将窗体标题设置为“登录”，应用设计主题为“跋涉”。

字段:	表达式2: "C" & [会员号]	表达式3: Right([身份证号码],6)	表达式1: "会员"
表:			
排序:			
追加到:	用户名	密码	用户类型
条件:			

图 7-33 设计“会员号追加到用户”查询

字段:	表达式2: "E" & [员工号]	表达式3: "tiger"	表达式1: "员工"
表:			
排序:			
追加到:	用户名	密码	用户类型
条件:			

图 7-34 设计“员工号追加到用户”查询

(2) 添加文本框，用来接收用户输入的“用户 ID”和“密码”

两个文本框的标签标题分别设置为“请输入用户 ID：”和“请输入密码：”，两个文本框的名称分别改为“TxtID”和“TxtPWD”，调整大小，对齐位置。

(3) 添加一个命令按钮，单击它执行登录验证宏

将命令按钮的标题设置为“登录”，名称改为“CmdLogin”，并将名为“登录验证”的宏分配给它的单击事件。

下面我们来看看“登录验证”宏的设计。

3. 登录验证功能实现

为了简化流程，帮助理解，可以分成两步来完成用户身份验证。

(1) 第一步：仅验证用户 ID

用户在第一个文本框中输入用户 ID，系统检查是否为用户表中的用户名，是则提示请进；否则提示用户不存在，并清空第一个文本框，等待用户重新输入。身份验证过程如

图 7-35 所示，这是个典型的双分支结构，根据用户输入的 ID 是否有效决定执行两条不同的操作序列。

```
⊟ If  DLookUp("[用户名]","用户","[用户名]=[Forms]![登录]![TxtID]")  Then
  ⊟ MessageBox
          消息  请进！
      发嘟嘟声  是
          类型  信息
          标题  提示

⊟ Else
    MessageBox
          消息  用户不存在，请检查您的用户ID！
      发嘟嘟声  是
          类型  警告!
          标题  提示
   ⚠ SetValue
          项目  = [TxtID]
        表达式  = ""
  End If
```

图 7-35　使用条件宏验证用户 ID

其中，DLookUp 函数是在 Access 的宏中经常用到的函数，作用为在表、查询或 SQL 语句的结果中获取特定字段的值。其语法格式为：

```
DLookup(Expr,Domain[,Criteria])
```

其中，Expr 为要获取值的字段名，Domain 为该字段所在的表、查询或 SQL 语句，Criteria 为在该数据源中查找该字段的匹配条件。

DLookup 函数的返回值为根据 Criteria 匹配条件返回的单个字段值。Criteria 为可选参数，若不指定 Criteria 参数作为匹配条件，则函数将返回 Domain 中的随机值；若没有记录满足 Criteria 匹配条件或 Domain 中不包含记录，则函数返回 Null 空值；若有多个字段满足匹配条件，函数将返回第一个匹配的字段。

本例在宏的 If 条件中使用“DLookUp("[用户名]","用户","[用户名]= [Forms]![登录]![TxtID]")”表示在用户表中找用户名，匹配条件为该用户名与在登录窗体的第一个文本框中输入的用户 ID 相等。若在用户表中有该用户名，则 DLookUp 函数返回这个用户名，If 条件为非 0 值，为真，则执行 Then 后面的操作；否则，若在用户表中未找到该用户名，则 DLookUp 函数返回空值 Null，空值表示假，则执行 Else 后面的操作。

SetVal 操作命令的作用是将“表达式”的内容赋值给“项目”，本例中将空串——即一对双引号，中间无任何字符，也无空格，赋值给第一，效果是将这个文本框清空，等待着用户重新输入用户 ID。

(2)　第二步：仅验证密码

实现了用户 ID 的验证之后，我们再来验证密码，方法与验证用户 ID 完全相同，宏设计如图 7-36 所示。

```
⊟ If DLookUp("[密码]","用户","[用户名]= [Forms]![登录]![TxtID]")=[Forms]![登录]![TxtPWD] Then
  ⊟ MessageBox
          消息 您的密码正确！
      发嘟嘟声 是
          类型 信息
          标题 提示
⊟ Else
      MessageBox
          消息 您的密码有误，请重新输入！
      发嘟嘟声 是
          类型 警告!
          标题 提示密码错误
    ⚠ SetValue
          项目 = [txtPWD]
        表达式 = ""
  End If
```

图 7-36 使用条件宏验证密码

此时的 DLookUp 函数中的第一个参数变为密码，第二个参数仍然是用户表，第三个参数的匹配条件不变，这样 DLookUp 函数将查找用户表中当前用户 ID 下的密码值，将该值返回，再与用户在第二个文本框中输入的文本比较，若相等，If 条件为真，执行 Then 后面的操作，否则提示用户密码错，清空第二个文本框，等待用户重新输入。

(3) 完整的登录验证

两步操作分别验证了用户 ID 和密码，现在可以将两步操作合并在一起。即在用户输入了正确的用户 ID 后，再验证密码是否正确，所以应将验证密码宏的内容插入到验证用户 ID 宏的 Then 子句后面，如图 7-37 所示为完整的登录验证宏，命名为“登录验证”。

该宏中有两个双分支的 IF 块，即有两个带 Else 子句的 If 块，其中验证密码的 If 块嵌入到了验证用户 ID 的 If 块的 Then 子句的后面，形成了 If 操作的嵌套；与 Else If 相比，这是非常普遍的实现多分支应用的另一个方法，即在 If 块的 then 或 Else 子句中又有一个 If 块。

在用户 ID 和密码全部验证正确之后，还应判断现在登录的人是员工还是会员，因为两者登录成功后进入的主界面是不同的，员工进入“书屋管理”主界面，而会员进入“会员信息查看”主界面。

在会员登录成功进入“会员信息查看”主界面时，需要注意“会员信息查看”界面中仅显示这个登录会员自己的信息，如何能够做到在一个窗体打开的同时，进行数据筛选呢？使用 OpenForm 宏命令的“当条件”参数。本例中的：

```
"C" & [会员号]=DLookUp("[用户名]","用户","[用户名]= [Forms]![登录]![TxtID]")
```

表示筛选出那些会员号为当前登录的用户 ID 的会员。

【注】"C" & [会员号]表示“C”与[会员号]相连接，成为以“C”开头的会员号，如 C00020，而表达式中的[会员号]的值是不包含首字母“C”的，这是由“会员号”字段的输入掩码为固定字母造成的。会员号字段值在文本框中显示时，默认情况下不显示这个首字母“C”，只显示其后的 5 位数字字符，若需要显示首字母的话，需要设置文本框的“输入掩码”属性为“\C00000”，与字段的“输入掩码”属性的设置完全相同。读取文

本框中的字段值时，也不包括首字母“C”，所以需要使用"C" & [会员号]构造完成带首字母的会员号。

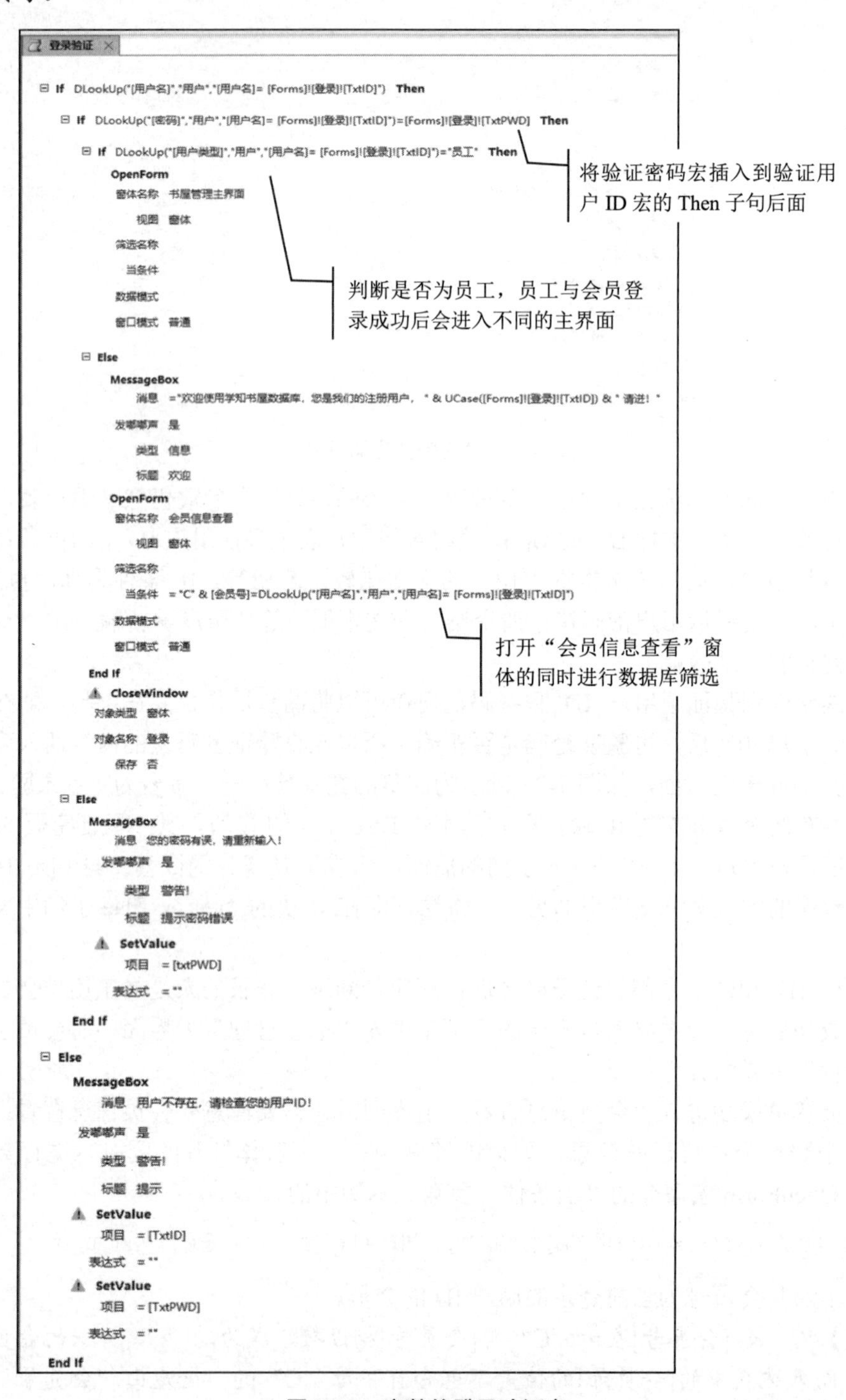

图 7-37 完整的登录验证宏

整个登录验证过程如图 7-38 所示。用户输入用户 ID 和密码，单击【登录】按钮。系统检查用户 ID 是否为用户表中的用户名，若不是，提示用户重新输入用户 ID。否则，若

用户 ID 正确，则系统继续检查用户输入的密码是否为用户表中该用户的密码，若不是，提示用户重新输入密码；若密码对，欢迎用户进入数据库。

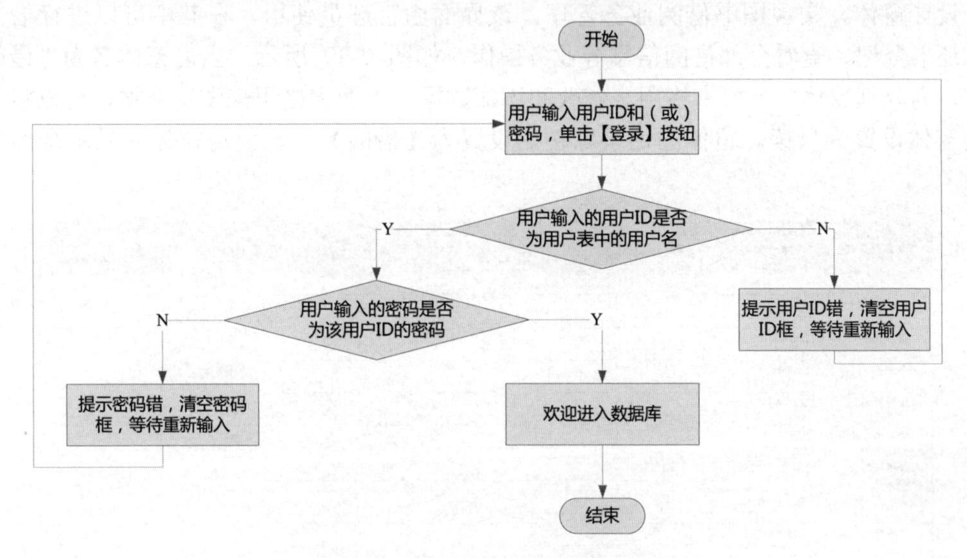

图 7-38　登录验证完整过程流程图

7.3.3　使用条件宏实现借阅业务管理

根据需求，书屋制定了两条关于图书借阅业务的规则。

- 业务规则 1：当图书库存为 1 本时，该书不能被借出。
- 业务规则 2：每名会员借出未还的图书不能超过 3 本。

业务规则 1 的实施步骤如下。

① 会员借书时，检查该书的库存数量，若一本以上则可以借出，否则不能出借。

② 在借阅登记表和借阅卡上分别登记借阅信息，并修改图书库存。

③ 会员还书时，在借阅登记表和借阅卡上分别登记还书信息，并修改图书库存。

业务规则 2 的实施步骤如下。

① 会员借书时，检查其借阅卡上登记的借阅信息，若已经有 3 本未还图书，则不能借书，否则可以借书。

② 在借阅登记表和借阅卡上分别登记借阅信息，并修改图书库存。

③ 会员还书时，在借阅登记表和借阅卡上分别登记还书信息，并修改图书库存。

以上两条业务规则，若全部依靠人工来完成，一是麻烦，二是容易出错，所以可以由数据库系统来完成。因两项业务处理都需要多个步骤，操作多个表，可以使用宏来实现操作的自动化。

【例 7-7】借阅业务管理。

实现借书和还书业务处理。业务规则为：当图书库存为 1 时，不允许借出该图书，否则可以外借，在借阅表中登记借阅单编号、图书编号、会员号、借阅时间、借阅经办人编号，这些字段作为必填信息，并修改图书库存为减 1。还书时，在借阅表中登记归还日期和归还经办人编号，这两个字段作为必填字段，并修改图书库存为加 1。

1. 借阅业务界面设计

设计窗体，实现图书借阅业务管理。该界面由管理员使用，在其中可以进行借书登记、还书登记、查看全部借阅信息等业务操作，如图 7-39 所示。当前窗体名为“借阅管理”，为分割窗体，上面窗格用来修改和添加数据，下面窗格用来浏览数据，可以将下面分割窗体设置为只读。窗体的记录源初始设置为【借阅】表，使得窗体中显示全部借阅信息。

借阅管理　借书登记　撤消登记　保存登记　还书登记　撤消登记　保存登记　查看全部

借阅单编号　J000000001 *
图书编号　B00002 *　查看书名
会员号　C00001 *　查看会员姓名
借阅时间　2019年3月30日 *
借阅经办人编号　E03　查看经办人姓名
借阅价格　1
归还时间　2019年4月20日 *
应还时间　2019年4月30日
归还经办人编号　E03 *　查看经办人姓名

借阅单编号	借阅时间	借阅价格	归还时间	应还时间	借阅经办人	归还经办人	图书编号	会员号
J000000001	2019年3月30日	1	2019年4月20日	2019年4月30日	E03	E03	B00002	C00001
J000000002	2019年3月30日	1	2019年4月22日	2019年4月30日	E03	E02	B00004	C00001
J000000003	2019年4月12日	1	2019年4月24日	2019年5月12日	E02	E03	B00002	C00002
J000000004	2019年4月26日	2	2019年4月30日	2019年5月26日	E02	E03	B00001	C00003
J000000005	2019年5月1日	1	2019年6月7日	2019年6月1日	E02	E02	B00006	C00004
J000000006	2019年5月6日	1	2019年5月10日	2019年6月6日	E03	E03	B00002	C00004
J000000007	2019年5月16日	1	2019年6月11日	2019年6月16日	E03	E03	B00003	C00004
J000000008	2019年5月17日	.5	2019年6月7日	2019年6月17日	E02	E02	B00005	C00006
J000000009	2019年5月18日	1	2019年6月2日	2019年6月18日	E02	E02	B00002	C00007
J000000010	2019年5月18日	1	2019年6月1日	2019年6月18日	E02	E03	B00002	C00008
J000000011	2019年5月20日	1	2019年6月20日	2019年6月20日	E02	E02	B00003	C00001
J000000012	2019年5月23日	1	2019年5月26日	2019年6月23日	E02	E02	B00004	C00009
J000000013	2019年5月24日	.1	2019年6月10日	2019年6月24日	E02	E02	B00011	C00002
J000000014	2019年5月24日	1	2019年6月27日	2019年6月24日	E02	E03	B00020	C00010
J000000015	2019年5月24日	1	2019年6月20日	2019年6月24日	E02	E02	B00018	C00010
J000000016	2019年5月24日	1		2019年6月24日	E02		B00009	C00006

图 7-39　借阅业务管理界面

窗体主体节为纵栏式显示记录，其中必填字段文本框后放置显示*的标签，提醒用户注意。可在借书和还书登记时分别显示各自必填字段后面的*，而隐藏其他*。

因【借阅】表是图书、会员、员工三者之间的联系表，所以全部使用编号。为方便查看编号所对应的名称，在这些编号后放置按钮和文本框，用来显示编号对应的名称。

窗体的页眉节为控制区，放置 3 个处理借书业务的按钮、3 个处理还书业务的按钮、1 个恢复查看全部信息的按钮和 4 个移动记录指针的导航按钮。其中，处理借还书业务的 3 个按钮，可通过设置其是否有效，来控制业务逻辑顺序。

2. 使用宏完成借还书业务管理

借阅业务中的主要操作包括：借书登记(包括撤销和保存)、还书登记(包括撤销和保存)、查看全部借阅信息、借书前的检查图书库存(库存>1)、检查借书人借书资格(未还图书<3)和方便操作者通过编号查看名称的相关宏操作，表 7-1 中列出了完成借还书业务管理的全部宏。

【注】其中的检查借书人借书资格(未还图书<3)宏未列出，可以留作作业。

表 7-1 借阅管理宏

序号	宏 名	功 能
1	查看书名	单击【查看书名】等按钮执行该宏，在其后文本框中显示图书编号对应的书名等
2	查看会员姓名	
3	查看借阅经办人姓名	
4	查看归还经办人姓名	
5	借书登记	单击【借书登记】按钮执行该宏，窗体记录源为【借阅】表全部记录。此时，窗体主体节变为添加新记录状态，用户可在此输入借阅信息。同时借书的【撤销登记】和【保存登记】按钮变为可用，可在输入借阅信息后撤销或保存新记录
6	撤销借书登记	单击借书的【撤销登记】按钮执行该宏，正在窗体上输入的记录被撤销，记录不进入【借阅】表，图书库存不修改。同时借书的【保存登记】按钮变为不可用
7	保存借书登记	单击借书的【保存登记】按钮执行该宏，正在窗体上输入的记录被保存在【借阅】表中，该图书的库存修改为减 1。同时借书的【撤销登记】按钮和【保存登记】按钮一起变为不可用
8	检查图书库存	在登记借书信息时，当光标离开【图书编号】文本框时执行该宏，检查输入的图书编号所对应的图书的图书库存量是否大于 1，是则弹出消息框显示图书库存，提示可以外借该图书；否则，弹出消息框提醒图书只剩 1 本，不能外借，同时图书编号文本框被清空，等待用户重新输入
9	还书登记	单击【还书登记】按钮执行该宏，窗体记录源为【借阅】表中无归还时间的记录，这些记录代表了需要还书的借阅信息。同时还书的【撤销登记】和【保存登记】按钮变为可用，可在输入还书信息后撤销或保存登记信息
10	撤销还书登记	单击还书的【撤销登记】按钮执行该宏，正在窗体上填入的还书信息被撤销，图书库存不修改。同时还书的【保存登记】按钮变为不可用
11	保存还书登记	单击还书的【保存登记】按钮执行该宏，当归还时间和归还经办人编号全部填写正确后，正在窗体上修改的记录被保存在【借阅】表中，该图书的库存修改为加 1，同时还书的【撤销登记】按钮和【保存登记】按钮一起变为不可用；否则不保存记录，按钮状态都保持不变
12	查看全部借阅信息	单击【查看全部】按钮执行该宏，窗体记录源变为【借阅】表的全部记录

下面我们来看其中的几个典型宏。

(1) 典型宏 1——查看会员姓名

宏设计如图 7-40 所示。

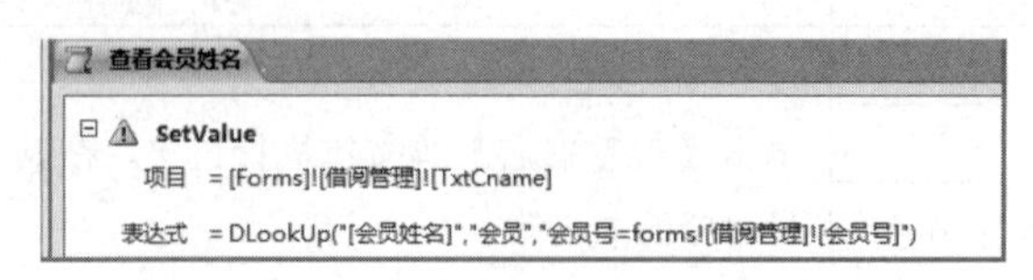

图 7-40 【查看会员姓名】宏

在该宏中，使用 SetValue 命令将当前窗体上显示的会员号所对应的会员表中的会员姓名赋值给窗体上的文本框 TxtCname，此文本框为【查看会员姓名】按钮后的文本框。其中，使用 DLookUp 函数按照会员号查找对应的会员姓名。表 7-1 中第 1、3、4 宏的设计与此宏相似。

(2) 典型宏 2——借书登记

宏设计如图 7-41 所示。

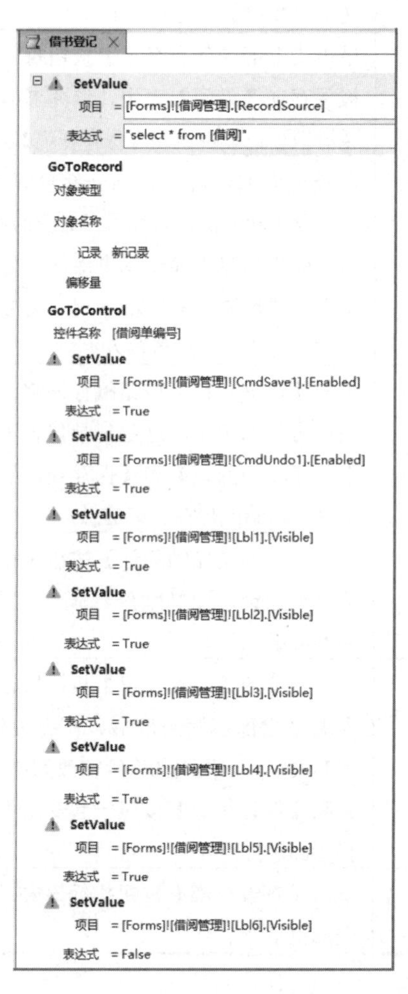

图 7-41 【借书登记】宏

在该宏中使用 SetValue 命令为窗体的记录源赋值，赋值的内容为一条 Select 语句，其作用是获取【借阅】表中的全部内容。这是一种对窗体的记录源进行动态设置的有用方法。

GoToRecord 命令的作用为移动记录指针，其中的【记录】参数设置为“新记录”，表示添加新记录。

GoToControl 命令的作用是移动焦点到某个控件，其中的【控件名称】为“借阅单编号”，表示光标移到该文本框中，即第一个要输入数据的文本框中。

之后的两个 SetValue 命令中，将【项目】参数“[Forms]![借阅管理]![CmdSave1].[Enabled]”设置为 True，表示将借书的【撤销登记】和【保存登记】两个按钮分别设置为可用，其中，CmdSave1 为借书的【保存】按钮，CmdUndo1 为【撤销】按钮。

其余的 7 个 SetValue 分别设置*号标签 Lbl1 到 Lbl7 的可见性。

【注】按钮的 Enabled 属性为“有效性”，设置为 True 表示按钮可用，设置为 False 表示按钮不可用，显示为灰色。其他控件若有该属性，设置方法和效果同理。

【注】Visible 为控件的可见性属性，设置为 True 或 False 分别表示可见或不可见。

(3) 典型宏 3——还书登记

宏设计如图 7-42 所示。

图 7-42 【还书登记】宏

与借书登记最大的不同在于还书登记时窗体的记录源的改变，从原来的【借阅】表全部内容变为归还时间为空的未还图书的借阅信息。可以在 Select 语句中使用“Where 归还时间 is null”来表示图书未还的条件。

(4) 典型宏 4——撤销借书登记

宏设计如图 7-43 所示。

图 7-43 【撤销借书登记】宏

其中，RunMenuCommand 命令为运行 Access 菜单中的命令，【命令】参数为 UndoRecord 表示该菜单命令为撤销记录操作。

(5) 典型宏 5——保存借书登记

宏设计如图 7-44 所示。

保存登记，需要修改图书库存，所以该宏中的核心语句为 RunSQL 命令。该命令是在宏中运行 SQL 语句，在执行操作查询时特别有用，比如本例中的 Update(更新)查询。

若没有学过 SQL 的更新语句，不会写更新查询怎么办？可以使用查询设计视图完成

更新查询，再切换到 SQL 视图，复制那条等效的 SQL 语句，如图 7-45 所示。

图 7-44 【保存借书登记】宏

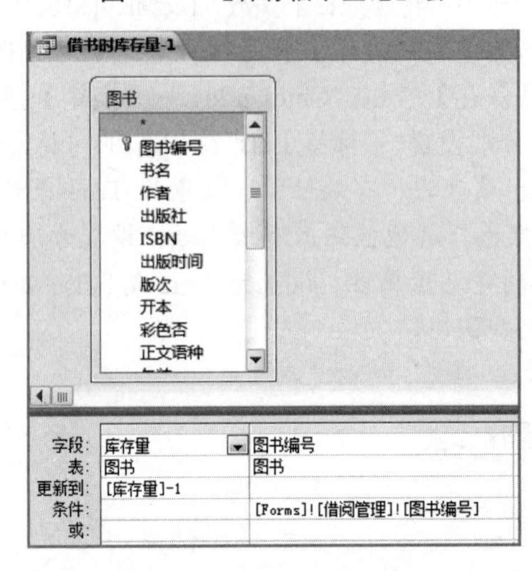

图 7-45 【借书时库存量-1】查询设计视图

图 7-45 中为更新查询的设计视图窗口，其中查询类型为“更新查询”，更新的字段为“库存量”，将其减 1。要更新的【图书】表记录是当前登记的借阅记录中的图书，所以【图书】表的图书编号应该等于当前窗体的【图书编号】文本框中的值，即等于“[Forms]![借阅管理]![图书编号]”的值。

【注】为避免执行更新查询时，弹出多个系统警告或提示消息框干扰用户，使用 SetWarnings 命令将警告设置为“否”。

(6) 典型宏 6——保存还书登记

宏设计如图 7-46 所示。

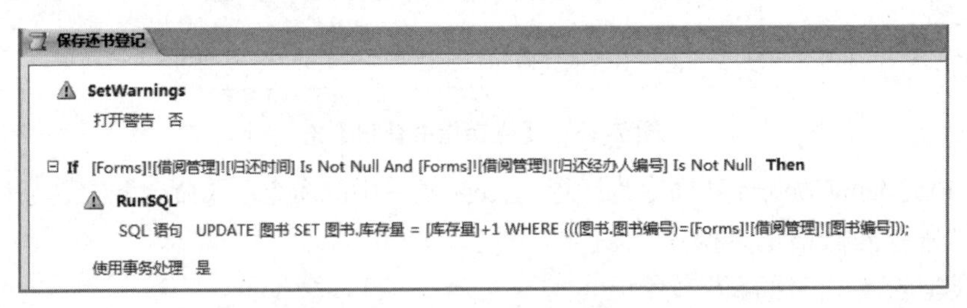

图 7-46 【保存还书登记】宏

【保存还书登记】宏与【保存借书登记】宏内容大致相同，区别仅仅在于在使用 RunSQL 执行更新查询之前，要先判断用户是否将归还时间和归还经办人编号填写完全，因这两个字段未设置必填字段约束，需要在修改库存之前判断。若未填全，不修改库

存。

以上仅对借阅业务管理中的典型宏操作命令做了介绍，详细内容可以参见数据库。

7.4 数 据 宏

7.4.1 认识数据宏

数据宏是指依附于表或表事件的宏，其作用是在插入、更新或删除表中的数据时执行某些操作，从而验证和确保表数据的完整性，类似于 Microsoft SQL Server 中的触发器。

打开表的数据表视图，在【表】选项卡中能够看到所有创建和管理数据宏的按钮，如图 7-47 所示，这些数据宏不会出现在导航窗格的宏对象中。

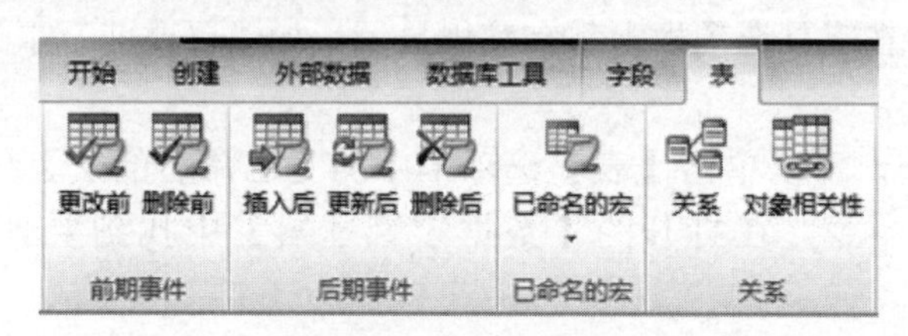

图 7-47 【表】选项卡中的数据宏相关工具按钮

Access 中有两种类型的数据宏：事件驱动的数据宏和已命名的数据宏。我们重点讨论事件驱动的数据宏，即包括添加、删除或更新操作这些表事件发生时驱动执行的宏。

【例 7-8】在收购图书时，若收购方式为捐赠，则收购单价自动填写为 0。

为实现在更新收购表的收购方式时，自动填写收购单价值为 0，可以创建收购表被更新时触发的宏，即收购表的“更改前”事件驱动的数据宏。操作步骤如下。

① 用数据表视图打开【收购】表。

② 单击【表】选项卡上的【更改前】按钮，在出现的宏设计窗口中输入如图 7-48 所示的内容，保存并关闭宏。

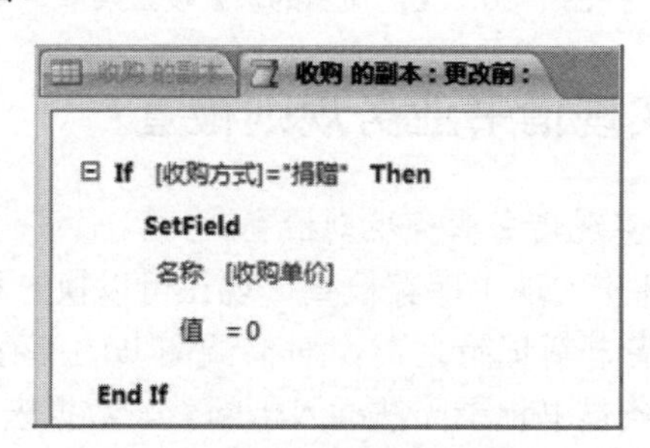

图 7-48 收购【更改前】数据宏

其中，使用 If 判断当前收购方式是否被更改为“捐赠”，若是，则使用 SetField 命令将 0 值赋给收购单价字段；若不是，即其他的任何更新操作，则都不是触发条件，什么都不做，结束宏。

③ 测试宏。打开【收购】表，修改其某条记录的收购方式为“捐赠”，观察对应的收购单价值是否变为 0，测试过程如图 7-49 所示。

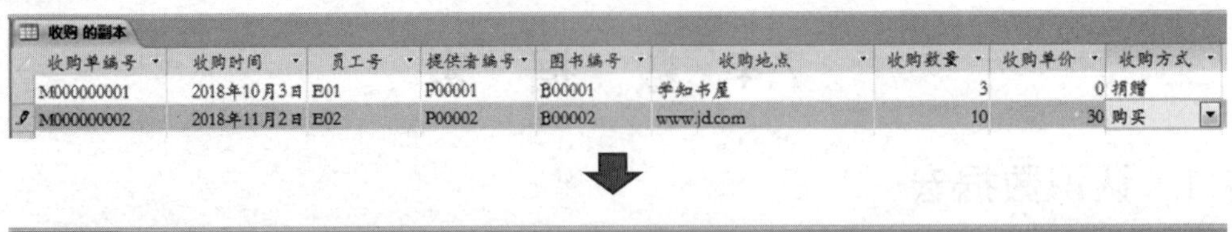

收购 的副本

收购单编号	收购时间	员工号	提供者编号	图书编号	收购地点	收购数量	收购单价	收购方式
M000000001	2018年10月3日	E01	P00001	B00001	学知书屋	3	0	捐赠
M000000002	2018年11月2日	E02	P00002	B00002	www.jd.com	10	30	购买

收购 的副本

收购单编号	收购时间	员工号	提供者编号	图书编号	收购地点	收购数量	收购单价	收购方式
M000000001	2018年10月3日	E01	P00001	B00001	学知书屋	3	0	捐赠
M000000002	2018年11月2日	E02	P00002	B00002	www.jd.com	10	0	捐赠
M000000003	2018年11月2日	E01	P00002	B00003	www.jd.com	8	38	购买

图 7-49 数据宏的测试过程

若要查看或修改数据宏，可以单击【表】选项卡中的【更改前】按钮，打开宏设计窗口。有宏关联的事件在工具选项板上都会突出显示，如“更改前”事件会突出显示，因其有数据宏关联。

若要删除数据宏，可以单击【表】选项卡中的【已命名的宏】按钮，在菜单中选择【重命名/删除宏】命令，在打开的【数据宏管理器】中找到要删除的宏删除或重命名，如图 7-50 所示。

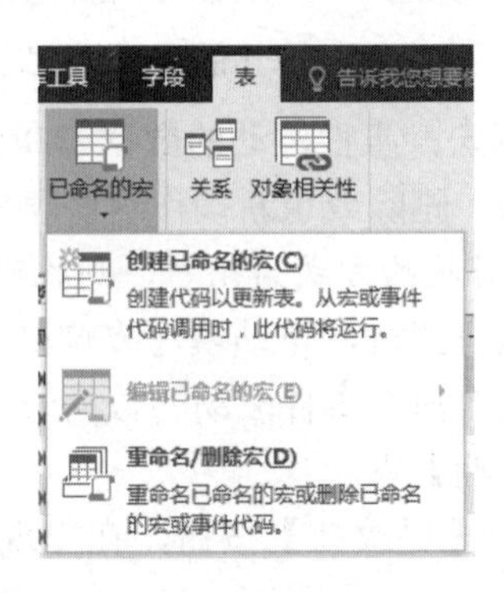

图 7-50 【已命名的宏】按钮菜单

7.4.2 使用数据宏实现借书业务规则检查

【例 7-9】使用数据宏实现借书业务规则检查。

在例 7-7 中，使用条件宏实现了库存检查，现在可以换一种方式——使用数据宏来实现这一检查。在登记一条借书新记录之前，对借阅图书的库存进行检查，若库存未超过 1，则不允许外借此书，这条借书记录无法插入借阅表。数据宏创建步骤如下。

① 用数据表视图打开【借阅】表。

② 单击【表】选项卡上的【更改前】按钮，在出现的宏设计窗口中输入如图 7-51 所示的内容，保存并关闭宏。

其中，使用 If 判断 IsInsert 的值是否为真，若为真则当前的更改操作为插入操作，否则当前的更改操作为其他操作。使用 LookupRecord 块，根据【借阅】表中的图书编号查

找【图书】表中的对应记录，再判断该记录中的库存量是否为 1，若是，则使用 RaiseError 命令弹出错误提示框，提示用户库存量不足，图书不可外借。

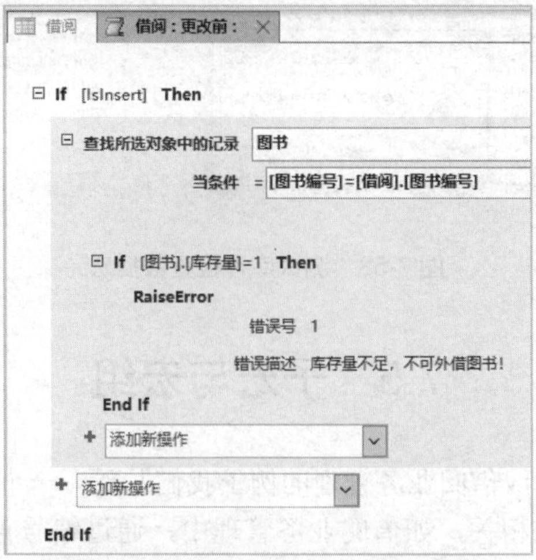

借阅 借阅：更改前：

If [IsInsert] Then

查找所选对象中的记录 图书

当条件 =[图书编号]=[借阅].[图书编号]

If [图书].[库存量]=1 Then

RaiseError

错误号 1

错误描述 库存量不足，不可外借图书！

End If

添加新操作

添加新操作

End If

图 7-51 【借书时库存检查】数据宏

【注】在添加 LookupRecord 块时，可以双击数据宏编辑器操作目录中的 LookupRecord，如图 7-52 所示。在宏编辑区中就会出现如图 7-51 所示的【查找所选对象中的记录】，在其后的编辑框中输入所选对象为“图书”，即在【图书】表中查找条件为“[图书编号]=[借阅].[图书编号]”的图书记录，然后判断其库存是否为 1。

图 7-52 数据宏编辑器中的操作目录

③ 测试宏。在【借阅】表中插入一条新的借阅记录，其图书号为 B00001。因其库存为 1，所以输入该条记录时，光标离开本行完成输入后，系统就会提示库存不足，此条记录不能被插入【借阅】表，如图 7-53 所示。

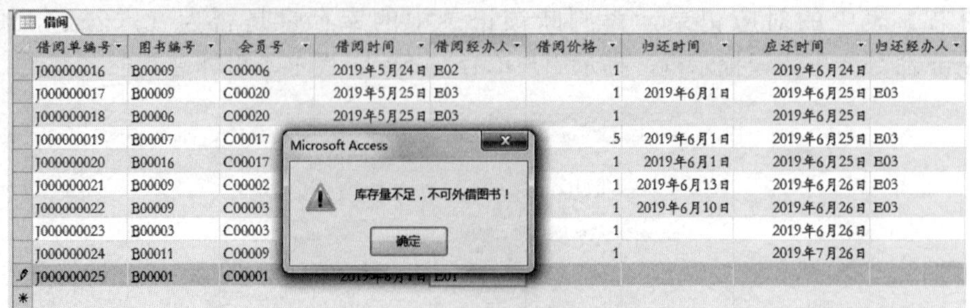

图 7-53　测试库存检查数据宏

7.5　子宏与宏组

通过例 7-7 使用宏完成借阅业务管理的例子我们发现，一个数据库中宏可能会很多。其中一些宏的功能相似或相关，如借阅业务管理中，通过编号查看名称的 4 个宏功能相似，含义相关。还有一些宏是由多个宏完成一项完整的工作，如借阅业务管理中的“借书登记”“撤销借书登记”“保存借书登记”和“检查图书库存”4 个任务分别由一个宏来完成，而这 4 个宏完成了一项完整的工作——借书业务管理。

以上这些宏需要整理归类，以便管理，即把功能相似的相关宏或完成同一项任务的多个相关宏，组成一个宏组。

7.5.1　认识子宏与宏组

多个宏的集合称之为宏组，宏组中的宏称为子宏，其实子宏就是一般的宏，只是在宏组中才被称为子宏。一般的宏或在宏组中称为子宏的宏是宏操作的集合，宏有宏名。宏操作是宏最基本的单元，一个宏操作即一条宏命令。而宏组是宏或宏操作的集合，宏组有宏组名。宏组可以包含一个或多个有宏名的宏或无宏名的宏操作，通过“宏组名.宏名”引用和执行宏组中的某一个宏。

7.5.2　使用宏组整理借阅业务管理中的宏

【例 7-10】使用宏组整理借阅业务管理中的宏。

可以将借阅业务管理中的宏，分为以下 3 类。

①　查看名称。包括查看书名、查看会员姓名、查看借阅经办人姓名和查看归还经办人姓名 4 个宏。

②　借书管理。包括借书登记、撤销借书登记、保存借书登记和检查图书库存 4 个宏。

③　还书管理。包括还书登记、撤销还书登记和保存还书登记 3 个宏。

可以将这 3 类宏分别用一个宏组来组织管理，宏组名分别为“查看名称-宏组”“借书登记-宏组”和“还书登记-宏组”，每个宏组中的子宏分别是与查看名称相关的 4 个宏、与借书管理相关的 4 个宏、与还书管理相关的 3 个宏。

组织、创建和使用宏组的步骤如下。

① 新建一个宏，在宏设计视图的操作目录中双击 SubMacro，此时在宏编辑区将会出现“子宏：”，如图 7-54 所示。

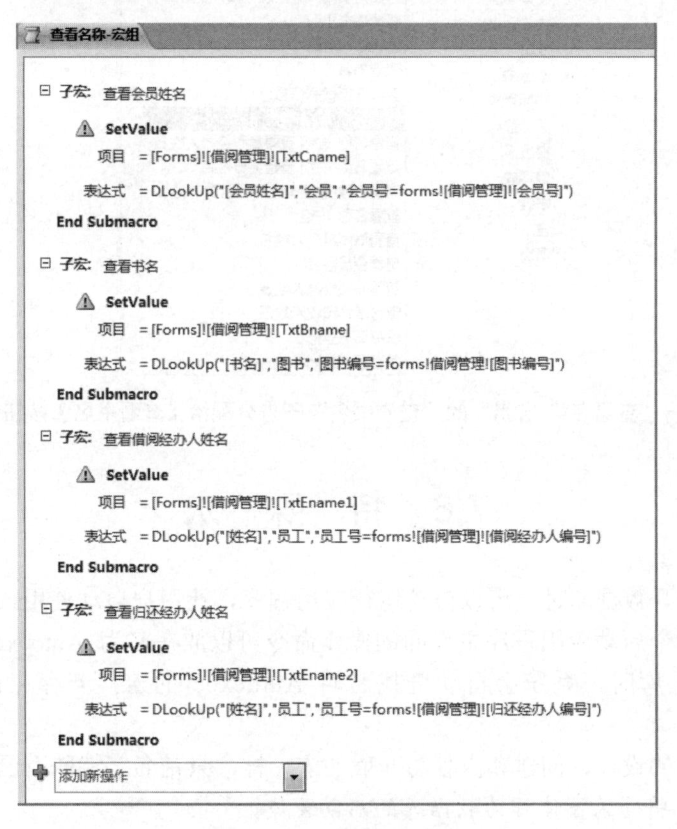

图 7-54 查看名称-宏组

② 输入子宏名称“查看会员姓名”后，将原来独立宏“查看会员名称”的内容复制粘贴到这个子宏中，注意子宏以 End Submacro 结束。

③ 按照以上步骤，在宏编辑区中添加其他 3 个子宏“查看书名”“查看借阅经办人姓名”和“查看归还经办人姓名”。

④ 保存该宏(组)，命名为“查看名称-宏组”。

⑤ 打开借阅管理窗体的设计视图，分别单击 4 个查看名称的命令按钮的单击事件后面的下拉按钮，展开下拉列表后可以看到“查看名称-宏组.查看会员姓名”“查看名称-宏组.查看书名”“查看名称-宏组.查看借阅经办人姓名”“查看名称-宏组.查看还书经办人姓名”，如图 7-55 所示。将它们分别分配给这 4 个按钮的单击事件，再删除原来 4 个独立的宏。

⑥ 运行窗体，测试功能与使用 4 个独立宏的完全相同，而宏对象却少了，系统显得更加简洁。而且在查看宏组时，能够通过其中的子宏了解到它们的功能相似或相关。

与借书管理和还书管理相关的两个宏组，组织、创建和使用方法与“查看名称”宏组完全一样，这里不再赘述，就留作作业吧。

格式 数据 事件 其他 全部

单击 查看名称-宏组.查看书名
获得焦点
失去焦点
双击
鼠标按下
鼠标释放
鼠标移动
键按下
键释放
击键
进入
退出

打印图书借阅登记表（单分支结构）
撤销借书登记
撤销还书登记
查看书名
查看全部借阅信息
查看名称-宏组.查看书名
查看名称-宏组.查看借阅经办人姓名
查看名称-宏组.查看会员姓名
查看名称-宏组.查看归还经办人姓名
查看名称-宏组
查看借阅经办人姓名
查看会员姓名
查看归还经办人姓名
备份借阅和收购数据
保存借书登记
保存还书登记

图 7-55　将“查看名称-宏组”的“查看书名”子宏分配给【查看书名】按钮的单击事件

7.6　特　殊　宏

如果想在打开数据库时，可以自动运行应用程序，让用户自动使用该应用程序界面访问数据库，则这个启动应用程序主界面的操作命令可以放在名为 Autoexec 的宏中，那么用户在打开数据库时，系统会自动查找名叫 Autoexec 的宏，若存在该宏，就自动执行它。

Autoexec 宏的设计、创建和内容与一般的宏一样，只是名字特殊而已。

【例 7-11】将登录窗体作为数据库的启动窗体。

新建一个宏，命名为 Autoexec(名字的大小写无所谓)，将登录窗体直接拖进该宏的设计窗格，设计结果如图 7-56 所示。

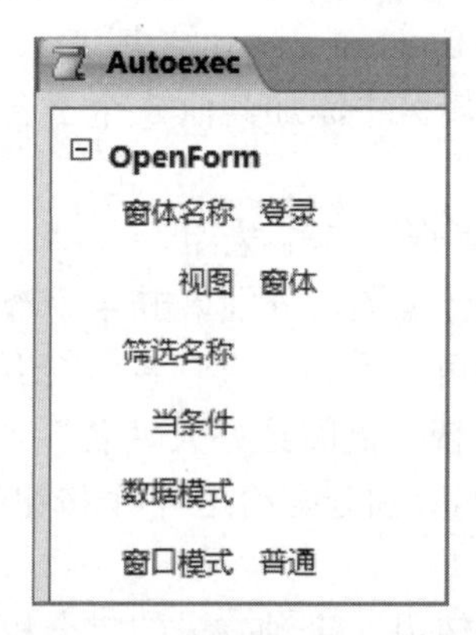

图 7-56　使用 Autoexec 宏在打开数据库时自动打开【登录】窗体

此时导航窗格的宏对象中会出现一个名为 Autoexec 的宏。关闭数据库，重新打开数据库，登录界面将自动打开，该界面可以作为整个应用程序的入口，引导用户开始应用【学知书屋】数据库之旅。

7.7 本章小结

本章我们没有学习写代码，而是使用宏完成了很多自动化的工作。从某种意义上来说，宏设计是一种不编程的“编程”，体现着程序设计的思想和方法。

可以使用包含多条宏命令的基本宏，完成多步骤、较为复杂的数据库管理工作。

在使用基本宏完成多条顺序操作工作的同时，还可以使用单分支和双分支结构的 If 块，以及使用分支结构嵌套实现的多分支结构，完成根据不同条件沿着不同路径执行不同宏的任务，如报表的打印和打印预览两种模式的选择、数据库登录验证、借阅业务管理等，从中认识常用的宏操作命令和函数，对于利用数据库技术进行业务规则和逻辑的实施有了一定的认识。

数据宏作为一种附加在数据表上，以表的增、删、改操作作为触发条件的宏，在实施表级业务规则中表现良好。它似乎就是表的验证规则，但功能更强大，可以修改数据和在表操作破坏规则时采取措施。

宏组作为分类组织和管理宏的有效手段，在宏较多、功能相似，或相关的宏较多、完成某项任务所使用的宏较多的情况下，应用广泛。

本章最后认识了名称为 Autoexec 的特殊宏，因其具有的数据库打开时自动执行的特性，而在数据库中应用非常普遍。

本章内容导图如图 7-57 所示。

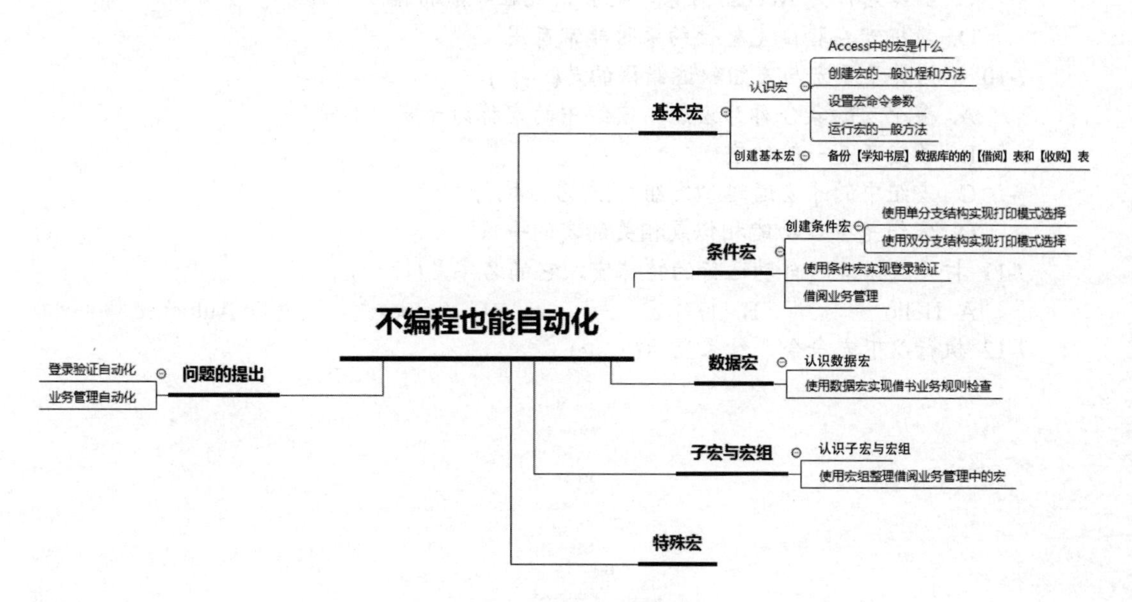

图 7-57 第 7 章内容导图

7.8 练 习 题

【问答题】

7-1 打开表、窗体、报表、查询的宏命令分别是什么？

7-2 Access 中条件宏的结构有哪几种形式？

7-3 数据宏的作用是什么？

7-4 数据宏的触发事件有哪些？

7-5 宏组的作用是什么？

7-6 本章介绍的一种特殊宏是什么？它有什么作用？

【选择题】

7-7 打开窗体的宏命令是(　　)。

A. OpenTable　　B. OpenReport　　C. OpenQuery　　D. OpenForm

7-8 Access 中条件宏的结构可以是(　　)。

A. If…Then…　　B. If…Then…Else…

C. If…Then…Else If…　　D. 所有选项中的结构都可以

7-9 下列关于数据宏叙述错误的是(　　)。

A. 数据宏有两种类型：事件驱动的数据宏和已命名的数据宏

B. 数据宏在插入、更新或删除表中数据时驱动执行

C. 数据宏作为 Access 对象，也会出现在导航窗格中

D. 数据宏在验证完整性约束时非常有用

7-10 下列关于子宏与宏组叙述错误的是(　　)。

A. 多个宏的集合称为宏组，宏组中的宏称为子宏

B. 子宏不是一般的宏

C. 宏组中的子宏通过“宏组名.宏名”执行

D. 宏组是整理功能相似或相关的宏的手段

7-11 打开数据库时自动运行的特殊宏，它的名字是(　　)。

A. Hello　　B. 特殊宏　　C. Autoexe　　D. Autoexec

7-12 执行以下宏命令，结果显示(　　)。

```
⊟ If 3>4 Then
    MessageBox
        消息 Yes
        发嘟嘟声 否
        类型 无
        标题
⊟ Else
    MessageBox
        消息 No
        发嘟嘟声 是
        类型 无
        标题
End If
```

A. 3　　B. 4　　C. Yes　　D. No

7-13 以下宏命令的执行结果为(　　)。

```
⊟ ⚠ SetValue
    项目   = [Forms]![借阅管理].[RecordSource]
    表达式  = "select * from [借阅] where 归还时间 is null"
```

A. 执行借阅表查询

B. 执行条件为“归还时间字段为空”的借阅表查询

C. 将“借阅管理”窗体的记录源设置为借阅表查询结果

D. 将“借阅管理”窗体的记录源设置为“归还时间字段为空”的借阅表查询结果

7-14 以下宏的执行结果为(　　)。

```
⚠ SetValue
    项目   = [Forms]![借阅管理]![Lbl6].[Visible]
    表达式  = True
```

A. 将“借阅管理”窗体上的名为 Lbl6 的控件设置为可见

B. 将“借阅管理”窗体上的名为 Lbl6 的控件设置为有效

C. 将“借阅管理”窗体上的名为 Lbl6 的控件设置为不可见

D. 将“借阅管理”窗体上的名为 Lbl6 的控件设置为无效

7-15 以下哪条宏命令的功能是添加新记录？(　　)

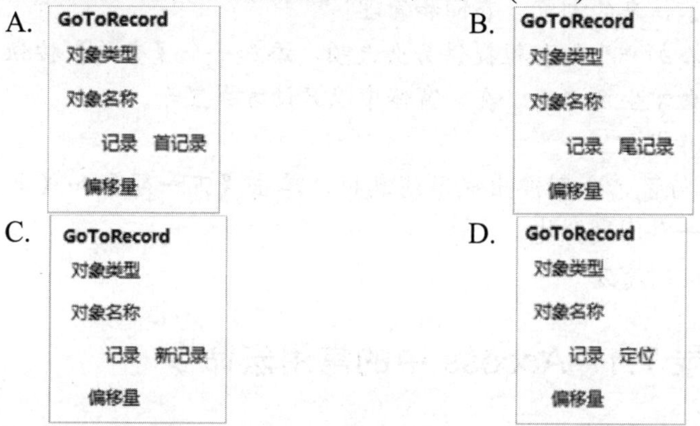

7-16 函数 DLookUp("[姓名]","员工","员工号='02'")的返回值为(　　)。

A. 【员工】表中，员工号为 02 的员工的员工号

B. 【员工】表中，员工号为 02 的员工的员工姓名

C. 空值

D. 【员工】表

7-17 将文本框清空应该使用的宏命令为(　　)。

A. SetValue　　B. GoToControl　　C. GoToRecord　　D. SetField

7-18 在宏中使用 SetWarnings 命令将警告提示设置为“否”，则(　　)。

A. 在宏执行完毕后需要将其再设置为真，恢复警告提示

B. 在宏执行完毕后不需要将其再设置为真，警告提示自动恢复

C. 在宏执行完毕后不需要将其再设置为真，保持警告提示为“否”

D. 在宏执行完毕后系统提示是否要将其再设置为真

7-19 执行 SQL 命令的宏命令为(　　)。

A. RunMenuCommand　　B. RunMacro
C. RunCode　　D. RunSQL

7-20 在借阅业务管理自动化中，你认为可以使用以下哪些宏？(　　)

A. 条件宏　　B. 多个基本宏
C. 子宏与宏组　　D. 所有选项都可以

【实验题】

7-21 在【学生与系】数据库中实现以下界面功能。

(1) 设计实现欢迎界面。

要求：在数据库启动时自动弹出欢迎界面，单击其上按钮或直接单击窗体能够打开登录界面。

(2) 设计实现登录界面。

要求：通过登录验证后，用户进入【学生与系】数据库的主界面。密码设置可有两种选择：一是密码固定为某个口令，只要正确输入该口令，即可打开数据库主界面，如导航窗体；二是将全部合法用户的用户名和密码保存在一个用户表中，登录验证时只有输入某个正确的用户名及其密码才可进入数据库，打开导航窗体。

(3) 完善【学生与系】信息的浏览、查询和管理。

要求：在导航窗体中添加一个组合框提供男女选项，添加一个【查询】按钮，单击按钮查询男女学生名单，男女学生名单可以在新窗体中以只读方式显示。

(4) 完善知识闯关小游戏。

要求：检查回答正确与否，分别弹出提示消息框，单击【下一题】和【上一题】按钮，关闭本窗体，进入另一个问题窗体。

(5) 使用宏组整理分类所有宏。

附录 7.1　Access 中的常用宏命令

(1) Open 系列命令

- OpenForm：打开窗体。
- OpenQuery：打开选择查询或交叉表查询，或者执行操作查询。
- OpenReport：打开报表。
- OpenTable：打开表。

(2) Close 系列命令

- CloseDatabase：关闭当前数据库。
- CloseWindows：关闭指定的窗口。

(3) 数据库记录操作命令

- SaveRecord：保存当前记录。
- DeleteRecord：删除当前记录。

(4) GoTo 系列命令

- GoToControl：将焦点移到激活数据表或窗体中指定的字段或控件上。
- GoToRecord：移动记录指针到表、窗体或查询结果集中的指定记录处，使之成为当前记录。可以设置其参数【记录】为“向后移动”“向前移动”“首记录”“尾记录”，如图 7-58 所示，将记录指针向后、向前移动或移动到首尾记录处。还可以将【记录】参数设置为“新记录”来添加新记录。

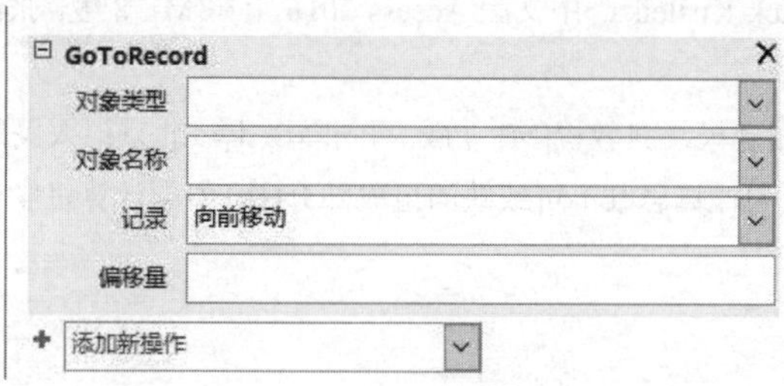

图 7-58 GoToRecord 宏命令

(5) UndoRecord 命令

撤销最近的用户操作。

(6) MessageBox 命令

弹出消息框，包含提示或警告信息，单击其中的【确定】按钮，关闭消息框。

(7) Find 系列命令

- FindNextRecord：查找符合最近的 FindRecord 操作或查找对话框中指定条件的下一条记录。
- FindRecord：查找符合指定条件的第一条或下一条记录。

(8) SetWarnings 命令

打开或关闭系统消息。

(9) QuitAccess 命令

退出 Access 应用程序。

附录 7.2 本章出现的常用宏命令和函数

(1) SetValue 命令

为窗体、报表上的控件、字段或属性设置值。

(2) DLookUp 函数

在表、查询或 SQL 语句的结果中查找特定字段的值，根据匹配条件返回一个字段值。

(3) RunMenuCommand 命令

运行 Access 菜单中的命令，其中的【命令】参数设置为 UndoRecord，表示该命令为撤销操作。

(4) RunSQL 命令

在宏中运行 SQL 语句。

参 考 文 献

[1] 王珊. 数据库系统概论[M]. 5 版. 北京：高等教育出版社，2014.

[2] Michael Alexander，Dick Kusleika. 中文版 Access 2016 宝典[M]. 8 版. 张洪波，译. 北京：清华大学出版社，2016.

[3] Steve，Hoberman. 数据建模经典教程[M]. 2 版. 丁永军，译. 北京：人民邮电出版社，2017.

[4] 杜小勇. 数据思维应成为计算思维不可或缺的组成部分[J]. 中国计算机学会通讯，2019(09).